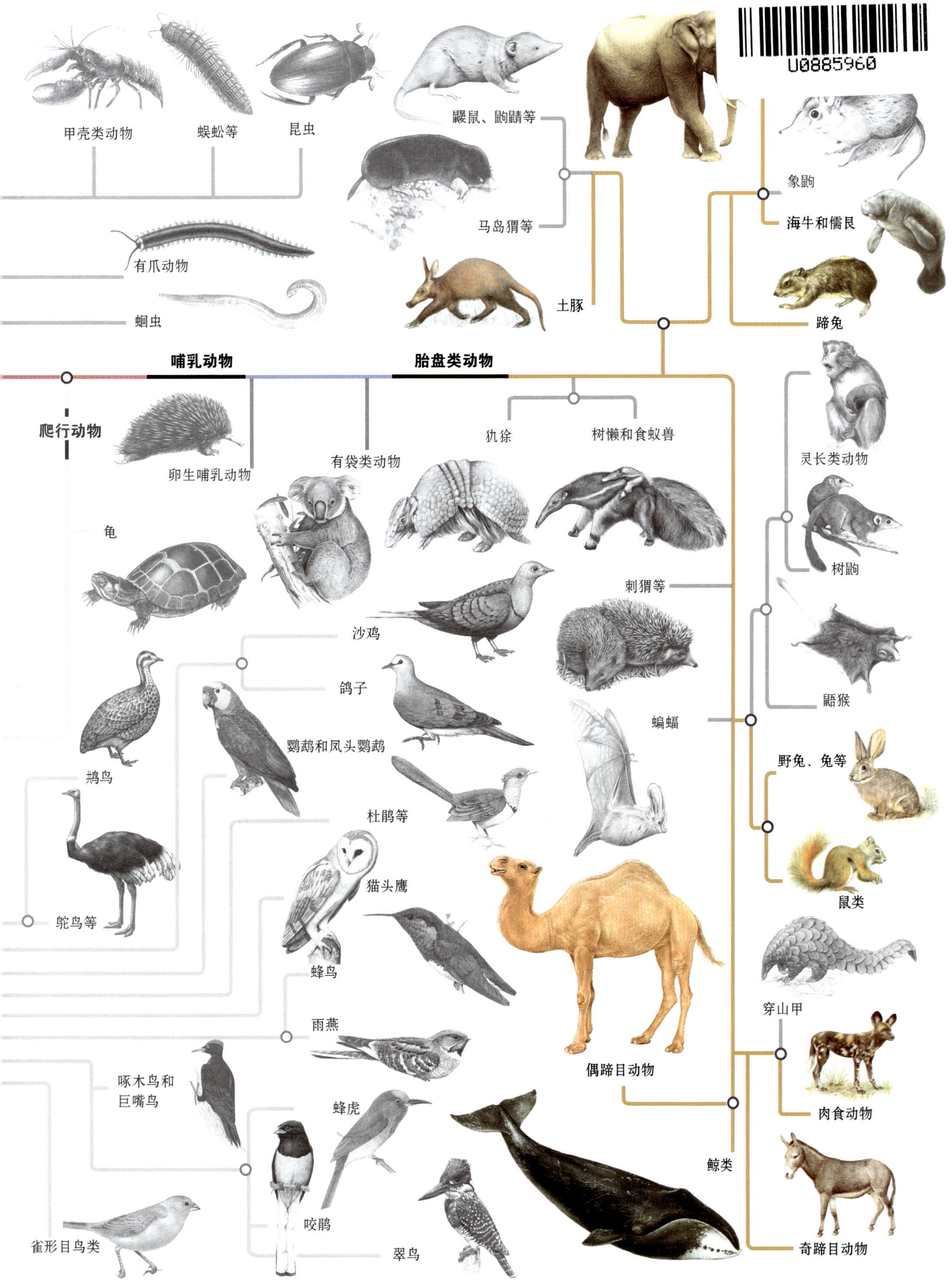
甲壳类动物
蜈蚣等
昆虫
鼹鼠、鼩鼱等
象鼩
马岛猬等
海牛和儒艮
有爪动物
蛔虫
土豚
蹄兔
哺乳动物
胎盘类动物
爬行动物
卵生哺乳动物
有袋类动物
犰狳
树懒和食蚁兽
灵长类动物
龟
树鼩
刺猬等
沙鸡
鸽子
鼯猴
蝙蝠
鹦鹉和凤头鹦鹉
鸩鸟
野兔、兔等
杜鹃等
猫头鹰
鼠类
鸵鸟等
蜂鸟
穿山甲
雨燕
偶蹄目动物
肉食动物
啄木鸟和
巨嘴鸟
蜂虎
鲸类
咬鹃
雀形目鸟类
翠鸟
奇蹄目动物

国家地理动物大百科

BURU DONGWU Ⅱ

哺乳动物Ⅱ

西班牙Sol 90出版公司 编著
李彤欣 任艳丽 董舒琪 译

天津出版传媒集团
天津科技翻译出版有限公司

序言

了解并保护动物生命

仅需要与动物接触短短几秒钟，就足以感受到它们的重要性。在坦桑尼亚的那个下午，我的心脏跳得很快。我静坐在车里，眼睛一动不动地盯着挡风玻璃。我看见了一头高大的雄象以及它的头和牙齿。它的鼻子向我凑过来，嗅着、检查着，然后转身离开。当时它离我那么近，以至于我都能感受到并听见它的呼吸。它鼻子末端柔软的胡须像小猫的胡须一样，轻轻地触碰我的耳朵、脖子和肩膀。慢慢地，它抬起鼻子，转过头，缓缓地，一点都不着急，就像漫步在恩戈罗恩戈罗火山口一样。

虽然在作为摄影师的初期生涯中，与我产生最紧密联系的是人，可随着时间的推移，我开始慢慢感受到和野生动物及风景之间的亲密联系。我了解了那头触摸我的大象。那时，我在火山口住了几个月，一直试图等它靠近，拍些关于它的照片。当最后成功时，我发现我们之间有一个共同点——好奇心。

1988 年，我第一次去非洲，自此我决定致力于再现地球的自然奇观。

其中有些照片向我们展示了一些神奇的景象：如那张鬃毛被风吹得凌乱的狮子的照片（见本丛书《哺乳动物Ⅱ》第 10 至 11 页），当时我正遭遇沙尘暴，以至于当它向我走近时，我都没有注意到。又如在南非的一个野生动物保护区拍摄的那张长颈鹿的照片（见本丛书《奇妙的动物界》第 13 页），当时正值日出，我正等待着在森林里吃草的犀牛，此时远处出现了一头长颈鹿，它吸引了我全部的注意力。这些照片不断地提醒着我们大自然的生命循环：如照片（见本丛书《哺乳动物Ⅱ》第 74 至 75 页）中呈现的，在母猎豹的注视下，猎豹幼崽们享受着刚猎杀的羚羊，并在狮子、鬣狗和秃鹰赶来之前将其吃掉。

此外，这些奇迹也说明了人类和大自然之间微妙的平衡，以及慎重对待动物界的必要性。据估算，1940 年时，非洲还有 45 万头狮子，如今几乎仅有 2 万头了。人们将黑猩猩幼崽从母猩猩身边夺走，将其作为宠物或在黑市中进行贩卖。非洲象，因其独特的象牙而遭受迫害，与 20 世纪相比，数量已大大减少，仅占当时的一小部分。猎豹已被农民和牧场主驱离它们赖以生存的自然环境。目前，许多联合保护组织正努力挽救那些濒临灭绝的物种。

总的来说，《国家地理》一个多世纪以来在公园和保护区内所拍摄的这些照片对动物保护主义者起了重大的激励作用。我们和动物照片之间的联系要追溯到 1906 年，当时的专业刊物很少刊登动物照片。就在那时，一位名叫乔治·史拉斯的先生公开了 70 张照片，其中有一张是他用一支手电筒照亮了夜晚的动物。他的照片引起了轰动，他也收到了许多读者来信，要求公开更多的照片。自那时起，便形成了这样一个传统。尽管我已经观察动物 20 多年，但它们的习性和特性仍让我感到惊讶和着迷。一头成年狮子的咆哮声，从 8000 米远的地方就能听见。老虎的纹路就像指纹一样，没有其他动物的纹路与它相同。凭借那长而有力的后腿，雪豹的跳跃高度可达其身体长度的 7 倍。

我希望，当您翻阅这套动物百科丛书，领略动物界之神奇时，能获得您自己的发现。

克里斯·约翰斯（Chris Johns）

《国家地理》杂志原主编

目录

第 87 页

国家地理视角：有蹄动物，迁徙

第 95 页

有蹄动物

第 163 页

第 169 页

第 193 页

第 205 页

第 231 页

国家地理视角

肉食动物，多样性

抗击严寒

肉食动物的身影在各类栖息地都可看的到。在卡拉哈里沙漠，气候条件的艰巨并没有阻止狮群的发展。在这里，一只雄狮正在诺索布河干枯的河床上巡视着。

耐心等待

当食物紧缺的时候，无声且耐心的等候与清楚认识周围环境是必备的能力之一。在加拿大沿岸的埃尔斯米尔岛上，一头狼正在等待鱼接近水面。毫无疑问，鱼将成为它的下一个猎物。

过冬

在摄入足够的热量之后，严寒气候下，适当的休息可以保存体力。夏季雄海象们正围成一团休息着，然而雌海象为了追随冰块会迁徙到北方，并在路上分娩。

肉食动物

肉食动物包括狼、老虎、猫鼬、鬣狗、浣熊与其他成百上千个物种。它们分布广泛，行为方式千差万别，然而在进化史上，它们却有着共同的祖先。

什么是肉食动物

肉食动物包括狮子、海豹、熊、猫鼬和猫科动物等。从重达 700 千克的棕熊到不超过 70 克的黄鼠狼，肉食动物表现出极大的多样性。而且它们的社会单位也不尽相同：有些是独居动物，有些却组成了等级森严的动物群体。但是它们有着共同的祖先，而且这些祖先们都有着特殊的牙齿，可以用来撕裂肉类。

门：脊索动物门
纲：哺乳纲
目：食肉目
科：15
种：280

锋利的裂齿
棕熊是捕猎能手，有能够撕碎肉类的裂齿。

食肉目

肉食动物，顾名思义，这些动物只吃肉类。但是事实却不是这样，仍有草肉兼食的物种，例如棕熊。因此，我们不禁提出疑问：为什么所有这些动物都被称为肉食动物呢？答案必须在它们的进化史上找：它们的祖先有着如刀子般锋利、可将动物皮肉撕碎的裂齿。大部分肉食动物都保留了裂齿，但是仍有些动物的裂齿退化甚至直接消失了。

肉食动物喜好捕猎，能够高效地伏击并追杀猎物，这归功于它们良好的大脑发育与身体素质。例如，猎豹十分灵敏迅速，通常情况下都能抓获它盯上的猎物。甚至体重最重的北极熊也能敏捷地捕杀到海豹。大部分肉食动物都是地栖性的，但有些会爬树，像蜜熊，它们的尾巴可缠绕在树枝上成倒挂状。有时候，当地栖性的肉食动物有需要时，它们还会游泳。有些动物是半水栖性的，像北极熊与水獭，甚至有些一直都待在水里，例如海獭。

分类

食肉目	
犬型亚目	
犬科	例如犬与狐狸
熊科	例如熊与大熊猫
熊猫科	例如小熊猫
海象科	例如海象
海狮科	例如海狮与海狗
海豹科	例如海豹
浣熊科	例如浣熊与长鼻浣熊
鼬科	例如水獭与白鼬
臭鼬科	例如臭鼬
猫型亚目	
獴科	例如猫鼬
灵猫科	例如灵猫、香猫与麝香猫
双斑狸科	例如非洲椰子狸
鬣狗科	例如鬣狗和土狼
猫科	例如猫

共存

有些物种喜好独居，像貂，有些却偏好群体生活，像鬣狗。独居动物之间只会在繁殖期才会完成互动：这个时候通常雄性动物为了夺得雌性的欢心而互相打斗。此外，喜好群居的动物们却一直有着联系，但它们也会为了权力之争而互相打斗，胜者有权掌控整个群体，并享有进食与繁殖的优先权，而败者会离开群体并组成自己的小群体或者选择留下来当下属。狩猎是肉食动物典型的日常活动，通常与气候条件和栖息的生物群落特点相适应。

犬科动物与猫科动物

在食肉目里总共有 15 个动物科，其中数猫科动物与犬科动物最为突出。狼、狐狸、美洲狮、老虎、山猫与狮子等是这些动物中最具盛名且最富有吸引力的。

犬科动物中最具代表性的就是狼、狐狸、土狼与豺等。它们大部分生活在草原，通过猛扑或追踪猎物来完成狩猎。它们身材苗条，强而有力，胸腔宽广，四肢发达且纤长。它们鼻子很大，嗅觉与听觉异常灵敏，便于长途追逐猎物。它们的食物主要是肉类，但是有些也吃腐肉及水果。体形较小的犬科动物，像豺和狐狸，喜好吃小动物，且独居或成对生活；而体形较大的动物，像狼与非洲野狗，会组成等级森严的动物群体，互相合作是它们捕猎的基本法则。

猫科动物中最具代表性的有狮子、老虎、山猫、豹猫与美洲虎及与它们有亲缘关系的动物。猫科下分为豹亚科与猫亚科。豹亚科包括体形庞大的猫科动物，它们有着灵活的舌骨，使得它们可以大声吼叫。而猎豹是唯一没有锐利趾甲的猫科动物。所有猫科动物都用敏锐的嗅觉来互相交流，并用气味圈定自己的活动领地。当它们开始狩猎的时候，它们的视觉与听觉会变得异常敏锐。它们的视力十分好，所以即便是在夜晚，也能准确地捕抓猎物，而且它们的听力也十分灵敏，即便是最小的动物（例如老鼠）发出的任何动静，它们也可以捕捉到。

所有猫科动物与犬科动物，除了马达加斯加、南极洲与一些小岛外，可在地球上的任何地区见到。

生态功能

大部分肉食动物占据了生态系统中的食物链结构的上层，扮演着二级或三级消费者的角色。它们的存在对控制食草动物种群大小有着不可或缺的作用。总体而言，它们为了获取能量而捕杀数目不少的猎物。如果没有了肉食动物，初级消费者种群数目将会无节制地失控增长，以至于所有的牧草、树叶与果实将会消失殆尽。但是，反过来说，倘若肉食动物的数目很大，为了获取猎物，它们之间的竞争将会变得十分激烈。因此，肉食动物的存在对保护生态环境、保持种群数目稳定有着不可估量的作用。例如，虽然每只山猫每年进食 100 多只野兔，但这并不影响野兔种群的数量。

印记

猫科动物，像美洲狮（*Puma concolor*），由于它们举步无声，可悄无声息地靠近猎物。

对水中生活的适应

水生肉食动物有着厚厚的脂肪层、防水的皮毛与进化成鳍的四肢。这些进化使它们可以在水中来去自如地活动，但是它们仍与地面保持着联系。大部分水生肉食动物吃鱼、软体动物、甲壳动物和鸟类。

鳍脚类

海豹、海象与海狮都属于鳍脚类动物。除了僧海豹，它们都生活在冰冷的海水里。

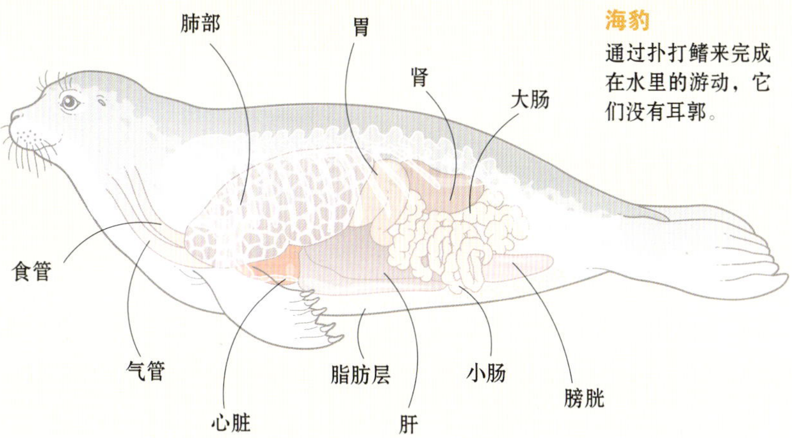

海豹

通过扑打鳍来完成在水里的游动，它们没有耳郭。

解剖结构

大部分肉食动物的特点都是为了它们的捕猎习惯而服务的。为了生存，特殊的利齿，灵敏的行动，异常敏感的感官，强而有力的骨骼、关节与肌肉是必不可少的。这些技能都通过发达的大脑协调，使它们能够规划策略。利用这些技能，无论是独居动物，还是群居动物，完成突然袭击都是轻而易举的。

擅于捕猎的大脑

几乎所有肉食动物都有锋利的牙齿，以便完成捕杀，并撕裂猎物的皮、肉和内脏。这些行为依靠的是大脑的指挥，以及部分骨骼和肌肉结构的协调。它们的下颚骨会通过颞肌与咬肌来完成啃咬动作。当它们嘴巴张开的时候，颞肌会收缩，牙齿可刺穿猎物皮肤；而嘴巴闭合的时候，咬肌会活动起来，裂齿会开始啃咬肉类。

肉食动物的感官扮演着极为重要的角色。所有肉食动物，无论体形大小，都必须通过敏感的嗅觉、视觉与听觉来完成捕猎。例如小巢鼬（*Galictis cuja*）总是伺机捕食，在捕猎过程中，为了猛扑向难以捉摸的猎物，如啮齿类动物、蛇、青蛙与鸟类等，它们可是把所有感官都用上了。

猫型亚目动物具有多样的进食习惯。例如鬣狗科下面有两个物种，皆是捕猎能手，其中一种主吃腐肉，而另外一种只吃白蚁。在其他动物科目中，有些动物并不只吃肉类。例如草肉兼食的马来熊（*Helarctos malayanus*），有着惊人的长舌头，长达 25 厘米。它们喜欢吃蜂蜜、白蚁以及任何岩石或树洞里找到的食物，尤其是幼虫。

擅于捕猎的骨骼

肉食动物行动敏捷且迅速，在它们的骨骼结构里可以找到解剖学的解释。如猎豹在行走的过程中，柔韧的脊椎骨会弯曲起来，这使得它们的行动更加有力。尽管它们的四肢很长，但为了适应提速的需求，在进化过程中有些骨头会变得比较短小，就像它们的锁骨，正是因为其短小，使得它们的前肢在奔跑时可达到最大速度。其他部位的骨头是合并在一起的，例如腕骨。所有肉食动物的前肢都有 4 个脚趾，而在后肢上有 5 个脚趾。大部分肉食动物都通过脚趾来行走，但是有些科目的动物却是脚掌着地行走的，例如熊科。当熊快速行走的时候，它的下肢脚趾抓地，上肢脚趾可抓住猎物。

防御

臭鼬（*Mephitis mephitis*）通过肛门腺释放出强烈气味，其恶臭程度足以吓跑它们的天敌。

阴茎骨

肉食动物的阴茎骨位于交配器官的海绵体上。当阴茎并不是完全直立的时候，阴茎骨的存在可使动物完成交配。有些猫科动物的阴茎骨有所缩小是由雌性动物选择的结果造成的；阴茎骨的缩小或缺失减小了其在阴道腔扭伤的概率。

神秘的斑纹

动物的斑纹根据其生存的地带而有所不同。猫科动物的斑纹在植被丛中不易被辨别出来。作为捕猎能手，这部分的伪装使得它们可以不被察觉地靠近猎物。

老虎

猎豹

美洲豹

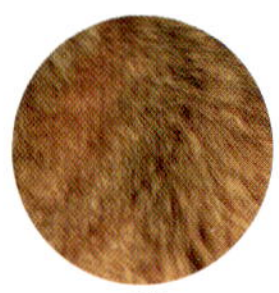

狼

牙齿

肉食动物的进化也表现在牙齿上，不同物种之间进化表现也不尽相同，例如裂齿。其中最突出的便是它们牙齿的过滤以及咬碎叶子的功能。

食蟹海豹

它的臼齿与前臼齿形成一个筛子，过滤水分与截留住食物（主要是磷虾），同时也过滤一些小鱼与乌贼。

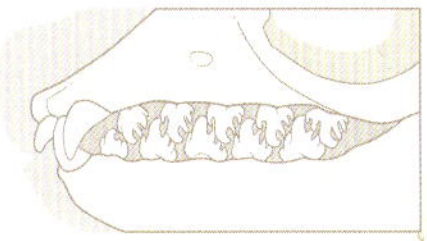

大熊猫

它的牙齿有宽而平扁的臼齿与前臼齿，可以咬碎它主要的食物竹叶。

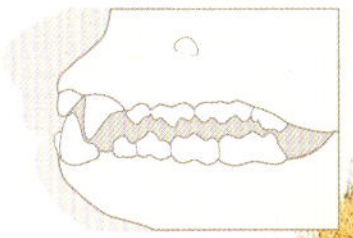

裂齿

除了长而尖的獠牙，许多肉食动物的牙齿也完成了一定程度上的进化：第 4 个位于上方的前臼齿与下方的首个臼齿负责切割食物。通常那些裂齿有着 4 颗或以上的尖牙。猫科动物的裂齿通常会更加发达，因为它们大部分的食物都是肉类。

猫科动物

老虎（*Panthera tigris*）的尖牙有利于捕杀猎物，而它的裂齿有利于撕碎肉类。

原始肉食动物

家猫、家犬、鬣狗、狼、郊狼、臭鼬及与它们有亲缘关系的动物有着共同的起源和进化史。起源可以追溯到6000万年前，一些小型的哺乳动物那时候便开始食肉了。目前食肉目动物科的组成可是一个战绩辉煌的谱系。具有代表性的原始肉食动物保持着树栖性的生活习惯，而且从解剖结构上看，它们有着区别于现代大部分肉食动物的生物特点：裂齿。

远亲

细齿兽（*Miacis*）是一种原始肉食动物，是犬型亚目动物的祖先。它们择木而栖，关节与现在的猫型亚目类似，喜欢吃小动物、卵与果实。

技术数据表

体长	30 厘米
饮食	小型哺乳动物、爬行动物与鸟类
栖息地	热带丛林
化石遗址	欧洲与北美洲
时期	古新世

化石史

原始肉食动物在历史上的记录表现出极大的多样性，有些跟现在的肉食动物根本一点联系都没有，但是有些却与现代肉食动物保持着同样的生物特征。在古新世晚期，大约5500万年前，出现了首批肉食动物的祖先。它的起源与一群食虫性的哺乳动物有关。其中具有代表性的动物就是细齿兽科与古灵猫科动物，其中古灵猫科包括了最古老的食肉目动物，因为它们有着原始动物的生物特征：首个臼齿十分发达，而且缺少第3颗臼齿。它们的脚趾是不可收缩的，脑袋很小，视力比现代肉食动物要差，所有的脚掌均有5个脚趾。体形很小，与现在的黄鼠狼和猫鼬大小相似。

裂齿

裂齿是大部分肉食动物进化的共同特点。然而，让人觉得奇怪的是，在进化史上，有些并非是肉食动物，却也有裂齿这一生物特性。在原始肉食哺乳动物中，通常用上方的第1个与第2个臼齿与下方第2个与第3个臼齿来撕咬肉类。原始肉食哺乳动物与真正肉食动物不同的是，真正肉食动物的裂齿是位于牙齿上方的第4个前臼齿与下方的首个臼齿。

现代肉食动物

具有代表性的现代食肉目动物出现在渐新世初期。在那一时期，总共有两种进化分支：其中一个类似于猫科动物及其近亲，如麝猫（古灵猫科）、猫、黑豹（猫科）、鬣狗（鬣狗科）与猫鼬（獴科）。所有这些动物都只吃肉类，并且在它们的进化史上，与犬科动物相比，它们的狩猎能力更为强大。犬科动物的代表有狼、狐狸、狐狼（犬科）、浣熊（浣熊科）、熊（熊科）、臭鼬（臭鼬科）、海象（海象科）等。

獴科

马岛獴（*Cryptoprocta ferox*）属于獴科，起源于马达加斯加。进化历程与其他同科动物有所不同。

剑齿虎

上新世与更新世之间生活着一群猫科动物，它们的特点是有长长的獠牙。而且它们的捕猎方式与现在的猫科动物有所不同：通过攻击猎物的脖子，用獠牙刺穿它们的喉咙。尽管名字叫作剑齿虎，但是事实上与现代的老虎没有任何亲缘关系。

致命剑齿虎

致命剑齿虎是一种迅猛魁梧的肉食动物，出现在更新世的北美大草原上。在南美洲也生活着一般剑齿虎（*Smilodon populator*）。无论是雄性还是雌性剑齿虎都有着大小等同的长獠牙，因此可以推断剑齿虎之间不存在性别二态性，且獠牙都作为捕猎的武器。即使闭上嘴，它的犬齿在所有剑齿虎中也是最大的。

剑齿虎的全盛时期

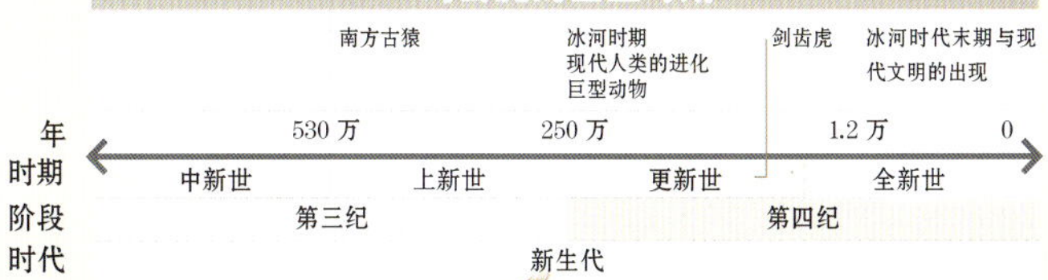

强而有力的脖子
它们的肌肉有力，使得尖牙可以轻易地穿透并撕咬猎物粗糙的皮肉与血管。

肌肉组织
剑齿虎啃咬食物的能力仅仅有现代老虎的60％，它们头部的肌肉块相对不那么丰满，缺乏足够的力量来杀死猎物。

致命剑齿虎

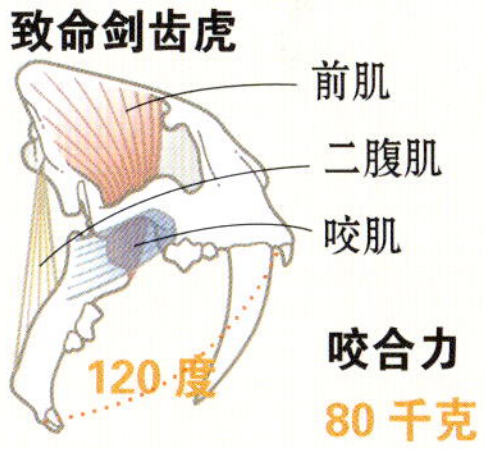

老虎

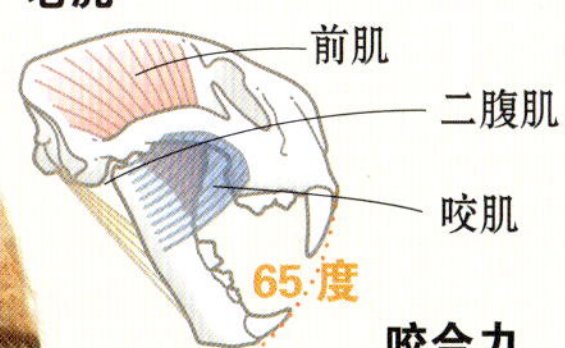

短短的尾巴
在快速奔跑的时候，短尾巴使它们无法保持平衡。

易碎的獠牙
獠牙可撕碎猎物，却无法固定猎物，并且在使用过程中，由于它的牙根部不是太深入，要冒着獠牙碎裂的危险。

尖的爪子
在扑向猎物的时候，它们会把尖爪狠狠地固定在猎物身上，獠牙迅速咬入皮肤。

1 万
在1 万年前，剑齿虎灭绝了。

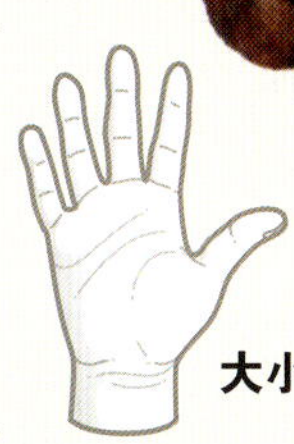

每个时代的代表性兽类
在上新世与更新世，剑齿虎与其他的大型肉食动物共存着。

行为

肉食动物根据猎物栖息地的不同而表现出不同的行为。大部分肉食动物为了捕杀猎物都有自己的捕猎策略与技巧，这些在它们刚出生几个月时便是务必要学会的技能。为了得到这一不可或缺的技能，它们必须完成不同的学习任务。总体而言，雌性动物每次分娩会产下为数不多的幼崽，由父母双方共同抚养长大。尽管大部分的肉食动物都是独居的，但其一旦组成群体，更像是浩浩荡荡的军队，且善于防卫与进攻。

饮食

进攻迅猛，伺机而动或群攻或个体伏击是肉食动物捕杀猎物必备的生活能力。大部分肉食动物都有着与生俱来的捕猎技巧，而其中最突出的行为便是动物群体之间的协同合作。在肉食动物的进化过程中，它们的群居行为在捕猎中起着重要的作用：它们可以追捕大型猎物，即便比它们本身体形还要大的动物也可以成功捕猎到，并且减少了被竞争者攻击的可能性，进一步避免了在捕猎过程中受伤的概率。不同物种之间的协同合作也存在，因为这比个体行动的成功概率要高很多。例如郊狼（*Canis latrans*）与美洲獾（*Taxidea taxus*），美洲獾为了寻找小型的哺乳类动物善于掘地三尺，而通常这些动物都是郊狼无法捕捉到的。从另外一方面来说，也有些肉食动物是名副其实的机会主义者，即时刻觊觎着其他动物的猎物，并寻找机会伺机而动。例如，鬣狗就苦苦守着豹子或者非洲野犬的捕猎过程。当它们捕猎结束，鬣狗便会慢慢地靠近，趁机偷走它们的猎物。野犬会让给鬣狗吃，因为野犬体形比鬣狗小得多。而行动更为敏捷的豹子可以迅速地爬树，并静静守卫着它的猎物不被鬣狗夺走。

成功的捕猎者

北极狐（*Alopex lagopus*）的狩猎活动根据季节变化而有所不同。在气候炎热的时候，它们捕杀旅鼠与北极野兔；而在冬季，猎物的捕杀量会有所下降，它们吃其他捕猎者残留下来的猎物、海豹的幼崽或寻找巢穴中的旅鼠。

1 勘测

北极狐用后爪站立，瞄准旅鼠出现的地方。

2 跳跃

当北极狐跳跃达到最高点的时候，它们会弯曲身子，头部直直地冲向冰面。

3 攻击

纵身跳跃之后，它们的头埋入洞中，成功地捕获猎物。

学习及游戏

某些情况下，狩猎是肉食动物学习的最好时机。成年的肉食动物通过捕猎，把那些小型猎物分给幼崽去捕杀。而肉食动物幼崽会把捕杀小型动物当作是捕猎的一次练习。而某些情况下，一群肉食动物在组织一次猎杀的时候，会让幼崽加入，慢慢培训它们的捕杀技巧。

肉食动物幼崽之间的游戏同样可以锻炼它们在大自然中幸存下来的生活技能。狮子通常会把尾巴摆到犬的前面，同时用前爪与牙齿抓住它们。此外，狮子还会毫无怜悯之心地反复啃咬犬，并以此作为一种捕猎的练习活动。这一行为在郊狼、熊与海岛猫鼬等动物身上也都是常见的。

繁殖及抚育

在一年的某些时刻肉食动物便开始繁殖后代。雌性动物一年可以产下 1 只幼崽，或者每胎 1~13 只幼崽。有些物种一年可分娩 2~3 次，但有些情况下要间隔好长一段时间才会分娩。妊娠期 49~113 天不等。有些物种受精卵着床时间较晚，例如臭鼬。总体而言，大部分刚出生的肉食动物都看不见东西，毫无独立生活的能力，需要母亲的细心照顾。

社会性

动物个体之间的相互联系有的只在短期内发生，例如在发情期。喜欢群居的动物比那些独居的动物享有更多的便利。尤其在狩猎与觅食的时候，群体之间观察到的比个体看到的要多，而且它们之间可以协同提高狩猎与防卫技巧。例如，海岛猫鼬之间会组成一个团结的群体，一个或多个猫鼬会分散放哨，仔细观察是否有捕猎者或者同类逼近，若有便发出叫声，告诉它们队友危险的到来。通常若是微弱的声音，例如咯咯声，就是有点危险的意思，如果是大叫或者咆哮，则表示危险马上到来，猫鼬便会钻回自己的地洞。此外，狼会通过大声咆哮来捍卫自己的活动领地，并且通过这一行为来避免其他动物入侵自己的领地。

城市里的肉食动物

除了驯养作为宠物的猫犬之外，城市确实也吸引野生动物，因为在这里的垃圾填埋场可以找到食物。狐狸与长鼻浣熊会在城市里居住并寻找食物，偶尔人类也会自动把食物送到它们面前。某些情况下，在垃圾堆里捡到的食物占它们所有食物的近 50%。有些草肉兼食的动物，例如浣熊（*Procyon lotor*），堪称城市里的一大害，它们会入侵垃圾填埋场，用其灵敏的感官与灵活的前爪来打开盖子并吃掉里面的剩饭剩菜。

在海里

豹海豹（*Hydrurga leptonyx*）是一种喜好独居的捕猎能手，通常在南极洲的冰面上休息，可以静静地等企鹅的到来并迅猛攻击它们。同时，它们在水里也是捕猎高手。它们会藏匿在冰面下，当猎物从水面或冰洞入水的时候，便会出其不意地攻击它们。豹海豹后腰与腹部的皮肤颜色不同，这让它们可以在冰面或水里完好地伪装起来，静待猎物的出现。它们银白色的皮肤使它们可以在靠近猎物时不易被发现，而深色的后腰使它们在进入水里的时候不易被发现。

豹海豹

栖居于南极洲的海域，它们的犬齿对于帝企鹅而言像一把致命的匕首。

鬣狗

雌性斑鬣狗（*Crocuta crocuta*）有一条假阴茎，这使得它们的交配与分娩十分困难且危险。然而，这引人注目的器官也有着一定的进化价值。雌性鬣狗一般会统领整个群体。而且雌性鬣狗之间十分好斗，这根假阴茎通常会外露出来，以显示它们的社会价值与地位。

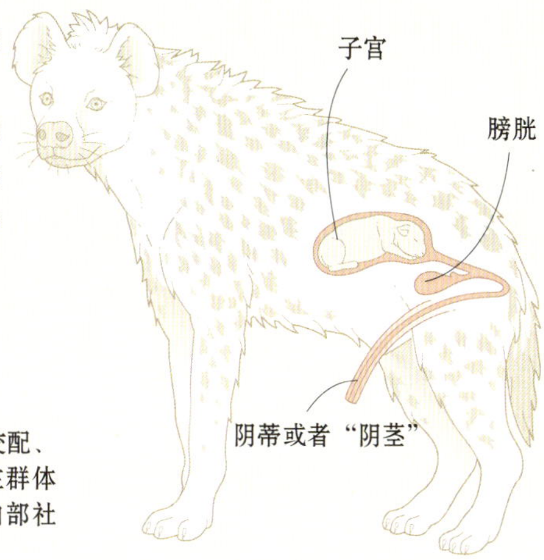

雌性鬣狗的社会群体

阴蒂长为15~20 厘米，有许多功能：交配、分娩与排泄。此外，它也影响鬣狗在群体中所处的社会地位。在鬣狗群体的内部社会，生殖器越大，社会地位越高。

顶级猎食者

肉食动物是地球上身手矫健的捕猎能手，它们以此为生。每种动物都有它们自己的捕猎策略。下面我们举些例子来让大家更加清楚地了解：豹子迅猛地扑倒猎物，而熊则选择静静地等待并群攻它们的猎物。

群体的捕猎

肉食动物的群体捕猎活动使得每只动物个体都可以获得食物，这是它们单独行动而无法获得的成果。非洲野犬（*Lycaon pictus*）的追捕行动便是其中一例。这种犬科动物与一般的家犬体形类似，一般不超过 1.5 米，它们会一同追捕体形比它们还要大 2 倍的草食动物。为了能与它们的猎物对抗，非洲野犬都是采取群攻的捕猎策略，并且充分利用猎物被捕时的恐慌心理。而且它们也会捕杀刚刚出生的猎物，因为这些被捕杀对象通常因为毫无避险经验而轻易落网。

伪装

当肉食动物在备战一场捕杀的时候，它们的毛色成了它们的保护色，即便靠近猎物也不易被察觉。

戒备

它们会注意观察着蠢蠢欲动的“捡漏者”的到来。

75

非洲野犬每100 次捕猎中有75 次都是满载而归。

捕杀技巧

肉食动物的捕杀技巧十分了得，因此它们的猎物通常迅速死亡，而且猎物能死里逃生的概率也十分低。捕猎者要判断猎物的体形大小以及如何快速一咬便立刻置它们于死地。常受攻击的身体部位通常为颈后与喉咙。

慢慢地死亡

倘若猎物体形较大，肉食动物一般死死咬住它们的喉咙，导致它们窒息而亡。

快速地死亡

当猎物体形较小时，肉食动物一般会强烈摇晃它们的脖子并使其断裂，以此弄断猎物血管与脊椎。

追捕

非洲野犬会利用猎物的倦怠来捕猎，它们会长时间地追捕猎物，猎物疲惫不堪之时正是它们得逞之时。

天敌
非洲野犬的天敌有狮子、鬣狗和豹，而且其天敌具有一定的体形优势。

濒危
非洲野犬因为人类的围捕与自身的疾病，正处于濒危状态。

1 群体集合
一群非洲野犬聚集起来，准备进攻正在进食或休憩的草食动物。

2 开始进攻
非洲野犬群起而攻之，开始围捕并进攻受了惊吓的有蹄动物。

3 猎物的选择
年纪最老的、行动最缓慢的动物与动物幼崽是非洲野犬的主要攻击对象。

4 捕杀目的的达成
一旦非洲野犬围捕它们的猎物，它们会把猎物围困起来并从不同的侧面啃咬，直到猎物感到筋疲力尽、摔倒在地。就在这一瞬间，野犬便开始快速啃咬尸体，而部分非洲野犬会在旁边时刻警惕着，提防着狮子与鬣狗的到来。

猎物
它们的体形比它们的追捕者还要大，但是面对对手的群攻，猎物毫无还手之力。

迅猛地进食
当猎物被围捕及死亡后，进攻者会迅速剥离皮肉，啃食其尸体。

濒危的肉食动物

人类的行为通常会给生态系统带来负面影响，这是大型动物更无法规避的事实。它们的生命因为各种原因遭受威胁，直接原因有森林砍伐与狩猎行为等，间接的有全球变暖导致的冰川面积减少等。此外，许多肉食动物遭到捕杀的原因，则是它们干扰且阻碍了人类的生产活动，如畜牧业或农业。

栖息地减少

人类对于多数野生动物而言是个负面的存在。人类为了建造城市（桥梁、建筑物、水坝等），不得不改变河道、分割土地，以便于农业与畜牧业的发展。像美洲狮这样的动物，倘若没有天然植被的覆盖，会丧失许多靠近猎物的机会，因此狩猎的成功概率也会大幅下降。此外，栖息地的支离破碎会危害动物大规模的追捕行动，例如狼群，会因此根本无法完成自己的狩猎。而且土地由于纵横的公路而被分割成若干块，这给动物带来了额外的问题：当它们为了寻找食物横穿马路的时候，可能会被来回穿梭的车辆撞到。其实，为了更好地保护动物，建立固定的动物保护区是势在必行的。

人类的攻击

总体而言，一般把肉食动物的生活范围规划在距离人类生活区较远并远离牧场的区域。但是人类的狩猎行为严重影响了肉食动物的生存与发展。设置陷阱或放置有毒的诱饵会导致动物受伤甚至死亡。在投毒这一项中，可能要引发意料之外的副作用，因为毒药可能会毒害到其他无辜的动物物种。例如，狐狸繁殖复原能力很强，为了控制它们的数目，可能会危害其他对毒药更敏感脆弱的动物物种，例如美洲獾。

遗传变异

当一个物种数目开始减少的时候，近亲繁殖的概率会增长，这导致动物基因库逐渐缩小，基因变异的概率大大降低。而且新生代的动物具有较大可能遗传父母辈的有害性状，因此它们会变得更脆弱，更容易感染疾病，且更容易受天敌的攻击。此外，相对较小的动物群体会丧失更多的遗传变异能力。因此，任何环境变化，无论是自然的或人为的，该动物群体与那些基因库丰富性更大的动物群体相比，它们的适应能力是比较弱的。

人类的时尚，动物的悲剧

人类的消费习惯也会为动物带来灾难。熊与猫科动物皮毛的颜色与斑纹，对人类而言，是一个时尚品，因此这些动物一直遭受猎杀。此外，动物的爪子与牙齿被人类用来做艺术雕刻品。例如，孟加拉虎的牙齿在市场上被当作一级药材售卖。只要这些动物产品的需求没有停止，我们就很难去控制并消除非法狩猎，这就使得肉食动物的生命一直遭受威胁。

西班牙猞猁

（*Lynx pardinus*）
全球最为濒危的肉食动物。因为兔子数目（唯一的食物选择）的减少与栖息地的丧失，它们的状况令人担忧。

北极熊

（*Ursus maritimus*）
在最近的100年间，北极冰层面积因为全球变暖而逐渐减小，北极熊不得不大部分时间都待在地面上。

达尔文狐狼

（*Lycalopex fulvipes pusilla*）
智利中南部森林特有的动物。只有在动物保护区才可以找到一小部分的达尔文狐狼。

非洲野犬

（*Lycaon pictus*）
非洲野犬数目的减少导致了近亲交配概率的上涨，也导致了传染疾病的发生。

大熊猫

（*Ailuropoda melanoleuca*）
中国人口数目的增长导致竹林面积减少，而竹子基本是大熊猫唯一的食物。

生态保护状况

接近50％的肉食动物正处于危险的边缘。生态保护区的建立可以有效地制止动物数量的锐减，因此大规模地扩建生态保护区是重中之重。此外，还必须抵制非法狩猎并且呼吁人们不要使用动物皮毛制品。

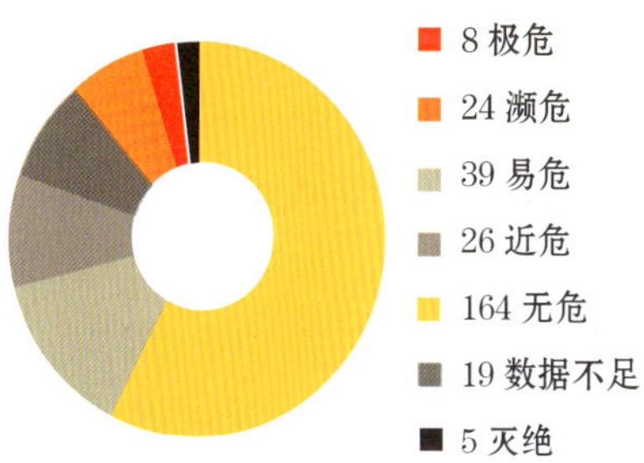

被孤立的灰熊

在 19 世纪的美国，灰熊数量很多。直到 1975 年，由于它们的数量不到 1000 只而被列入了濒危动物的目录里，人类对它们的保护行动才正式开始。灰熊的数量尽管有恢复上涨的趋势，但是狩猎、城市化建设与森林砍伐仍对它们造成负面的影响。在 21 世纪，由于许多动物保护组织的共同努力，人类正逐渐改变对动物的看法。人们渐渐养成了良好习惯，面对城市范围内熊的出没，不再用枪瞄准它们，而是告知一些动物保护协会。

◀ **捕猎与标本**

由于人们认为灰熊具有攻击性，而且经常把它们与珍稀的黑熊混淆，又或者单纯觉得它们数量太多十分烦人，至20 世纪，人类对灰熊的捕杀从未停止过，这导致灰熊的数量大幅度下降。在美国阿拉斯加盛行的动物标本剥制术可以找到大规模捕杀灰熊的证据。年复一年，在一些大型的作坊里，甚至可以看到成百上千具被解剖的灰熊尸体。

▲ **被隔离的种群**

森林砍伐导致灰熊的栖息地减少，进而使得灰熊这一动物被隔离出若干种群。因此，生态走廊的建造对灰熊的生存至关重要。

▼ **城市间的行走**

灰熊的食物有三文鱼、飞蛾还有所有可以帮它们储蓄脂肪以便冬眠的小动物。它们通常会在城市里四处寻找食物，但这给小灰熊带来一定的生命威胁。

科与种

狼及其近亲

犬科动物包括狐狸、豺狼、狼、郊狼与野犬。它们行动敏捷，奔跑耐力十足，有着长长的四肢与毛茸茸的尾巴。它们的主要食物是肉类，偶尔还会捕杀大型猎物，但也吃果实、昆虫与卵。总体而言，它们热爱交际，为了抚养下一代及方便狩猎，通常成双结对或者集群而居。

一些犬科动物正濒临灭绝。

门：脊索动物门
纲：哺乳纲
目：食肉目
科：犬科
种：35

解剖结构

犬科动物的头部很小，鼻子很尖，四肢很长，尾巴长满毛，毛发颜色统一或长满斑纹。它们的下颚很长，牙齿十分发达，便于撕裂食物。它们的犬齿很大却不尖，但在捕猎过程中，犬齿仍是一种锋利的武器。犬科动物是趾行类的，依靠趾尖行走。它们的耳朵很大，拥有特别好的听力，而且嗅觉十分灵敏，通常它们利用嗅觉来追踪猎物。

行为

犬科动物栖息在各种各样的环境中：沙漠、森林、山地与草原。小型的犬科动物，例如狐狸通常独居或者成对生活。相反，大型的犬科动物会集群而居。气味、身体语言与发声例如嗥叫与咆哮，都是它们互相交流并建立起社会关系的方式。幼崽一般出生在巢穴里，需要度过一段漫长的哺养期。父母亲与群体里的其他成员会负责幼崽的喂食，它们会在捕猎之后有意识地从嘴里吐出食物给幼崽。

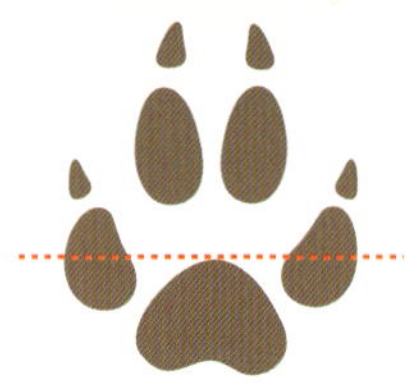

犬的足印

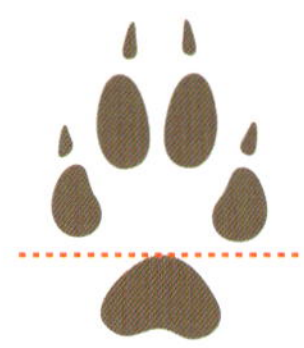

狐狸的足印

生态保护

家犬是最典型也最普通的犬科动物。它们跟人类的互动使得其分布于世界各大洲。由于人类的狩猎行为、犬皮毛的售卖、户外栖息地的减少与疾病的传播，许多野犬的数量正在减少甚至处于濒危的边缘。但是有些犬科动物，例如郊狼与赤狐，在适应并习惯与人类共存之后，它们的数量却在增加。

适应能力强的肉食动物

大部分适应能力强的肉食动物都是成对居住或集群而居。它们征服了沙漠与极地，一天可以走几千米路。身体矫健，耐力十足。

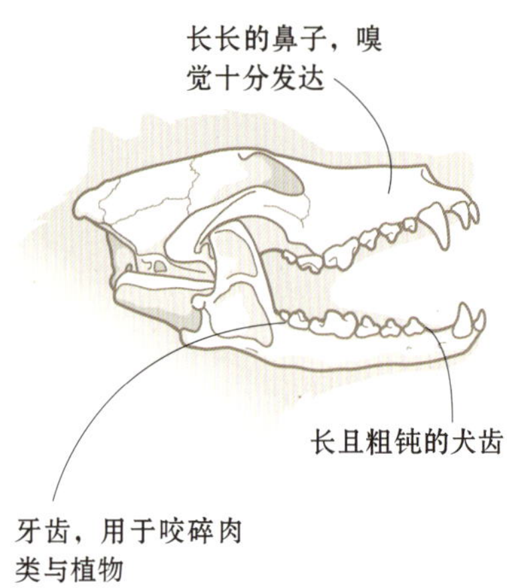

Vulpes vulpes

赤狐

体长：可达 90 厘米
尾长：可达 49 厘米
体重：可达 14 千克
社会单位：成对
保护状况：无危
分布范围：北极、北美洲、欧洲、亚洲、非洲北部以及澳大利亚与新西兰

赤狐是世界上存在最普遍的狐狸品种。它们主要栖息在北半球。它们既可以在沙漠里生活，例如北极圈海拔高达 4500 米的寒漠，也可以在极度城市化的地区生活。它们会挖巢穴，也会在其他动物留下来的巢穴里躲藏、储存食物与抚养幼崽。冬末春初，它们会进行交配。在长达 49~55 天的妊娠期后会产下 4~8 只幼崽。6~12 周后，狐狸幼崽开始断奶。狐狸幼崽通常由它们的父母喂食。

皮毛

皮毛颜色可以是红色、橙色、黑色或白色。

眼睛的颜色

赤狐眼睛的颜色是橙色或金黄色。它们的瞳孔是椭圆形的。

Cerdocyon thous

食蟹狐

体长：65 厘米
尾长：30~35 厘米
体重：5~8 千克
社会单位：成对
保护状况：无危
分布范围：南美洲中部、北部与东部

食蟹狐在捕猎的时候一般单独行动，但是通常成对居住。一年可分娩 2 次。雄性与雌性成年之后排便的时候都是抬起一条腿。草肉兼食，喜好夜行。它们背部的毛色为灰棕色，脸部、耳朵与四肢为微红色，而脖子与下身的颜色为白色。

Vulpes cana

阿富汗狐

体长：42 厘米
尾长：30 厘米
体重：3 千克
社会单位：独居
保护状况：无危
分布范围：亚洲西南部、非洲东北部

阿富汗狐是世界上最小的犬科动物之一。它们生活在半干旱的山地里。通体黄棕色，而腹部为白色。它们有着大大的耳朵与毛发浓密的黑尾巴。喜好夜行。它们的食物主要是昆虫、果实、小型的爬行动物与哺乳动物。每胎可产 3~4 只幼崽。

Vulpes zerda

耳郭狐

体长：41 厘米
尾长：31 厘米
体重：1.5 千克
社会单位：群居
保护状况：无危
分布范围：非洲北部

耳郭狐是世界上最小的犬科动物，并且顾名思义，它们的耳朵在所有狐狸中是最大的。它们的毛发呈沙黄色，脸部与腹部为白色。四肢毛发浓密，因此它们可以平安无事地走在滚烫的沙子上。集群而居，一般一个种群有约 10 只耳郭狐。每胎可产 2~5 只幼崽，幼崽 70 天后便可独立生活，8~9 个月性成熟。

Vulpes velox

草原狐

体长：53 厘米
尾长：26 厘米
体重：3 千克
社会单位：成对
保护状况：无危
分布范围：美国中部

草原狐与墨西哥狐一样，是美国最小的狐狸之一。二者有着紧密的关系，这两个物种通常被认为是同一个狐狸亚种。草原狐与其他狐狸的不同之处在于，它们背部没有一条深色的条纹。它们主要栖居在草原上。但是由于农业、工业与城市化的发展，它们的栖息地面积锐减，草原狐数量下降。尤其在加拿大地区，草原狐接近灭绝。

Urocyon cinereoargenteus

灰狐

体长：0.8~1 米
尾长：27~44 厘米
体重：3.6~6.8 千克
社会单位：独居
保护状况：无危
分布范围：加拿大南部至南美洲北部

灰狐是唯一会爬树的犬科动物。它们有强健的爪子，因此可以在树枝之间来回穿梭。灰狐在捕猎时，一般是各自行动。它们的胃口很大，主要的食物有小动物、果实与一些植物。它们背部的毛色为深灰色，一条黑色的条纹横穿颈背延伸至尾巴。它们的侧腹与四肢均为微红色，而腹部与胸部呈白色。

Lycalopex culpaeus

山狐

体长：44~92 厘米
尾长：30~49 厘米
体重：可达 14 千克
社会单位：独居
保护状况：无危
分布范围：南美洲南部与西部

山狐是体形最大的狐狸。冬季为了抵御寒冷，它们的毛发会变得粗些。下巴与腹部的毛发为白色，耳朵、脖子、四肢、侧腹与头部均为棕红色，而尾巴为灰黑色。实行一夫一妻制，雄性与雌性都承担起照顾幼崽的责任。除了繁衍期，山狐都是独自居住与行动的。

Alopex lagopus

北极狐

体长：35~55 厘米
尾长：31 厘米
体重：2.9~3.5 千克
社会单位：小集群
保护状况：无危
分布范围：欧亚大陆的北极圈、美国、加拿大、格陵兰岛和冰岛

北极狐的皮毛使得它们可以根据一年四季的不同而改变伪装：在冬季长长的、浓密的毛发为白色，而在夏季则变成短短的浅灰色。北极狐实行一夫一妻制，一辈子只有一个配偶，且喜好游牧。在繁衍期间，一个群体由一只雄性与两只雌性组成，其中一只雌性一直担任着母亲的角色，负责生养，而另外一只雌性则负责保护群体安全。在哺养幼崽期间，雄性会靠近幼崽，保护它们并给予它们食物。在夏季，北极狐会吃一些小型的哺乳动物，如果食物紧缺，它们还会选择吃腐肉。当它们捕到大量的猎物时，它们会把剩余的食物埋藏起来，以防其他肉食动物乘其不备偷吃。

毛发

夏季在阳光的照射下，它们的毛发会变成灰色或浅蓝色。

Atelocynus microtis

小耳犬

体长：0.7~1 米
尾长：30 厘米
体重：10 千克
社会单位：独居
保护状况：近危
分布范围：南美洲西北部

小耳犬是最为怪异且不为人熟知的犬科动物。四肢呈现交叉趾型，这使得它们可以毫无障碍地行走。草肉兼食，四肢粗短但敏捷，头部很大，耳朵很小呈圆形，尾巴长且毛茸茸。它们的毛色为黑色、灰色或棕色，而下身颜色通常为微红棕色。当雄性小耳犬感到有威胁的时候，它们会通过肛腺排出一股有强烈气味的气体。

疾病

小耳犬十分容易感染家犬所带来的疾病。

Nyctereutes procyonoides

貉

体长：50~70 厘米
尾长：13~25 厘米
体重：10 千克
社会单位：成对或小集群
保护状况：无危
分布范围：亚洲东南部、欧洲

貉草肉兼食，通过互相理毛或闻嗅尿液、大便来达到互相交流的目的。貉一般成双成对冬眠，冬眠期间充分依靠冬季到来之前储存的脂肪过冬。貉擅于游泳与跳水，但是视力很差，因此一般都是通过嗅觉来捕捉猎物。主要食物为昆虫、小老鼠、两栖动物与鸟类。

Speothos venaticus

薮犬

体长：58~75 厘米
尾长：12~14 厘米
体重：5~7 千克
社会单位：群居
保护状况：近危
分布范围：中美洲南部至南美洲中部

薮犬身材小巧，呈圆柱形，四肢短小。喜好日间活动，集群而居，群体内的薮犬相处融洽，联系紧密。毛发很短，呈棕红色。薮犬喜好交际，主要吃刺豚鼠、水豚和犰狳。可以在水里自由行动，甚至可以跳水。

Chrysocyon brachyurus

鬃狼

体长：1.25~1.3 米
尾长：40 厘米
体重：20~23 千克
社会单位：独居
保护状况：近危
分布范围：南美洲东部与中部

鬃狼是南美洲最大的犬科动物。喜好在黄昏或夜晚行动。主要的食物为小动物、果实与树根。鬃狼的四肢纤长，耳朵很大且呈直立状。毛发为微红色，尾巴与耳朵内部为白色，鼻子及四肢为黑色。它们的走路方式很特别，同一边的下肢同时移动。雄性与雌性共享同一片领地，在繁殖期实行一夫一妻制。鬃狼通过尖叫、号叫与沙哑的叫声来互相交流，它们的叫声一般在入夜之后才听得到，而且其叫声能够让人类不寒而栗。

Canis lupus familiaris

家犬

体长：0.15~1.07 米
体重：1~90 千克
分布范围：全世界

西伯利亚哈士奇

它们的相貌极像狼，蓝色的眼睛是它们的一大特点。

根据化石资料记载，3 万年前便存在家养的犬科动物。狼群生活在一些小的欧亚村庄，而这里的居民，居然没有驱赶它们，或者说他们根本没有能力这样做，反而开始与狼群建立起初步的联系：为了感谢狼对他们的忠诚，人类不仅会给它们食物，而且会保护刚出生的幼狼。此外，由于狼拥有敏感的听力与嗅觉，且易于驯养，渐渐地，它们便变成了人类家园的“护卫”。

品种的孕育

人类凭借个人需求与喜好，根据犬的行为、大小与毛发来进行人工筛选，为此孕育他们心仪的下一代杂交犬。而西伯利亚犬会被选上的原因在于它们的耐力与力量。

力量与温暖

很多情况下，人类对家犬的选择与它们自身的力量、安静且有爱的个性特点有关。而且有了犬的陪伴，人类在饲养它们的过程中也得到了前所未有的温暖与爱。

远亲

许多犬的身上仍保留着它们祖先狼的生物特点。

发达的感官

家犬可以敏感地察觉周围环境的变化，这与它们敏锐的嗅觉与听觉有关。对于人、事物与地点的记忆深深地刻在它们的大脑里，通常它们都是通过嗅觉与听觉来记住这些东西，而不是通过视觉。只要它们与环境中新的味道或新的声音接触，这些信息便会记录到它们的脑海中。

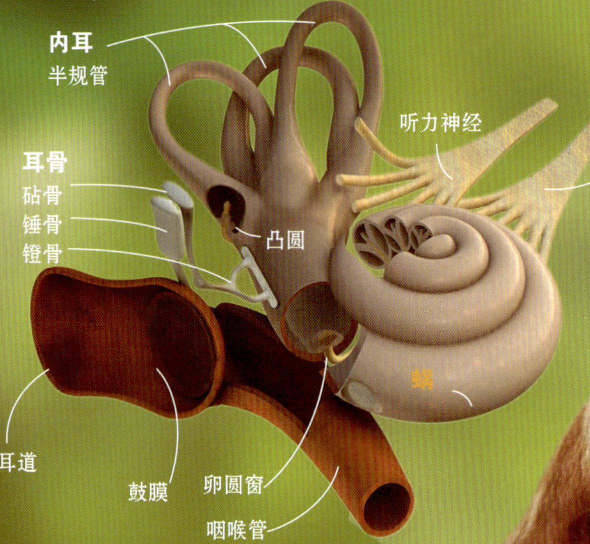

听力

人类只能听到18 千赫的声音频率，而家犬的耳朵却能听到40 千赫的频率。不同的犬也有不同的听觉能力，因为它们耳朵的大小还有耳郭伸向声源的方向也因个体而异。但无论如何，它们都能够通过声音来判断声源在何方。

耳朵

每条犬的耳朵形状与大小都有所不同。耳朵在听觉这一块扮演着十分重要的角色。倘若它们的耳朵能够直直地竖立着，它们能更好地捕捉到声波，而且这些声波能更好地传导到耳道里并带动鼓膜的震动。

20 厘米

犬可以感受到的因一支铅笔落地所产生的振动范围。

嗅觉

嗅觉是犬最发达的感官。它们的嗅觉上皮神经由2亿多个细胞组成，这些细胞分布在鼻腔内。每个细胞都能够识别一个或一个以上的分子。

味觉

所有食物的化学物质会被犬舌头上的味觉细胞与味蕾所感应到。

味觉接收器

味觉接收器的灵敏使得大脑可区分食物的美味与否。

品种

据美国养犬俱乐部的统计，世界上存在150~200个品种的犬，而且这些犬可大致分为六大类：宠物犬、猎犬、牧羊犬、工作犬、非运动型犬与运动型犬。

宠物犬

宠物犬个性开朗温和，是人类很好的伙伴，且擅于捕猎与杀死小老鼠。

澳洲丝毛梗

猎犬

猎犬有着敏锐的嗅觉，擅于奔跑、追踪且耐力十足，因此人类用它们来狩猎。

寻血猎犬

牧羊犬

牧羊犬擅于控制其他动物的行为，智力超群，易于驯养。

比利时牧羊犬

工作犬

工作犬擅于追踪，因此被各大国际组织所需要，可在各大天灾中用于救援。

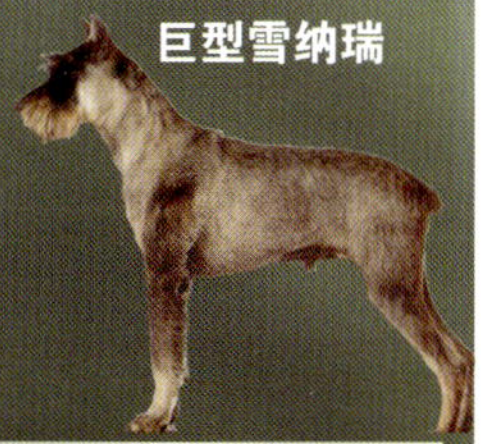
巨型雪纳瑞

非运动型犬

非运动型犬是人类可靠的门卫与伙伴，而且它们耐力十足，可用来拉雪橇和参与水上救援。

斑点狗

运动型犬

运动型犬十分活跃，警惕性强，擅于跑步与游泳，顾名思义，可长时间运动。

威玛犬

Canis latrans

郊狼

体长：1 米
尾长：40 厘米
体重：20 千克
社会单位：独居或群居
保护状况：无危
分布范围：北美洲至中美洲北部

郊狼喜好夜行与号叫，是北美洲与中美洲最普遍的犬科动物。此外，它们也是该地区奔跑速度最快的地栖性哺乳动物，时速可达 64 千米。它们主要吃兔子与老鼠，而且喜爱捕杀家畜，例如绵羊。它们的交流方式十分多样化，其中包括 11 种不同类型的发声。它们还可以挖深达 7.5 米的巢穴，作为栖身地和幼狼的出生地。每胎大约有 6 只幼崽，幼崽 12 天后睁眼，4 周后便会离开巢穴独立生活。

Canis simensis

埃塞俄比亚狼

体长：可达 1 米
尾长：可达 40 厘米
体重：可达 19 千克
社会单位：群居
保护状况：濒危
分布范围：非洲东部

埃塞俄比亚狼是地球上生存最受威胁的犬科动物之一，在埃塞俄比亚的山地里也只能找到近百只。它们的毛发呈微红色或浅黄褐色，侧腹为白色。它们白天与夜晚都十分活跃。它们的主要食物是老鼠。许多埃塞俄比亚狼也会聚集到一块，共同攻击一些小型的羚羊、绵羊和野兔。幼狼会在 6 个月大的时候与成年狼群一同捕猎。

Canis aureus

亚洲胡狼

体长：可达 1.06 米
尾长：可达 30 厘米
体重：可达 15 千克
社会单位：成对
保护状况：无危
分布范围：欧洲东南部、非洲东部与北部、亚洲西部至东南部

亚洲胡狼的毛发十分粗，但是不长，背部颜色为斑驳的黑色与灰色。它们吃幼羚羊、老鼠、鸟类、爬行动物、青蛙、鱼类、卵、昆虫与果实，有时候还吃腐肉。它们通常通过尿液与粪便来圈定自己的领地。每胎可产 2~4 只幼崽，幼崽在 11 个月之后性成熟。

Canis mesomelas

黑背胡狼

体长：可达 90 厘米
尾长：可达 40 厘米
体重：可达 13.5 千克
社会单位：成对
保护状况：无危
分布范围：非洲东部与南部

黑背胡狼草肉兼食，可吃昆虫、老鼠、幼羚羊、绵羊与腐肉。背部毛色呈黑色且一直延伸到尾巴。一般藏匿在白蚁穴或食蚁兽的巢穴里。每胎可产 4 只幼崽，幼崽在 11 个月之后性成熟。

Canis adustus

侧纹胡狼

体长：可达 81 厘米
尾长：可达 41 厘米
体重：可达 13 千克
社会单位：成对
保护状况：无危
分布范围：非洲中部、东部与西部

侧纹胡狼是草肉兼食的动物，吃脊椎动物、昆虫、腐肉与植物。它们的毛发呈现浅灰色的斑纹状，因为侧腹有一条深色的纹理，因此命名侧纹胡狼。它们利用蚁穴或被食蚁兽弃置的巢穴作为栖身之所。此外，它们也会在山坡上挖掘巢穴。每胎可产 3~6 只幼崽，幼崽在 6 个月之后性成熟。

Cuon alpinus

豺

体长：可达 1.13 米
尾长：可达 45 厘米
体重：可达 21 千克
社会单位：群居
保护状况：濒危
分布范围：亚洲中部、东部与南部

豺的毛发颜色多样，但总体而言，上半身颜色呈红锈色而下半身较为苍白。豺集群而居，一般一群豺有5~12只，但也曾发现有些豺群达到40只。它们为了捕杀大型的哺乳动物（鹿、野猪与绵羊）会互相合作，同时它们也吃腐肉。在长达60~63天的妊娠期后，雌性会产下4~6只幼崽。幼崽在70天之后便会离开豺群，7个月后则会开始捕猎活动。

Canis lupus dingo

澳洲野狗

体长：可达 1.24 米
尾长：可达 33 厘米
体重：可达 20 千克
社会单位：群居
保护状况：易危
分布范围：澳大利亚与亚洲南部

澳洲野狗现在普遍认为是狼的亚种。它们栖居澳大利亚，有可能在东南亚地区存在着澳洲野狗的纯种，尤其是在泰国。它们的毛发颜色为黄褐色，也有些为白色、黑色、棕色或红锈色。它们的尾尖颜色为白色，这是它们的一大特点。为了跟家犬杂交，还有人捕捉它们售卖，纯种的澳洲野狗数目正在减少。根据考古证明，澳洲野狗在很多年前在全球都有分布。在1000~5000年前，澳大利亚与太平洋岛屿的野生犬曾经移居到亚洲的东部生活。

野生犬

澳洲野狗是澳大利亚狼的变种。

Lycaon pictus

非洲野犬

体长：可达 1.12 米
尾长：可达 41 厘米
体重：可达 36 千克
社会单位：群居
保护状况：濒危
分布范围：非洲

非洲野犬是最擅长社交的犬科动物之一。一群非洲野犬甚至可多达100只，但是一般而言不超过15只。它们可在不同环境下生存，例如草原或森林。毛发颜色具有多样性，一般为斑驳的黑色、黄色和白色。非洲野犬会选择群体狩猎，且为了捕杀一些大型动物会互相合作。有些猎物的体重甚至超过非洲野犬，例如羚羊和野猪。非洲野犬也可进食一些小型动物，例如兔子、蜥蜴与卵。每个野犬种群都存在着明显的社会等级，占主导地位的野犬在交配与生育方面占据明显优势。每胎可产6~8只幼崽。

保护状况

人类的日渐发展与非洲野犬生活面积的减少，还有人类对其大规模地屠杀及传染疾病的传播，导致这一物种受到威胁。

锋利的牙齿

非洲野犬的前臼齿比其他犬科动物的都要大，这有助于它们啃噬猎物的骨头。

Canis lupus

狼

体长：1.3~2 米
身高：60~90 厘米
体重：32~70 千克
社会单位：群居
保护状况：无危
分布范围：北美洲、欧洲与亚洲

等级秩序

狼进食是有一定等级秩序的，通常都是占主导地位的狼先进食。

狼是一种热爱社交的肉食动物，它们通常会组成5~9只狼的狼群，而且内部有森严的等级秩序。它们栖居在森林、山地、苔原、泰加林与草原。它们的四肢行走能力较强，可在各种路况下行走，包括雪地。

繁殖

狼首领会在1~4月之间繁衍后代，每胎可产4~10只幼崽。

移动

狼能以10千米/时的平均速度小跑几千米，而当它在追捕猎物的时候，速度可达65千米/时。在春夏两季，幼崽正在长身体，狼群只待在一个地方，而在秋冬两季，狼每天会移动200千米来寻找猎物与腐肉。

狼首领

占据主导地位的雄性会影响到雌性的激素活性，从而延迟它们的发情期。

集群而居

占主导地位的雄狼与雌狼是该狼群的首领。它们追捕猎物，圈定领地，选择抚养后代的地方以及带领整个狼群迁徙。狼群之间有着一套十分复杂的交流系统，其中包括吠叫、呻吟、咆哮和怒吼。狼群之间的联系通常很紧密：狼会互相保护，甚至互相表达爱意。

学习

幼狼四肢强而有力且行动敏捷，它们的行为会影响它们在狼群中的地位。

角色

在狼群的共同生活中，不同的时刻，每只狼都扮演着不同的角色。狼与狼之间存在着惯常的交流模式。无论是成年的雌性还是雄性抑或是幼崽，它们在狼群中有着不同的社会地位。

主导

狼与狼之间的见面方式决定了每只狼在狼群中的地位。

1 会面

狼B与狼C会以服从的态度走向占主导地位的狼跟前，它们的耳朵会折向脖子一端，而尾巴夹在两腿之间。

姿势

有些狼保持站立，有些会躺下。从姿势上就可看出每只狼在狼群中的地位。

36 只狼组成的狼群是大狼群。狼群的大小根据猎物的规模而有所不同。

信号

狼群之间存在着不同的交流方式。除了肢体语言外，它们之间还可以通过面部表情与声音来完成交流，例如号叫、尖叫与咆哮。

- **A** 正常表情
- **B** 受到威胁
- **C** 受到严重的威胁
- **D** 服从与担心
- **E** 害怕
- **F** 十分害怕与遭受胁迫

社会等级

狼群中雄性与雌性的组织能力是相当的。一般一个狼群由一对雄性与雌性统领着，而在这对首领下面，有着一群从属的狼群，它们之间的等级相当，毫无差别。在雌性之间，等级制度或许更加明显，因为通常占主导地位的狼 A，会统领着狼 B 与狼 C。

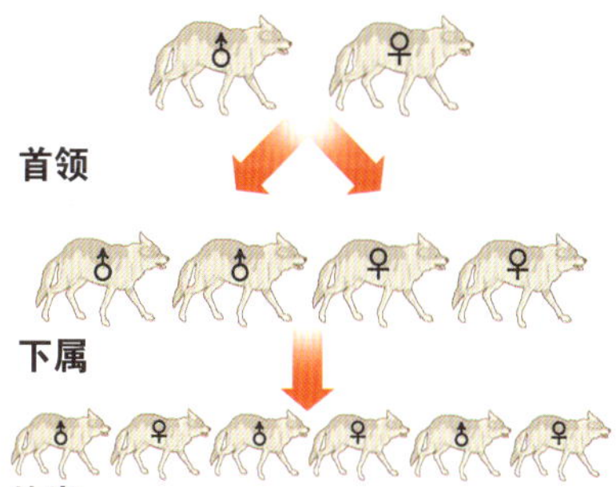

2 观察

占主导地位的狼站姿不变，而靠近它的下属狼会开始舔它的下巴。

3 认识

占主导地位的狼会闻一闻下属狼的生殖器。而下属狼在小便的时候，它们的生殖器会是下垂的，这表示了它们的从属地位。

鬣狗

门：脊索动物门

纲：哺乳纲

目：食肉目

科：鬣狗科

种：4

鬣狗外形与犬科动物十分相像。它们身体朝后倾，鼻子很大，下颚有力，耳朵直且大。它们主要栖居在草原，爱吃腐肉。喜爱群体狩猎，会一直追踪猎物，直到对方筋疲力尽。

Hyaena brunnea

褐鬣狗

体长：1.1~1.3 米
尾长：20~25 厘米
体重：50 千克
社会单位：独居或群居
保护状况：近危
分布范围：非洲南部

褐鬣狗有着长且浓密的毛发，长达 25 厘米。除了脖子有条白色的条纹、四肢为白色之外，身体其余部位为暗棕色，而脸部为黑色。它们栖居在开阔的平原地区。主要食物为腐肉、小型脊椎动物与果实。每胎可产 1~5 只幼崽。

Hyaena hyaena

条纹鬣狗

体长：1~1.2 米
尾长：25~35 厘米
体重：30~45 千克
社会单位：独居
保护状况：近危
分布范围：非洲北部与东部、亚洲西南部至印度

条纹鬣狗体形小，有着长长的棕色毛发，身体与四肢为黑色。尾巴很长，颜色为棕黄色。喜欢夜间行动，吃小型哺乳动物，如鼠、鸟类、蛇与果实等。每胎可产 6 只幼崽。

Crocuta crocuta

斑鬣狗

体长：1.2~1.4 米
尾长：25~30 厘米
体重：50~80 千克
社会单位：群居
保护状况：无危
分布范围：撒哈拉以南非洲地区，除外非洲大陆最南端和中部及西部雨林地区

斑鬣狗是数目最多且喜好社交的鬣狗，一个种群可由上百只斑鬣狗组成。毛发有很多暗棕色的斑纹。它们栖居在草原，在那里它们可以捕捉到同等大小的哺乳动物。它们拥有所有鬣狗中最发达的下颚，且前肢强而有力。

Proteles cristatus

土狼

体长：0.85~1.05 米
尾长：25~40 厘米
体重：8~14 千克
社会单位：独居或群居
保护状况：无危
分布范围：非洲南部与东部

土狼体形很小。毛发颜色呈微黄色或微红色。鼻子为黑色，身上有三道垂直的黑色条纹，鬃毛直立。喜好夜行，白天一般待在窝里。可以组成小群体，占据相同的领地，每个个体之间相距 100 米左右的距离。土狼是唯一吃白蚁的鬣狗。

马达加斯加的肉食动物

门：脊索动物门

纲：哺乳纲

科：食蚁狸科

种：8

食蚁狸科是一些马达加斯加岛上的肉食动物。它们栖居在潮湿的丛林、沼泽、草原或沙漠地带。大部分为夜行动物。主要食物为小型脊椎动物、无脊椎动物、卵与果实。由于岛上的森林砍伐日渐严重，它们正面临着灭顶之灾。

Cryptoprocta ferox

马岛长尾狸猫

体长：61~80 厘米
尾长：10 厘米
体重：9.5~12 千克
社会单位：独居
保护状况：易危
分布范围：马达加斯加岛

马岛长尾狸猫是马达加斯加岛上最大的肉食动物。一般在热带丛林最茂密的地方可以找到它们的踪迹，而它们在蛮荒之地已经销声匿迹了。它们喜好夜行和高大的树木，因为在那里可以轻易抓到脊椎动物、雏鸟与卵。它们毛发的颜色为深棕色。头部很像猫科动物，拥有大大的眼睛、圆圆的耳朵、短小的下颚与锐利的牙齿。通过气味腺分泌出的气味圈定自己的领地。

Fossa fossana

马岛灵猫

体长：47 厘米
尾长：20 厘米
体重：2 千克
社会单位：成对
保护状况：近危
分布范围：马达加斯加岛

马岛灵猫是身形矮小的肉食动物，有着微红棕色的毛发和条状的深色斑纹。尾巴与上半身为深色。它们栖居在热带丛林和一些干旱的地区。喜好夜行，一般以一些脊椎动物或无脊椎动物为食。它们的繁殖期于 8 月开始，到现在我们对它们的认识仍然欠缺。它们会把脂肪储存在尾巴上，进而可以过冬。

伪装

从头部一直到尾巴，马岛灵猫有着黑色的竖形条纹。

Galidia elegans

环尾獴

体长：37 厘米
尾长：27 厘米
体重：900 克
社会单位：成对或群居
保护状况：无危
分布范围：马达加斯加岛

环尾獴无论是在陆地上还是在树木上身手都十分敏捷。毛发颜色为棕红色，四肢为深棕色或黑色，腹部为亮栗色，而尾巴有着深色的环形条纹。它们喜好社交与日间行动，在热带丛林树荫处，常常可以看到它们成双成对地出入。主要食物为昆虫、小型脊椎动物、卵与果实。

熊

门：脊索动物门
纲：哺乳纲
目：食肉目
科：熊科
属：5
种：8

熊是地球陆地上体形最庞大的肉食动物。它们身形魁梧，头很大。毛发通常为单色：黑色、棕色或者白色。它们栖居在山地、温带或热带森林，还有的栖居在北极圈。大部分熊生活在北半球，而南半球熊的数量往往很少。

Ursus americanus

美洲黑熊

体长：1.5~1.8 米
尾长：12 厘米
体重：90~300 千克
社会单位：独居
保护状况：无危
分布范围：加拿大、美国与墨西哥东南部

美洲黑熊毛发浓密，且爪子比灰熊要短。它们还是游泳“高手”。为了寻找食物或逃离危险，它们还擅于爬树。黑熊动作灵敏，奔跑速度可达到 55 千米/时。它们的食物主要有蔬果、老鼠、鱼类、腐肉与大型哺乳动物。除了在发情期或者雌熊不得不抚育幼崽时，美洲黑熊一般过着独居的日子。每胎可产 5 头幼崽，刚出生的幼崽眼睛紧闭着且没有毛发，体长为 15~20 厘米，重达 200~450 克。刚出生的幼崽跟成年美洲黑熊相比，体形实在是小。幼崽的主要食物是母乳。在春季，当它们离开巢穴的时候，幼崽重达 2~5 千克。它们在 6~8 个月之后便会断奶，而到 17 个月的时候便会离开自己的母亲。

饮食

黑熊是草肉兼食的动物，主要吃果实（如坚果）、蘑菇、薯类与昆虫。因为它们的视力并不是太好，故利用极其敏感的嗅觉来寻找食物。有时候捕杀陆地生物，有时候捕鱼。它们没有特化的门牙，但是犬齿很长，而前面三个臼齿比较短，臼齿有着平坦的牙冠。北极熊是唯一吃鱼类和海豹的熊。亚洲的熊几乎只吃白蚁、昆虫与蜂蜜，而有些北美灰熊在一年的某个时期还会捕杀三文鱼。

冬眠

当冬季到来的时候，许多动物会停止觅食且开始藏匿在巢穴里，消耗秋季储蓄的脂肪来度过寒冬。冬眠期间，它们一分钟只呼吸 1~2 次，心率减少为每分钟 10~50 次，体温下降到 31~38 摄氏度之间。倘若外部环境有所变化，熊会醒过来并且离开。如果外部气候还是很寒冷的话，熊会回到巢穴里继续冬眠。一般幼崽的出生也在这个时期。雌熊一次只能产个头很小的幼崽，体重一般在 225~680 克之间。

爪子

熊的四肢很短，每个爪子都有 5 个趾尖。前爪强而有力，且可弯曲，可执行多种动作。熊是靠脚掌着地行走的。地栖性的熊脚掌通常是毛茸茸的，而树栖性的熊脚掌通常是没有毛的。熊可以通过后脚掌短距离行走。通过熊的脚掌、爪子与息肉的特殊结构，可以轻易地辨别它们的食物类别与栖息地环境。

Helarctos malayanus

马来熊

体长：1.2~1.5 米
尾长：3~7 厘米
体重：27~65 千克
社会单位：独居
保护状况：易危
分布范围：东南亚

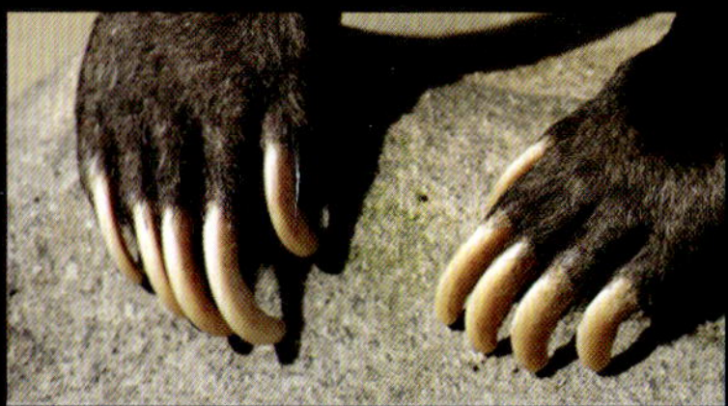

为了攀缘

马来熊的爪子有5个长且弯曲的锐利的趾尖。

马来熊是体形最小的熊。它们的毛发为黑色，胸部有黄色斑纹，因此它们也被称为“太阳熊”。它们身体丰满，浅色的鼻子短小。它们有大大的爪子与长且弯曲的趾尖，脚掌没有毛，因此马来熊是爬树高手。它们栖居在茂密的热带森林里，喜好夜行。与其他温带或寒带地区的熊不同的是，马来熊不冬眠。它们的舌头很长，可以卷到藏在树木里的昆虫，还有巢穴里的白蚁。此外，它们也吃果实、蚯蚓和小型脊椎动物。

舌头

马来熊有着长长的舌头，可以轻易地吃到白蚁与蜂蜜。

Ursus thibetanus

亚洲黑熊

体长：1.2~1.8 米
尾长：6.5~11 厘米
体重：60~110 千克
社会单位：独居
保护状况：易危
分布范围：亚洲东部与南部

亚洲黑熊也叫西藏黑熊或喜马拉雅熊。毛发颜色为黑色，胸部有 V 形的白色斑纹。它们栖居在潮湿的落叶林或山地地区的丛林里，海拔高度可达 3600 米。亚洲黑熊在夜晚较为活跃，而白天则在树洞或巢穴里睡觉。亚洲黑熊是爬树与游泳“能手”，而且是所有熊当中最喜素食的。在西伯利亚地区，黑熊冬眠时间为 4~5 个月，相反，生活在巴基斯坦的黑熊并不冬眠。妊娠期 7~8 个月，每胎约产 2 只幼崽，且 3 个月之后便会断奶。幼崽会一直待在母亲身边直到 2~3 岁。

Ursus maritimus

北极熊

体长：1.3~1.9 米
体重：150~600 千克
社会单位：独居
保护状况：易危
分布范围：北极圈

幼崽
每年雌性北极熊能产下1~2 头幼崽。

北极熊，顾名思义，生活在北极圈，而且它们会根据冰块覆盖面积的变化而迁徙。一年之中某些时期北极熊会到特拉诺瓦岛与格兰陵岛。它们的迁徙路程可达1000千米。

食物

每头成年北极熊每天需要30 千克的食物，而幼年北极熊大约需要1 千克。它们大部分的食物都是肉类，包括哺乳动物、鱼类、鸟类、卵与植物。

猎杀海豹

北极熊有各种各样的捕猎技巧：通常它们会在冰面寻找冰洞，由于这些冰洞中会有海豹跳出来呼吸，所以北极熊会在那静静地等待，当海豹出现的时候，它们就会用爪子把海豹紧紧抓住，把其打晕之后吃了它们。

唾手可得的猎物
海豹会跳出冰洞来呼吸，而北极熊会利用这个机会来完成对海豹的捕杀。

在北极

极地的严寒气候是所有极地肉食动物必须面对的严峻挑战。海豹作为北极熊的主要食物，会出现在冰冷的水里或冰面上。与其他同样生活在低温环境下的熊科动物不同的是，北极熊整个冬季的活动都十分活跃。某些情况下，北极熊也会利用已经储存好的脂肪来度过冬季。

缓慢且持续的游泳

总体而言，熊科动物的行动较为缓慢，而北极熊在水里的行动也不例外：它们可以来去自如地游泳，但是速度不快。它们毛发的颜色已经完全适应了水底的环境。由于北极熊毛发的内部是中空的，因此它们依靠毛发内部的空气产生浮力。

后肢
在游泳过程中如同方向盘一样。

前肢
划着圆圈，帮助向前推进。

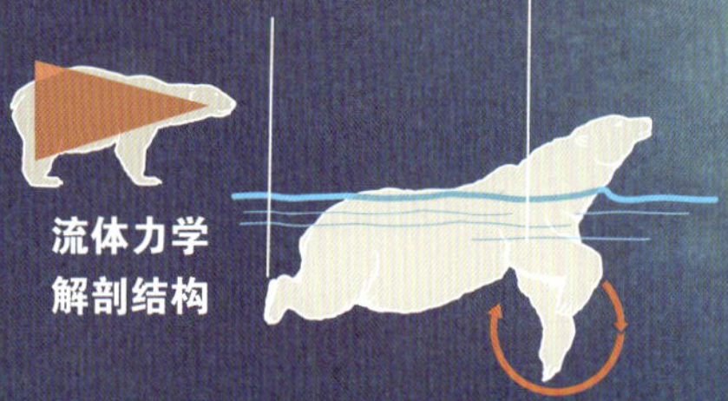

流体力学解剖结构

脚掌
北极熊的脚掌很粗糙，可黏附在冰面上，帮助它们离开水里的时候免于滑倒。

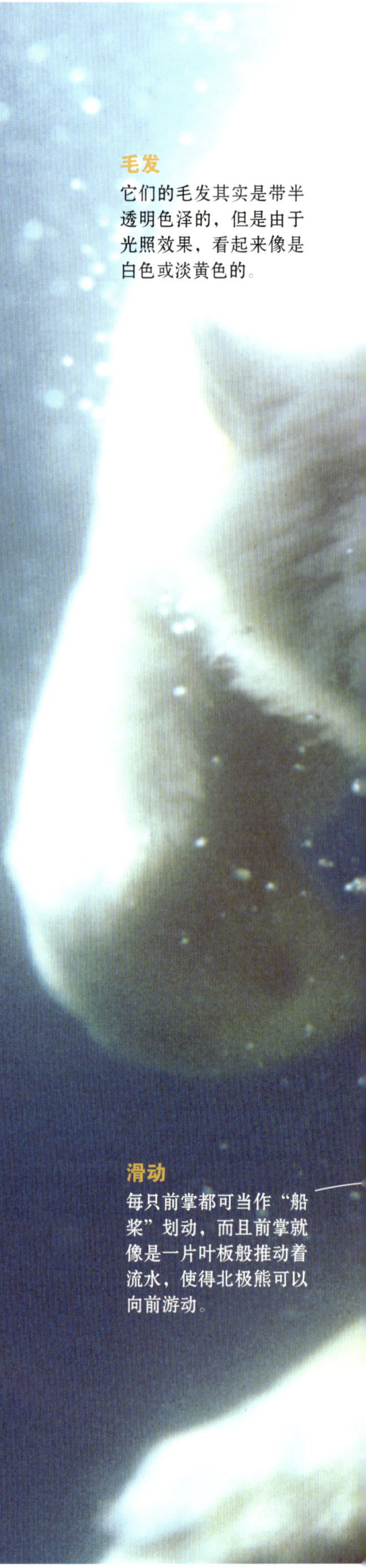

毛发
它们的毛发其实是带半透明色泽的，但是由于光照效果，看起来像是白色或淡黄色的。

滑动
每只前掌都可当作“船桨”划动，而且前掌就像是一片叶板般推动着流水，使得北极熊可以向前游动。

北极圈的“国王”

北极熊食量很大，这使得它们可以储存大量的脂肪，脂肪层厚度可达15 厘米。脂肪层有两个作用：在食物缺乏的时候可以当作能量贮备，此外，还是一个很好的隔热材料。

熊的生活

在一年当中，北极熊有着固定的周期性活动。季节的变化不仅改变着北极圈的冰层面积，进而也影响着北极熊的日常活动。所有的这些现象使得幼熊有机会慢慢学习如何在冰天雪地里应付各种状况及保护自己。

1 2~4 月

在这段时期，北极熊通常会离开巢穴，外出哺育幼崽。雌性会在冰面上教幼崽一些基本的生存技巧。

2 4~5 月

这段时期是北极熊的繁殖期，也是唯一组成群体的时期。通常雌性会发情，而雄性会因此被吸引。

3 4 月或5~7 月

觅食阶段，北极熊会通过不同的捕猎技巧捕杀海豹。

4 7 至次年1 月

这是一年当中最冷的时期，雌性会在巢穴里产下1~2 只幼崽。

鼻子

当北极熊潜水的时候，它们会把鼻孔闭合。而当它们跳出水面进行呼吸的时候，鼻腔内膜会把北极的冷空气变得温暖湿润。

2.5 万

人们认为，在北极仍幸存着2.5 万只北极熊。

Ailuropoda melanoleuca

大熊猫

体长：1.5~1.8 米
尾长：10~15 厘米
体重：70~125 千克
社会单位：独居
保护状况：濒危
分布范围：仅中国中部的一小片区域

大熊猫是食肉目中主要食物几乎完全为植物的唯一物种。它们95%的食物都是竹子，每天可吃掉14千克的竹子。此外，它们也吃一些小型哺乳动物、鱼类、昆虫、花、根以及生长在潮湿森林里的蘑菇。与其他熊科动物不同的是，大熊猫不需要冬眠，而是在天气寒冷的时候，移居到海拔较低的地方。通过爪子与肛腺和尿液散发出的气味来标定自己的领地。妊娠期长达140天，雌性大熊猫一次可产下3只幼崽，但是通常只有1只会存活下来。在出生的时候，幼崽不超过150克，且毛发颜色与成年大熊猫不一样，通体为白色，而成年大熊猫的毛发颜色为黑白相间。幼崽会在50~60天的时候睁开眼睛，到18个月的时候便会断奶，开始吃竹子。

保护状况

100多只大熊猫被圈养在世界各个动物园里。目前估计在大自然中生活的大熊猫只有1500只。由于栖息地的稀少，大熊猫正处于濒危状态。

Tremarctos ornatus

眼镜熊

体长：1.5~1.8 米
尾长：7~12 厘米
体重：80~150 千克
社会单位：独居
保护状况：易危
分布范围：南美洲安第斯山脉地区，从委内瑞拉至玻利维亚

眼镜熊是南美洲唯一的熊科动物。它们栖居在安第斯山脉的丛林与半干旱的沙漠里。它们的毛发颜色为黑色、棕色或少有的红色，而在它们眼睛周围有着白色或黄色的圆圈。眼镜熊是独居动物，喜爱夜行，擅于爬树。它们的主要食物是果实，尤其是凤梨科植物，也吃树皮、树叶、蜂蜜、爬行动物、鱼类和小型鸟类。因为常年都有食物供应，所以眼镜熊无须冬眠。

Melursus Ursinus

懒熊

体长：1.5~1.8 米
尾长：7~12 厘米
体重：55~140 千克
社会单位：独居
保护状况：易危
分布范围：亚洲南部（尼泊尔、印度、斯里兰卡与不丹），在孟加拉可能已经灭绝

懒熊是夜行动物，走路很慢，可灵活爬树。无须冬眠，但是在雨季一般不进行活动。它们的主要食物是昆虫，如蚂蚁、白蚁和蜜蜂，也吃果实、薯类、谷类与蜂蜜。懒熊会挖掘蚁穴或蜂窝来寻找食物，在大口吸食昆虫的时候，它们会把鼻孔与部分嘴唇闭上。

Ursus arctos

棕熊

体长：2~3 米
尾长：5~20 厘米
体重：100~1000 千克
社会单位：独居
保护状况：无危
分布范围：欧洲、亚洲与北美洲

为了三文鱼而聚集

棕熊会在河边聚集起来，寻找在河边游着的鱼，通过它们的爪子把鱼打晕，然后再用它们强而坚硬的牙齿把它们牢牢咬住。

棕熊是体形最大的熊之一，而且在世界各地均可找到它们的踪迹。体形大小与毛发颜色根据栖息地、食物与地理变化特点而有所不同。它们的亚种，科迪亚克熊是体形最大的棕熊，而北美棕熊毛发颜色较亮。棕熊可以吃的食物有很多，包括坚果、水果、树叶、树根、鱼类、老鼠、大型草食动物与腐肉。每头棕熊的体重一年四季常有变化。在春秋季节，每天摄入的食物约有 40 千克，这使得它们在严寒的冬季躲在巢穴里通过冬眠抵御恶劣的天气。雌性在巢穴里待的时间较长，并且在这一时期产下幼崽。受精卵一般在秋季着床于子宫内，在经过 2 个月的妊娠期后，棕熊会在冬眠期间产下幼崽。雌性与雄性的体形大小不一，通常雄性要比雌性大 10%。据人类观察，成年棕熊没有天敌。

迅速

虽然棕熊体形很大，但十分迅速敏捷，速度可达到48千米/时。

海豹和海狮

门：脊索动物门

纲：哺乳纲

目：食肉目

科：2

属：17

种：33

海豹和海狮栖居全世界的各个大洋里。它们的四肢如鳍一般，身体纤长。海豹科与海狮科的动物大部分时间都待在水里，偶尔为了繁殖或者脱毛也会到冰面上行走。它们通过肺部呼吸，身体保持恒温。

Otaria flavescens

南海狮

体长：1.8~2.8 米
尾长：短
体重：150~350 千克
社会单位：群居
保护状况：无危
分布范围：秘鲁、智利、阿根廷、乌拉圭与巴西南部沿岸

成年的雄南海狮有着茂密的鬃毛，如同狮子一般。此外，为了把它们跟海熊区分开来，它们也被称为海狼。南海狮的毛发下面还有一层套膜。皮毛颜色多变，从微红棕色到浅黄色（尤其是雌性南海狮）。它们有着大而有力的犬齿。主要食物为鱼类、乌贼、贝类与企鹅。在繁殖期，它们会组成一个群体。成年的雄性南海狮可以捍卫自己的领地长达 2 个月，而且在此期间不仅不眠不休，还无须进食。那些不参与繁殖的海狮会在参与繁殖的集群周围组成“单身俱乐部”。雌性南海狮通常 1 年只产 1 只幼崽，幼崽需要哺乳长达 2 个月。由于南海狮繁殖群建立与生产的同时性，南海狮们都会相互照顾对方的幼崽。南海狮并不喜欢迁徙，尽管有些南海狮在繁殖期之后会游动很长一段距离。

Zalophus californianus

加州海狮

体长：1.5~2.5 米
尾长：短
体重：50~400 千克
社会单位：群居
保护状况：无危
分布范围：加拿大、美国与墨西哥的太平洋沿岸

加州海狮在许多马戏团或海洋水族馆里面被称为“海豹”。雄性颜色为棕色，没有鬃毛，而雌性颜色为亮咖啡色。一般在大海沿岸可以看到它们的踪迹。加州海狮可以下潜至 274 米。主要食物为头足纲动物与鱼类。与其他海狮不同的是，雄性对照顾幼崽十分感兴趣，而雌性则到海里觅食，甚至保护幼崽，以免其遭受鲨鱼的攻击。

Arctocephalus gazella

南极海狗

体长：0.39~1.72 米
尾长：短
体重：30~126 千克
社会单位：群居
保护状况：无危
分布范围：南极辐合带附近的海域和岛屿

南极海狗有着细长的耳朵与前鳍。它们在陆地上动作十分敏捷，奔跑速度达到 20 千米/时。主要食物为磷虾、鱼类、乌贼和企鹅。雄性颜色为灰色，有着长长的触须和白色的鬃毛。雌性以及幼崽的身体颜色比较明亮。妊娠期长达 11 个月。哺育期，雌性会进入海里觅食，而幼崽则会待在岛上等候。

移动

海豹后鳍朝后，在陆地上无法站立与行走。因此，它们的后鳍并没有行走的功能，只能在地上爬。尽管如此，有些水生生物，例如海象，仍然可以在陆地上以超快的速度进行移动。相反，海狮通过四肢来完成身体移动，而且它们在水里还是游泳与潜水的“高手”。在水里，海豹主要依靠后鳍提供的推动力，而海狗则通过前鳍完成移动。

繁殖与哺育

海狮会用脂肪与热量很高的母乳来喂养幼崽。妊娠期长达8~15个月。有些海狮的胚胎着床会滞后，这使得幼崽的出生和雌性抵达繁殖群的时间有所冲撞。而且雄性的体形要比雌性大许多。海豹的情况则相反，除了冠海豹之外，所有的海豹无论是雌性还是雄性，大小都差不多。海狮会组成数目繁多的集群，而大部分海豹都过着独居生活。

毛发

海狮有着一层厚厚的脂肪层，不仅可以抵御严寒，还可以为它们提供能量与浮力。此外，它们还有一层皮毛，使其免受海岸上沙石的击打，而皮脂腺分泌物则起到润滑的作用。有些海狗甚至有双层皮毛，一层在内部深处，短且柔软，另外一层在外部，长且坚硬。然而，海狮与海狗不同，它们只有一层外部的皮毛。海洋生物初生时都有一层皮毛，但在几天后会进行蜕皮：海豹的毛发通常是毛茸茸的，而海狗的毛质相对干燥。

Callorhinus ursinus

北海狗

体长：1.42~2.13 米
尾长：短
体重：43~272 千克
社会单位：群居
保护状况：易危
分布范围：太平洋北部，自韩国、日本至墨西哥

北海狗有着一身浓密的毛发，因此经常遭到捕杀。成年雄性的毛发颜色为深灰色，而四肢为微红色，雌性为淡灰色，而刚出生的幼崽为黑色。它们有着尖尖的鼻子和耳朵，后鳍很长。它们可以在陆地上来去自如地走动，在水里则是游泳和潜水“高手”。北海狗是北半球所有海狗中最喜深海游的，除了在哺育幼崽时，北海狗一般都远离海岸，潜入到温度为6~11摄氏度的水底之中。雌性会在集群中产下幼崽，且在7天之后便会潜入海底寻找食物。幼崽在1个月之后才会潜水，吃鱼类和乌贼。北海狗在黄昏到清晨这段时间十分活跃，而白天会浮在水面上睡觉。

浓密的毛发

北海狗身上每平方厘米约有5.7万根毛。

门：脊索动物门
纲：哺乳纲
目：食肉目
科：海象科
种：1

海象

世界上海象科只有一种海象，没有亚种。长长的象牙是它们的标志。

Odobenus rosmarus

海象

体长：2.25~3.56 米
尾长：无
体重：400~1700 千克
社会单位：群居
保护状况：数据不足
分布范围：北冰洋及大海沿岸

海象身体粗壮，头部圆润，眼睛很小。全身除了鳍之外都覆盖着毛发，因此不易被察觉。主要食物为双壳类软体动物与棘皮动物（位于海底20~100米之间）。它们的上方犬齿在1岁时会长出来，之后随着年龄慢慢增长，最长可达1米。

Hydrurga leptonyx

豹海豹

体长：2.41~3.38 米
尾长：短
体重：200~591 千克
社会单位：独居
保护状况：无危
分布范围：南极洲及其周边岛屿

豹海豹是个能干迅猛的“捕猎者”，能够在浮冰或海面上捕猎，它们的捕猎能力在南极洲上仅仅被逆戟鲸所超越。主要的食物有企鹅、海豹、蟹类、鱼类、磷虾和乌贼。全身颜色为深灰色，背部为黑色，腹部为亮灰色。在喉部、肩部和身体两侧有一撮灰色。雌性体形比雄性要大。它们两颊很宽，牙齿很长很尖，这使得它们可以轻易地撕碎大型猎物或一次性吞入大量小型动物。豹海豹在海底完成交配，妊娠期长达 11 个月，而且豹海豹的幼崽在冰面上出生，重达 30 千克，出生 4 周后便会断奶。

细长的身体

豹海豹肌肉发达，身体纤长，呈流线型。

Monachus monachus

地中海僧海豹

体长：2.35~2.78 米
尾长：退化
体重：250~300 千克
社会单位：群居
保护状况：极危
分布范围：地中海与黑海及非洲西部

地中海僧海豹的背部颜色有深棕色、黑色或亮灰色。有些地中海僧海豹在腹部上还有灰白色的斑点。主要的食物为水深约 30 米处的鱼类和章鱼。有时候它们也捕捉螃蟹和海龟。很久以前，它们一般在开阔的石滩上哺育幼崽，但是由于人类活动的日渐活跃，它们不得不转移到洞穴或地下石窟。妊娠期长达 11 个月。幼崽出生后第 1 周就会钻入水中生活，6 周后断奶。在哺乳期间，雌性对幼崽寸步不离，因之前储存的脂肪而得以幸存。幼崽会一直待在雌性身边，直到 3 岁。

地中海僧海豹在水里通过尖锐的叫声进行沟通，也以此来警示对方危险的到来。

Halichoerus grypus

灰海豹

体长：0.95~2.3 米
尾长：短
体重：85~400 千克
社会单位：群居
保护状况：无危
分布范围：大西洋、波罗的海沿岸

雄性与雌性灰海豹的身体颜色、鼻子形状以及尺寸都不一样，一般雄性的鼻子更长，体重更重。毛发颜色多样，有灰色、棕色、黑色或银白色。主要食物为鱼类、章鱼、乌贼和贝类。一般灰海豹会在石滩、悬崖或岛屿上哺育幼崽。幼崽的出生预示着雄性要开始划定自己的领地。灰海豹的交配行为既可以在陆地上进行也可以在海水里进行。妊娠期长达 11 个月，哺乳期为 16~21 天。

Lobodon carcinophagus

食蟹海豹

体长：2~2.62 米
尾长：退化
体重：200~300 千克
社会单位：群居
保护状况：无危
分布范围：南极洲及其周边岛屿

食蟹海豹有着纤细的身体与长长的前鳍。它们有银灰色的毛发，身体两侧有小斑纹，在夏季这些斑纹会变成浅黄色。虽然它们叫作食蟹海豹，但是根本不吃螃蟹。它们的主要食物是磷虾。

食蟹海豹在冰天雪地里是动作最为迅猛的海豹，速度可达 25 千米/时。雄性会保护雌性与幼崽，防止它们被逆戟鲸和豹海豹所侵害。

保护状况

地中海僧海豹广泛分布于地中海与非洲西部的大西洋沿岸，但是人类的捕猎与干扰使它们的数目大幅下降。目前存活着不足500 只地中海僧海豹。

Pagophilus groenlandicus

竖琴海豹

体长：0.83~1.71 米
尾长：退化
体重：120~135 千克
社会单位：群居
保护状况：无危
分布范围：大西洋北部与北极冰川

竖琴海豹毛发的颜色为银灰色，头部为黑色，背部有着竖琴状的斑纹。幼崽出生时是淡黄色的，之后变成白色，并维持 12 天左右。它们在冰里能快速移动，是游泳和潜水“高手”，潜水深度可达 200 米。它们主要吃鱼类和甲壳类动物，且喜好迁徙，一年可游动跨越 5000 千米。在繁殖期间，竖琴海豹会聚在一起，组成大型的集群。

Leptonychotes weddellii

韦德尔海豹

体长：2.5~3.5 米
尾长：退化
体重：400~450 千克
社会单位：群居
保护状况：无危
分布范围：南极洲及其附近岛屿

韦德尔海豹是南半球分布最广的哺乳动物。它们的头小、鼻子短、眼睛大。它们的门牙和上犬齿十分有力。它们首先用门牙来咬断冰块之后再用犬齿来凿洞，之后再利用这些凿好的洞口跳进水里或者时不时探出头来呼吸。它们在水下时视力十分好，是潜水“高手”，可以潜入海底 600 米。主要食物是鱼类。在水里会发出持续且多变的叫声。

Mirounga leonina

南象海豹

体长：2~6 米
尾长：退化
体重：400~5000 千克
社会单位：群居
保护状况：无危
分布范围：南极洲及其附近岛屿、阿根廷东南部

雄性南象海豹有健壮的身体及发达的象鼻，这也是它们名字的由来。在所有哺乳动物当中，南象海豹的性别二态性是最明显的。一年中它们有 8 个月都是待在海里深潜。它们有大大的眼睛，在海底深处可以捕捉到微弱的光线，吃鱼类和头足纲动物。在繁殖期间，它们会选择平坦的沙滩或卵石滩。占主导地位的雄性可与 60 多只雌性交配。在雄性间的斗争中，它们会抬起 2/3 的身体，用犬齿撞击对手的脖子或象鼻，并且发出穿透数千米的响亮吼声。刚出生的幼崽重约 50 千克，在 20~25 天之后断奶，这时重约 140 千克。

Mirounga angustirostris

北象海豹

体长：2~5 米
尾长：退化
体重：600~2700 千克
社会单位：独居
保护状况：无危
分布范围：阿拉斯加东南部下至加利福尼亚州沿岸

北象海豹与南象海豹相比，它们的象鼻更长且体形更小。它们全身为深灰色，但是随着年龄的增长，渐渐会变成灰褐色。雄性可潜入 1500 米深的海底，这在所有用肺部呼吸的脊椎动物里创下了不可打破的纪录。它们会在远离人类的海滩上哺育幼崽。一只雄性可与四五十只雌性交配。它们一年内会迁徙 1.8 万 ~2.1 万千米，这是所有哺乳动物之中迁徙距离最长的。

臭鼬及其近亲

门：脊索动物门

纲：哺乳纲

目：食肉目

科：臭鼬科

种：12

臭鼬，俗名黄鼠狼，体形中等，毛发黑色，背部有一块白色斑纹。喜好夜行，只在交配时成对出现。除了东南亚的一些臭鼬外，大部分臭鼬都栖居在美洲。它们的尾巴下面有两个腺体，会发出奇臭无比的液体，用来自我防卫。

Conepatus chinga

智利獾臭鼬

体长：30~80 厘米
尾长：18~40 厘米
体重：2~4.5 千克
社会单位：独居
保护状况：无危
分布范围：南美洲中西部

智利獾臭鼬有着圆圆的身子、长长的尾巴和浓密的毛发，从头到尾有着两条平行的白色条纹。它们有着锋利且弯曲的爪子。主要食物为植物、小型脊椎动物（鸟类、爬行动物、老鼠、两栖动物）和腐肉。黄昏或夜间活动，栖居在牧场、灌丛、稀树草原的洞穴、裂缝或树木的孔洞里，有时会接近人类。妊娠期为 2 个月，一次能产下 2~5 只幼崽。雌性会哺乳幼崽 8~10 周，之后幼崽便可独立生活。

Spilogale putorius

东部斑臭鼬

体长：35~58 厘米
尾长：15~20 厘米
体重：1.5 千克
社会单位：独居
保护状况：无危
分布范围：美国东部与加拿大南部

当受到敌人侵袭时，东部斑臭鼬会转头且前爪倒立喷出奇臭无比的液体。东部斑臭鼬是臭鼬科唯一会爬树的物种。它们行动活跃，草肉兼食，会栖息在洞穴或草地、森林、农田或悬崖边的树洞里。刚出生的东部斑臭鼬皮肤被一层薄薄的黑白毛发覆盖着，眼睛无法看见东西。

斑驳的毛发
头部毛发最短而尾巴毛发最长。

Mephitis mephitis

臭鼬

体长：57~80 厘米
尾长：17~30 厘米
体重：1.5~5.3 千克
社会单位：独居
保护状况：无危
分布范围：加拿大至墨西哥

臭鼬体形中等，背部有两条白色的条纹。尾巴长着浓密的黑色毛发。它们草肉兼食，栖息在树林、农田或干旱的草原里。足部有利爪，后肢的足跟几乎着地。臭鼬从小就能喷出奇臭无比的液体。

Conepatus semistriatus

墨西哥獾臭鼬

体长：34~57 厘米
尾长：16~31 厘米
体重：1.4~3.5 千克
社会单位：独居
保护状况：无危
分布范围：中美洲、南美洲东部与北部

墨西哥獾臭鼬的颈背有一团白色的毛发，一直往后延伸，直到被一条窄窄的黑色条纹分隔开来。尾巴长有白色与黑色的短毛。它们栖息在岩石区、灌木丛或稀疏的森林里，也可以适应被人类改造过的自然地区。草肉兼食，主要食物为昆虫、蜥蜴与鸟类。

浣熊及其近亲

门：脊索动物门

纲：哺乳纲

目：食肉目

科：浣熊科

种：14

浣熊体形中等偏小，有着弯弯的长尾巴。它们的口中原本有裂齿，进化成能咬碎植物与果实的牙齿。脸上有个特别的“面罩”。它们用脚掌走路，有着可伸缩的爪子。喜好夜行，爬树灵活。

Procyon cancrivorus

食蟹浣熊

体长：40~70 厘米
尾长：20~40 厘米
体重：3~8 千克
社会单位：独居
分布范围：无危
分布范围：南美洲中部与北部

食蟹浣熊有个特殊的癖好，喜欢用双爪弄湿食物。身体粗壮，头部圆润，脸部有黑色的“面罩”，长长的尾巴有明显的黑色圆圈。它们浅灰色的毛发比北美洲的浣熊要短。它们一般生活在靠近水的地方，在这里可以轻易地找到它们的食物：螃蟹、软体动物、两栖动物、昆虫、果实、鱼类和鸟类。喜好夜行，一般栖息在树洞、洞穴或其他动物的巢穴里。

Nasua nasua

南美浣熊

体长：41~67 厘米
尾长：30~60 厘米
体重：3~8 千克
社会单位：群居
保护状况：无危
分布范围：南美洲中部与北部

南美浣熊体形中等，走路的时候尾巴翘起，它们爬树时会用尾巴来缠住树枝。毛发柔软呈褐色，腹部部分较为鲜亮，尾巴有着白色的圆圈。它们栖息在林地里。白天十分活跃，时而寻找食物、时而在树上休憩。它们喜好社交，偶尔看到一些独居的南美浣熊也不奇怪。它们草肉兼食，经常在城市地区寻找食物。

Procyon lotor

浣熊

体长：42~60 厘米
尾长：20~40 厘米
体重：3~12 千克
社会单位：独居
保护状况：无危
分布范围：加拿大南部至巴拿马

浣熊毛发为灰色、棕色或黑色，在眼睛周围有一个深色的“面罩”。尾巴有交替的浅色圈。它们栖息在靠近水的地方、落叶林或城市郊区。在冬季，尽管不是冬眠，但是它们睡觉期间体重也会迅速减轻。

鼬

门：脊索动物门

纲：哺乳纲

目：食肉目

科：鼬科

种：59

鼬是肉食动物种类最多的动物。它们栖息在各种各样的环境里，从潮湿的热带丛林，到北极圈，再到海洋。它们身体矫健，体形大小不一。所有的鼬科动物，除了海獭，都会选择洞穴作为栖身之地。有些鼬科动物，和臭鼬一样，还会喷出恶臭的液体。

Gulo gulo
貂熊

体长：0.65~1 米
尾长：17~26 厘米
体重：20~30 千克
社会单位：独居
保护状况：无危
分布范围：欧亚大陆北部、北美洲北部

貂熊身体健壮，它们栖息在泰加林和苔原里，在欧洲分布不多。它们草肉兼食，除了繁殖期及照顾幼崽期间外，其他时间都是独居的。无论是白天还是黑夜，它们都会活动。它们耐力十足，可以抵挡最恶劣的气候，而且长年都较为活跃。它们的食物有卵和驯鹿。貂熊可以推倒体形比自己大 5 倍的猎物。它们擅长爬树，还是游泳能手。雌性会在雪地里建巢，以便生产，幼崽出生后会在巢里待上好几周。它们会全力捍卫自己的领地，直到幼崽可以独立捕猎。和其他鼬科动物一样，它们通过肛腺分泌出来的物体来标定自己的领地以及存储在雪下的食物。

Pteronura brasiliensis
巨獭

体长：1.7~1.95 米
尾长：55~75 厘米
体重：23~35 千克
社会单位：群居
保护状况：濒危
分布范围：南美洲中部与北部

巨獭身体很长，毛发为黑色，富有光泽，其腹部颜色要鲜亮一些，喉部有着淡黄色的斑纹。四肢很短，有 5 趾。主要食物为鱼类和小型脊椎动物。它们栖息在靠近河流峡谷、森林、灌木丛林的洞穴里。

Lutra lutra
欧亚水獭

体长：0.85~1.4 米
尾长：30~50 厘米
体重：3~14 千克
社会单位：独居
保护状况：近危
分布范围：欧洲、亚洲和非洲

欧亚水獭身体呈纺锤形，四肢很短，头部有点长，鼻子扁平，耳朵圆形。它们的毛发为褐色，喉部有一团白色的斑纹。它们在水里寻找食物，在陆地上建窝，擅长游泳与潜水，在黄昏或夜晚十分活跃。它们的主要食物是鱼类、甲壳类动物、软体动物、小型哺乳动物、鸟类、卵和爬行动物等。

Mustela nigripes Audubon & Bachman

黑足鼬

体长：35~60 厘米
尾长：15 厘米
体重：0.7~1.1 千克
社会单位：独居
保护状况：濒危
分布范围：美国

黑足鼬身体细长，四肢短小，可在各个洞穴之间来去自如，土拨鼠是它们的主要食物。毛发颜色为黄褐色，腹部颜色较为苍白。它们的前额、嘴巴与喉部颜色发白，而四肢颜色为黑色，眼睛周围有一个黑色的“面罩”。黑足鼬喜好夜行，大部分时间都待在巢穴里。面对同性对手时，会积极地捍卫自己的领地。一旦它们被打扰，会咬牙切齿或发出嘶嘶声。

保护状况

1987 年，黑足鼬被认为是野外灭绝的物种。通过把圈养黑足鼬野外放归的恢复方案，使得它们的数目有所增长。

对幼崽的照顾

黑足鼬每胎可产1~6 只幼崽，它们会待在地下约42 天。

Taxidea taxus

美洲獾

体长：52~87 厘米
尾长：10~15 厘米
体重：4~12 千克
社会单位：独居
保护状况：无危
分布范围：加拿大至墨西哥

美洲獾和欧洲獾类似。它们偏好栖息在开阔的牧场或松散的土壤上，在那里它们可以抓到老鼠、松鼠、土拨鼠和其他小型哺乳动物。此外，它们也吃卵和昆虫。美洲獾喜好夜行，尽管冬季它们也会进入昏睡状态，但是不冬眠。它们会利用其他小动物弃置的巢或自己建造小巢。每胎平均产 3 只幼崽，幼崽一般在春季出生。

Eira barbara

狐鼬

体长：56~68 厘米
尾长：38~45 厘米
体重：4~6 千克
社会单位：独居或成对
保护状况：无危
分布范围：美国、墨西哥至阿根廷

狐鼬因其快捷的爬树速度而有名。它们的爪子十分有力，尾巴细而长。毛发短而粗糙，颜色为深褐色或黑色，喉部及胸口部位有一块亮黄色的斑纹。雄性体形一般比雌性要大。它们喜好在日间行动，栖息在热带或亚热带森林或丛林里。它们也会靠近人类居住的地方，主要吃小型啮齿目动物、果实、爬行动物和无脊椎动物。每胎可产 2~3 只幼崽，幼崽体重小于 90 克。

Martes martes

松貂

体长：45~58 厘米
尾长：30 厘米
体重：1.5 千克
社会单位：独居
保护状况：无危
分布范围：欧洲和亚洲西部

松貂有着小小的脑袋和尖尖的鼻子，身体纤长，四肢短小。毛发浓密而柔软，呈深棕色，腹部颜色偏淡黄色，脸上长着一个奇特的“面罩”。主要食物为小型脊椎动物、果实和卵。松貂喜好夜行，栖息在落叶林或针叶林里，主要是一些古老的树木，尽管在森林之外也能寻找到它们的踪迹。松貂的天敌有老鹰、猫头鹰和狐狸。由于它们珍贵的皮毛，松貂正被大规模地捕杀。

Enhydra lutris

海獭

体长：1.2~1.5 米
尾长：40~50 厘米
体重：22~45 千克
社会单位：独居或群居
保护状况：濒危
分布范围：太平洋北部（日本、俄罗斯、加拿大、美国和墨西哥）

工具的运用

海獭用前肢夹住海胆，后肢固定住石块当作锤子使用，每15 秒内它们都会连续撞击45 次。

海獭是所有鼬科动物中体形最大的。它们的毛发颜色为深褐色，但也有些是灰褐色、淡黄色甚至黑色。成年海獭的头部、颈部和胸部颜色会比身体其他部分要鲜亮一些。主要食物为海胆、软体动物、甲壳类动物和鱼类。海獭是少数能够使用工具的哺乳动物，可利用岩石来敲碎贝壳。它们还是毛发最浓密的哺乳动物之一，每平方厘米约有 10 万根毛，可以很好地抵挡海底的严寒。当它们睡觉时，为了固定位置，它们会攀附在海藻上。在水底时，它们会用身体的后肢拍打水来完成移动。此外，它们还可以潜水长达 6 分钟。在陆地上的时候，它们的行动显得比较笨拙。一年四季都能够繁殖后代，但是一般而言，一年只产 1 胎。雌性会照顾并教给幼崽一些必要的捕猎、游泳和自我清理技巧。

20 世纪 70 年代，海獭数量有 1000~2000 只，到目前为止，数量应该是有所上升的。

后肢

海獭后肢很长，宽且扁平，上面的蹼和爪不仅可以用来推进身体的前进，还可以给予其更大的抓地力。

Mustela putorius

鸡貂

体长：30~50 厘米
尾长：10~19 厘米
体重：0.7~1.5 千克
社会单位：独居
保护状况：无危
分布范围：欧洲、亚洲和非洲的摩洛哥

鸡貂有着小且扁平的脑袋和小巧的耳朵。背部毛发颜色为灰色、褐色或淡黄色，四肢和腹部为黑色。眼睛周围有两条白色的条纹，像是戴了一个黑色的“面罩”。鸡貂在陆地上十分灵巧，可以轻易地寻找到猎物。它们会捕杀一些小老鼠甚至一些比它们体形还要大的兔子。它们只会在发情期或哺乳期成对居住。它们栖息在湿地、森林边缘或草原上，一般会躲在小洞穴里。

Mustela nivalis

伶鼬

体长：15~23 厘米
尾长：4~13 厘米
体重：40~60 克
社会单位：独居
保护状况：无危
分布范围：欧亚大陆、非洲北部和北美洲

伶鼬身体小巧修长且灵活。背部毛发为棕红色，腹部有棕色的小斑点。在北部，伶鼬通体为白色。它们栖息在森林、草原甚至人类居住的地方。主要食物为脊椎动物，例如小老鼠。它们的感官很发达，白天和夜间视力都很好，擅长爬树和游泳。

Mustela erminea

白鼬

体长：26~33 厘米
尾长：10~11 厘米
体重：100~120 克
社会单位：独居
保护状况：无危
分布范围：北美洲北部和欧亚大陆

以前，白鼬由于有着柔顺珍贵的白色毛发，经常被人类所捕杀。现在为了做毛皮大衣，人类开始了圈养白鼬的活动。白鼬身体小巧而细长，它们的头部呈三角形，耳朵小而圆，双眼明亮，胡须很长。它们的四肢有着细长的爪子，可以用来挖地。它们栖息在森林或开阔的田地里，是地栖性动物，不会爬树。主要食物是老鼠。夏季它们的毛发为褐色，而冬季为白色，这使得它们可以很好地隐藏在大自然中。

门：脊索动物门
纲：哺乳纲
目：食肉目
科：熊猫科
种：1

小熊猫

熊猫科曾经总共有 9 个亚种，但现在只存活下小熊猫这一个物种。如今人们会把熊猫科和浣熊科、鼬科和臭鼬科联系在一起。

Ailurus fulgens

小熊猫

体长：50~60 厘米
尾长：37~47 厘米
体重：4~6 千克
社会单位：独居
保护状况：易危
分布范围：喜马拉雅山脉南部、中国西部和印度北部

小熊猫主要吃竹子，通过前肢把竹子送进嘴里。此外，它们也吃浆果、卵和竹笋。它们栖息在落叶林或针叶林的树枝上。它们在树枝上通过尾巴来保持平衡。早晨、黄昏或夜晚的时候，小熊猫行动活跃，通过凄厉的叫喊声来交流。它们的行为根据一年四季的温度、有无食物以及幼崽的诞生而有所不同。它们只会在繁殖期间和其他的小熊猫个体聚集在一起。每胎可产 1~4 只幼崽。

保护状况

栖息地减少、森林砍伐以及人类的非法狩猎使得小熊猫的生存遭受威胁。

猫科动物

猫科动物是擅于捕猎的肉食动物，它们的听觉与视觉都十分发达。它们眼睛很大，有着圆形的瞳孔，依靠脚趾走路，前肢有 5 趾而后肢有 4 趾，爪子可自由伸缩。除了澳大利亚和南极洲以外，野外的猫科动物几乎在全世界都有它们的踪迹。

门：脊索动物门

纲：哺乳纲

目：食肉目

科：1

种：36

外形

猫科动物包括猞猁、老虎、美洲狮、豹、美洲豹和家猫等。它们之间大小、体重不一，皮毛颜色有灰色、微红色或者黄褐色，一般它们的皮毛都有着斑纹或者斑点点缀着，例如美洲豹身上的斑点。它们的皮毛不仅仅是为了抵抗外部环境的严寒，还有益于它们隐藏在大自然中更便捷地捕杀到猎物。

解剖结构

猫科动物身体灵活，善于捕猎。它们只要轻轻用脚趾一踮、猛力一跳，便能迅猛地扑向猎物。它们脚下都有着厚厚的脚垫，这使得它们可以悄无声息地靠近猎物。它们的爪子都十分锋利，而舌头有着一层乳头角膜，用来刮肉。

可伸缩的爪子

在休憩时，爪子朝内，被一层肌肉包裹着，可以有效地防止在走路过程中的磨损。而在受到刺激时，这块肌肉会收缩，爪子便会外露出来。

牙齿

猫科动物一般有 30 颗牙齿，与犬科动物相比数量较少。它们的门牙很小而犬齿却很大、很尖，这有利于它们刺穿猎物的皮肉。首个前臼齿退化消失了，第 2 个前臼齿也萎缩或者直接消失不见了。它们的裂齿十分发达，而臼齿可用来切割食物，但是不用来粉碎食物。

感官

总体而言，猫科动物最发达的感官是它们的视觉和听觉，这也是它们在捕猎过程中最常用的。它们的眼睛能够很好地适应夜晚的黑暗和白天刺目的阳光。它们的嗅觉在和同类的交流当中起到不可或缺的作用。它们的触须和其他遍布全身的毛发一样，也是它们触觉的一部分。

栖息地

有些猫科动物是完全地栖性的，例如狮子。而有些栖息在靠近水源的地方，是游泳“能手”，例如渔猫。也有些是在树上度过它们大部分的时光，例如虎猫。猫科动物的栖息地十分多样化，有沙漠、草原、丛林、潮湿的森林或山地。除了澳大利亚和南极洲外，野外的猫科动物在全世界均有分布。而家猫在澳大利亚也野性化起来，由于它们大规模地增长，占据了许多自然环境和资源，实际上给许多动物物种带来了生命威胁。

Felis silvestris

斑猫

体长：80 厘米
尾长：35 厘米
体重：3.5~5 千克
社会单位：独居
保护状况：无危
分布范围：欧洲、非洲和东南亚

斑猫毛发柔软而浓密，呈褐色，夹杂着深色条纹。它们是爬树“高手”，白天会在树洞或其他洞穴里休憩。它们栖息在森林、草原、灌丛、山地甚至是沙漠里。尽管白天它们会在鲜有人类出没的地方四处游荡，但总体而言，斑猫是夜行动物。主要食物为小老鼠、野兔、鸟类，有时为了有助于消化羽毛和骨头，它们也吃青草。妊娠期长达 66 天，一胎一般产 2~3 只幼崽，头 5 个月由雌性照顾。

祖先
家猫是非洲野猫的后代。

Lynx rufus

短尾猫

体长：0.76~1.2 米
尾长：8~15 厘米
体重：5~15 千克
社会单位：独居
保护状况：无危
分布范围：加拿大南部至墨西哥南部

短尾猫适应能力极强且不挑食，吃老鼠、鸟类、爬行动物甚至是小型有蹄动物，这使它们可以在各种环境下生存，例如丛林、沼泽、山地和森林。此外，它们也捕捉小型的家养动物，因此有些地区的人类恨不得把短尾猫杀光。夜晚，它们会在陆地上活动，但它们同时也是爬树“高手”。它们在交配期间会频繁发出号叫声或嘘声。一旦它们性成熟，雄性会外出去寻找自己的住处，可能超过 450 千米才定居下来。

浓密的毛发
短而柔软，黄色或红棕色不等。

Lynx pardinus

伊比利亚猞猁

体长：0.85~1.1 米
尾巴：12~16 厘米
体重：6~16 千克
社会单位：独居
保护状况：极危
分布范围：西班牙和葡萄牙

伊比利亚猞猁是灭绝风险不断增加的猫科动物。它们有着稳健的身形，四肢纤长，毛发浓密且厚实，有着灰色或棕色的斑点，且根据斑点的大小和位置分布，从而组成不同的图案。短短的尾巴也是它们表达自己的工具之一。它们栖息在由高大的灌木形成的丛林里，一般不会选择开放地区，且海拔高度不超过 1300 米。一年只分娩 1 次，每胎最多产 4 只幼崽，但是一般只有 1~2 只幸存下来。幼崽出生时眼睛是闭着的，12 天后才会睁开。据统计，目前全球自然环境下生存的伊比利亚猞猁不超过 150 只。由于它们 85% 的食物都是兔子，因此面临的主要威胁与兔子的数量减少有关，而另外一个重大威胁则是人类的城市化及森林砍伐导致的地中海栖息地环境的破坏。此外，偷猎、野犬的捕食和车辆的碾压也对伊比利亚猞猁的生存造成威胁。

Felis catus

家猫

体长：65~82 厘米
体重：2.5~7 千克
分布范围：全世界，和人类关系密切

斯芬克斯猫
它们皮肤表面有一层短的几乎看不见的细毛。

猫和人类之间的联系是从 9500 年前开始的。在一个塞浦路斯村庄里有一个坟墓，人们在那里找到了新石器时代人类的骨灰、一些珍贵的物品以及一只木乃伊制成的猫，这充分显示了人类与猫之间的亲密关系。

技巧

老鼠和蛇会被庄稼收割后落在根茬里的谷物所吸引，而猫会在那里追捕它们。猫在草地和灌木之间来回穿梭，倘若我们仔细观察，会发现它们在这些地方可以灵巧地避开天敌的追击。

各种各样的猫

家猫的人工筛选跟家犬是不一样的，人们筛选家犬进行交配，其目的在于把带有相应特点的犬应用于人类劳动或运动之中。但是对于家猫的筛选，人们通常只会根据其外形去进行筛选配对。

爱玩的小猫
那些色彩鲜艳的物体能够吸引小猫的注意。小猫通常通过玩这些小物品来练习爪子的捕猎能力。

动作的协调

猫能够灵巧地捕捉老鼠，还可以爬树，这跟它们的生理结构息息相关。它们的骨骼十分柔软，灵活的关节可以实现四肢的各种旋转，尾巴可以配合四肢的移动并保持身体平衡。它们位于内耳的中枢神经以及前庭器官用于控制身体的行动：内耳的接收器会检测身体位置的变化之后传达给大脑，而大脑会判断身体位置是否正确，也就是说，必要的话要调整身体位置究竟是向上还是向下移动。

捕猎者
家猫并没有丧失猫科动物擅于捕猎的能力，它们可以悄无声息地靠近猎物，双目注视并迅速地攻击猎物。

身体平衡
尽管下落的时候身体是背向地面，但是猫在降落后四肢着地。它们会扭动身体以便安全着陆。灵活的骨架使它们可以大幅度地扭曲，而关节和肌肉会抵消落地时对身体的冲击力。

杂技

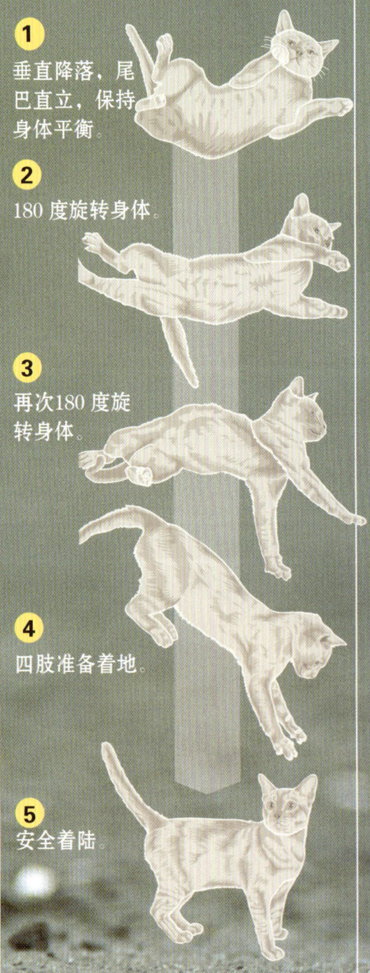

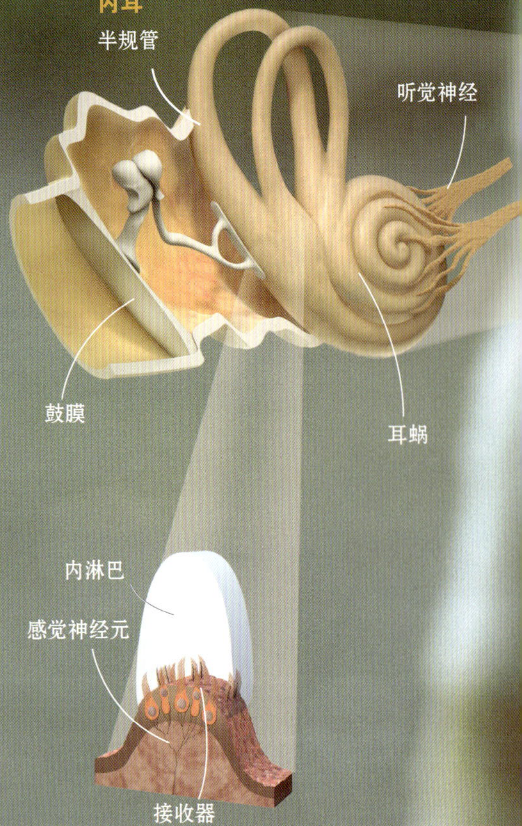

前庭器官
在其半规管里有一块黏液般的内淋巴，当猫移动的时候，这块内淋巴液便会流动，而流动的内淋巴液会刺激接收器，而接收器会刺激感觉神经。

0.7 秒
完成四肢的转动和身体的降落的时间

毛发颜色

最开始的家猫毛发颜色为灰栗色，这使它们在大自然中可以很好地隐藏自己。后来家猫颜色越来越多，是人工选择的结果。

爪子

猫的爪子被毛发覆盖着，有几个是可自由伸缩的，只有当它们捕猎或者警告对手的时候，才会外露出来。它们的脚垫很厚，这使它们可以悄无声息地行走。

猫的品种

根据各种国际联合会的资料，目前存在着上百种猫。根据不同的环境、不同的出生地以及人类的偏好，每种猫都有着自身的身体和生理特点。

暹罗猫

身体与四肢纤长。头部中等大小。眼睛为天蓝色。

欧洲猫

身体强大而粗壮。头部很宽，颧骨发达。有圆圆的眼睛。

波斯猫

有着紧凑圆润的身体、强健的肌肉和骨骼结构，四肢粗短。

安哥拉猫

身体纤长且富有肌肉。后肢比前肢要高。头部很小，鼻子很尖。

阿比西尼亚猫

身材苗条。它们很灵活且肌肉发达，比较活跃。四肢修长。

Caracal caracal

狞猫

体长：0.85~1.2 米
尾长：25 厘米
体重：10~18 千克
社会单位：独居
保护状况：无危
分布范围：非洲和西亚地区

狞猫栖息在大草原、平原或半干旱地区。主要食物为老鼠、鸟类、羚羊和兔类。它们身材苗条，四肢纤长，行动敏捷，可以完成大幅度的跳跃，擅于捕捉鸟类。它们有着长且尖的耳朵，耳朵末端有一撮毛，因此它们还有另外一个名字叫作“黑耳”。尽管白天也能看见它们的踪迹，但它们在夜晚十分活跃。在长达 81 天的妊娠期后，雌性会产下幼崽，每胎最多 3 只。

奇特的耳朵
在其耳朵的末端有一撮深色的毛。

Leptailurus serval

薮猫

体长：60~95 厘米
尾长：24~45 厘米
体重：可达 18 千克
社会单位：独居
保护状况：无危
分布范围：非洲中部与南部

相对于身体的大小来说，所有猫科动物中薮猫的耳朵和四肢是最长的。它们的视觉和嗅觉都十分了得。它们主要在黄昏时分活动。为了自卫，它们会弯曲着背部，发出强烈的吼叫声。当雄性幼崽学会捕猎后，它们会离开自己的母亲，外出寻找自己的领地，而雌性幼崽则会一直待在母亲身边直到性成熟。

Prionailurus viverrinus

渔猫

体长：66~85 厘米
尾长：24~30 厘米
体重：7~11 千克
社会单位：独居
保护状况：濒危
分布范围：亚洲南部

渔猫栖息在气候潮湿、靠近河流的地区。它们是游泳“高手”。由于它们经常在湖边或者河边用前爪伸进水里捕鱼，因此取名为渔猫。当然，它们也可以把整个身子完全潜入水里。它们的食物主要是鱼类、螃蟹、蛇、小型哺乳动物，有时也吃青草和腐肉。

Leopardus pardalis

虎猫

体长：70~90 厘米
尾长：46 厘米
体重：10~12 千克
社会单位：独居
保护状况：无危
分布范围：墨西哥至阿根廷北部

虎猫的栖息地十分多样，有半干旱的灌木丛，也有亚马孙丛林。它们喜好夜行，吃兔子、鬣蜥、老鼠、猴子和鱼类。在白天它们会待在树上或草丛里休息。与其他猫科动物不同的是，虎猫是游泳“高手”。它们美丽的毛发为淡黄色、微红色、苍褐色或灰色，且夹杂着黑色斑纹，这有利于它们在捕猎过程中隐藏自己。

毛发斑纹
它们的毛发有着链条状的斑纹。

Panthera uncia

雪豹

体长：0.75~1.3 米
尾长：0.7~1 米
体重：30~75 千克
社会单位：独居
保护状况：濒危
分布范围：亚洲中部

雪豹栖息在中国的西北部，主要在喜马拉雅山海拔 4500 米的地方。它们毛发的颜色为白色，夹杂着黑色斑纹。它们长长的尾巴有利于在行走的时候保持平衡。雪豹的主要食物为野山羊、鹿、鸟类、旱獭、兔子和松鼠。此外，为了助于消化也摄入部分植物。与其他豹子不同的是，雪豹不会吼叫，为了吸引异性只会发出轻微的呻吟声。它们是夜行动物，但是在白天和下午也十分活跃。

濒危
雪豹因其珍稀且浓密的斑点毛皮而被人类猎杀。

Leopardus wiedii

长尾虎猫

体长：53~79 厘米
尾长：33~50 厘米
体重：2.3~5 千克
社会单位：独居
保护状况：近危
分布范围：墨西哥至乌拉圭

长尾虎猫的外形有点像虎猫，尽管它们的体形较小一些。它们的毛发为淡棕色，夹杂着深色的棕色斑纹，而腹部和面部呈白色。它们栖息在植被茂密的地方，被认为是最能适应树上生活的猫科动物。它们能够转动后肢的脚踝，下落时就像松鼠一样头部朝前。它们在黄昏和夜晚的时候较为活跃。尽管长尾虎猫是树栖性动物，但是它们大部分的猎物来源于陆地。主要食物为鸟类、小型哺乳动物、两栖动物、爬行动物、节肢动物和果实。它们为了生存空间与猎物会与虎猫竞争。长尾虎猫是拉丁美洲遭受捕猎最严重的动物之一。如今，由于人类的捕猎行为、栖息地的减少以及非法当作宠物售卖，它们的生存受到严重影响。

身体的平衡
长尾虎猫长长的尾巴有利于它在树上保持平衡。

Puma yagouaroundi

细腰猫

体长：55~75 厘米
尾长：35~60 厘米
体重：4~8 千克
社会单位：独居
保护状况：无危
分布范围：墨西哥北部至阿根廷

细腰猫比一般的家猫体形要大一些，长得像美洲狮。它们的毛发是纯色的，栖息在半干旱的丛林、灌木林、沼泽地或牧草地。尽管白天和黑夜它们都能进行捕猎，但是它们仍属于日行动物。主要食物为小型哺乳动物、鸟类、爬行动物和两栖动物。它们能够发出 13 种不同的吼叫声。每胎可产 1~4 只幼崽，一年可分娩 1~2 次。

毛色多样
细腰猫的毛发颜色有微红色、浅灰色或黑色。

Panthera tigris

虎

体长：2.28~3.7 米
尾长：0.6~1 米
体重：100~300 千克
社会单位：独居
保护状况：濒危
分布范围：亚洲东北部与东南部

速度与威猛

当老虎在追赶猎物的时候，速度可达75 千米/时，一个跳跃可跨10 米。

老虎是体形最大的猫科动物。它们的毛发有着垂直的深色条纹，夹杂着橙色、黄色、微红色和白色。目前总共存活着 6 个老虎亚种。

老虎的食物为大型草食动物，在食物稀缺期间，它们也吃爬行动物、猴子、鸟类、野犬、鱼类、幼象，甚至还会攻击人类。

行为

老虎是地栖性的独居动物，喜好夜行。它们会静静地观察猎物，在攻击的时候会猛扑向它们，给予致命一击，用锋利的牙齿撕碎对方的皮肉。

繁殖

老虎的妊娠期长达100 天左右。雌性每胎可产1~7 只幼崽。在幼崽2 个月的时候，雌性会陪伴着它们外出学习捕猎。

隐藏在草木之间

老虎栖息在草木茂盛的地方，且它们的皮毛可以跟周围的环境很好地融合在一起而不被猎物发现。

惊人的视力

老虎拥有十分惊人的视力。它们的日间视力跟人类一样，尽管它们没法像人类一样区分细节。但是在黑暗中，它们的视力是人类的 6 倍。它们的视网膜有着许多感光细胞，可以大幅度增强它们的夜间视力。

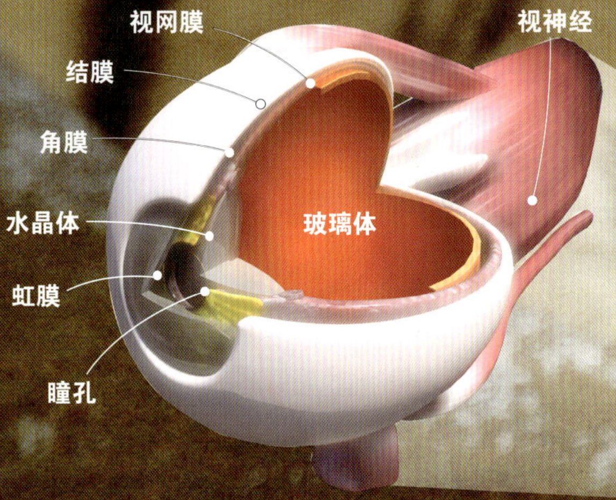

瞳孔

负责调节光的通过，白天是椭圆形的，而夜晚瞳孔为了吸收更多的光会变成圆形。

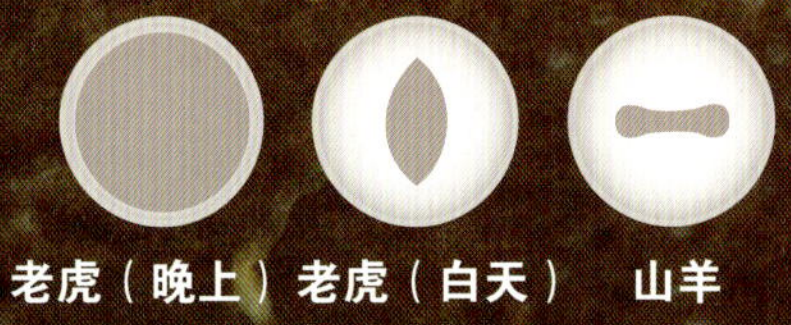

黑暗中的视力

在视网膜后面，老虎的眼睛有15 层叫作脉络膜层的结构，作用就像一面镜子一样：可以放大并反射光，当光线微弱的时候可以产生更大的视野。但光直接反射到脉络膜层的时候，眼睛则会因反射而发光。

窥视

老虎总的视线范围是255 度，但是双目的共同视线范围是120 度。

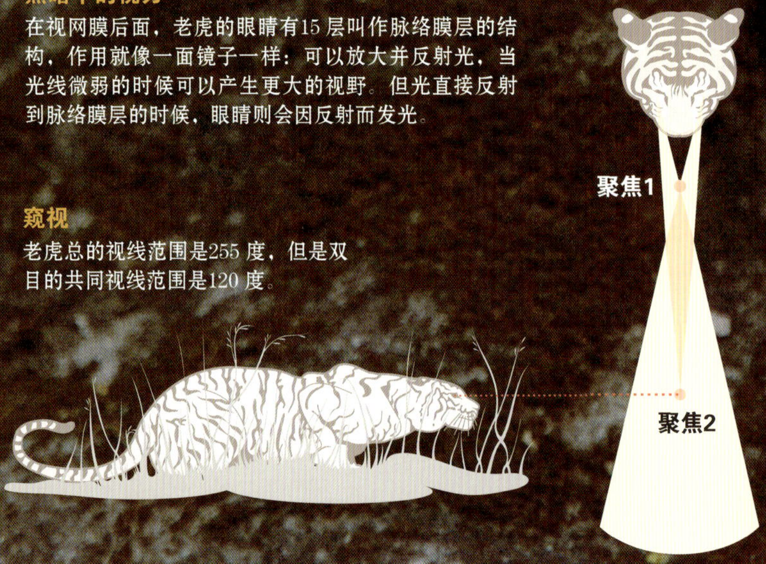

卓越的捕猎者

老虎听力一流，即使植被非常茂密，也能够精确地定位猎物。

50倍

视网膜能够把光线放大的强度。

双眼的视力

老虎的大脑可以呈现双眼所看到的东西，因此，老虎看到的空间范围跟人类一样都是三维的。而它们在捕猎的时候可以判断距离大小和猎物的形状大小。

Panthera onca

美洲豹

体长：1.12~1.8 米
尾长：70~90 厘米
体重：60~115 千克
社会单位：独居
保护状况：近危
分布范围：美国南部至阿根廷北部

美洲豹是美洲大陆上体形最大的猫科动物。它们的毛发为淡黄红色，夹杂着黑色的斑点状的花纹。当然也有全身黑色的美洲豹。它们栖息在森林、丛林和大草原里。它们擅长爬树和游泳。主要食物是猴子、貘、水獭、鳄鱼、鱼类和其他大型哺乳动物。它们锋利的牙齿甚至可以穿透乌龟的壳。无论夜晚还是白天它们都进行捕猎。妊娠期约 100 天。一般雌性产下 2 只或以上的幼崽，而幼崽会一直待在母亲身边直到 2 岁。由于栖息地锐减，美洲豹的生存面临着极大的威胁。

花纹

美洲豹与其他的猫科动物有所不同，其毛发上有着特殊的花纹。

爪子

美洲豹有着粗短的四肢，足部却很大，便于捕捉猎物。

Panthera pardus

豹

体长：0.9~1 米
尾长：1 米
体重：42~80 千克
社会单位：独居
保护状况：近危
分布范围：非洲和亚洲南部

豹栖息在森林、丛林、沼泽地、草原或陡峭的山地。它们为了休息还会爬树，视野会被放大。此外也有通体黑色的豹，被称作黑豹。但无论是哪种豹，它们的皮毛仍旧是一层伪装工具。它们夜晚十分活跃，猎物范围十分广，例如有蹄动物（主要是羚羊）、猴子、老鼠、爬行动物和鱼类。

斑纹

豹的斑纹与美洲豹类似，都是斑点和斑纹。

Puma concolor

美洲狮

体长：1~1.6 米
尾长：66~80 厘米
体重：40~100 千克
社会单位：独居
保护状况：无危
分布范围：加拿大至巴塔哥尼亚南部

美洲狮的毛发类别多样，有红棕色和灰色，胸部和四肢内部颜色较亮。四肢粗壮，足部宽而有力。它们栖息在森林、丛林、草原、半干旱地区、山地和沼泽地。主要食物是有蹄动物、老鼠、鸟类、爬行动物和鱼类。为了捕捉猎物，它们会迅猛地扑向对方，一旦猎物死掉且皮肉被啃噬了一部分之后，美洲狮就会把它们丢弃在灌木丛中。此外，美洲狮还是游泳“高手”。它们一般会选择熟悉的路径来行走。美洲狮是地栖性动物，会用尿液来标定自己的领地范围。它们喜好独居，除了交配期间，一般很少看到 2 只美洲狮在一起行走。妊娠期 90~95 天。雄性在 3 岁的时候便性成熟，而雌性则会早一些。每胎可产 1~3 只幼崽，幼崽 1 年半后便可独立生活。历史上，美洲狮是美洲大陆上分布最广的地栖性哺乳动物。但是由于美洲狮喜好捕杀牛群，人类曾有意消灭它们。此外，其栖息地也大幅度减少，种种问题都导致它们的数量越来越少。

Acinonyx jubatus

猎豹

体长：1.2~1.5 米
尾长：60~84 厘米
体重：28~65 千克
社会单位：独居或群居
保护状况：易危
分布范围：非洲和伊朗

猎豹因其奔跑神速而出名。它们有着灵活的身体，是全球奔跑速度最快的动物，短短 2 秒之内可达 75 千米/时，而最高可达 115 千米/时。它们栖息在草原、植被茂密的地方或者崎岖的山地。

行为

在高温地区，猎豹一般在夜间行动。它们会规避其他捕食者（例如狮子）的捕猎时间，一般在狮子捕猎前或捕猎后行动。它们主要食物为各种羚羊、小型哺乳动物和鸟类。猎豹每胎通常产 3~5 只幼崽。

种族的进化

它们拥有的极快的速度是逐渐获得的。外部环境和猎物擅于逃脱的能力某种程度上刺激猎豹解剖和生理特点的进化。渐渐地，猎豹擅于捕猎，以便能更好地在大自然中幸存下来。

耳朵
猎豹耳朵很小，在它们追捕羚羊的时候可减小风的阻力。

毛发
猎豹神秘的斑纹使它们可以悄无声息地靠近猎物。

头部
猎豹的头部与其他猫科动物相比较小。如同它们的耳朵一般，可以减小风的阻力。

身体
猎豹纤长灵活且富有弹性的四肢支撑起其强健的身体和直立的脊椎，这有利于它们快速地奔跑。

8 米
猎豹一步可跨越的距离。

尾巴
猎豹40％的体长来自于它们的尾巴。它们的尾巴是保持身体平衡的关键。

爪子
与其他的猫科动物相比，猎豹四肢纤长。前肢有 5 个脚趾而后肢有4 个。

力量
猎豹大部分的肌肉都集中在大腿上。

一部跑步的"机器"
猎豹的解剖结构使其擅于跑步，它们的心脏比其他猫科动物的要大些，这使它们的供血更充分、心跳更快。它们的鼻孔比较大，在奔跑的时候可以吸入更多的氧气。

猎豹即便进行"Z"字形的奔跑，仍保持着一定的跑步节奏。

它们的趾甲可伸缩，当它们奔跑的时候，爪子可以很好地抓住地面。

动物的赛跑

在动物的赛跑当中，猎豹是当之无愧的胜者。就连马和灰猎犬也只能到猎豹速度的一半。

基因因素

猎豹是速度最快的哺乳动物和最古老的猫科动物。它们能够在更新世幸存下来实属不易，而且在上千年之前便跟人类相处。但是如今它们却陷入了危险之中。栖息地的丧失和人类的狩猎行为以及其本身越来越低的遗传变异导致猎豹的生存状态越来越脆弱。

国家地理特辑

猎豹保护报告

短暂的盛宴

在雌性猎豹目光的注视下，刚学捕猎的幼猎豹正啃噬着黑斑羚羊。它们吃得很快，生怕鬣狗或狮子中途打断，分一杯羹。

猎豹是现存的最古老的大型猫科动物。它们的历史可追溯到350万年前。与大部分哺乳动物不同的是，它们依然在更新世的恶劣环境中幸存下来。它们与人类的关系也早早便开始了：苏美尔人早在5000多年前便已经驯化了猎豹。由于猎豹奔跑神速，埃及人便把它们与神权联系到一起，法老总希望有猎豹作为神兽一般陪伴左右。但是现今猎豹和人类的关系再也不如从前那么和谐了。栖息地的破坏和丧失、猎物数目的锐减，非法狩猎等使得这种最迅猛的地栖性动物数量越来越少。在非洲和亚洲，自20世纪初以来，猎豹的数量至少减少了成百上千只。如今只存活了约1万只猎豹，且大部分都在纳米比亚。

时速高达115千米是猎豹的拿手绝活。但是它们的身手敏捷并不能完全地规避危险。它们的速度是快，但是猎豹与其他对手相比，例如狮子，并不是最好的捕猎者。此外，刚出生的猎豹死亡率高也是影响它们存活下来的因素之一。在猎豹刚出生的最初6周，雌性要外出捕猎，而幼崽要独自待着，这使得它们轻易成为鬣狗或其他肉食动物的餐食。

此外，猎豹的基因也是导致其难幸存的原因之一。在1万年前，猎豹的分布范围遭遇了极大的收缩，而后来的数量恢复陷入了瓶颈期。由此猎豹丧失了基因的多样性，而如今的猎豹基因都比较类似，这使得它们的环境适应能力相比其他的哺乳动物显得弱一些。为了增加它们的基因多样性，其中一种办法便是采取人工授精以及保证非近亲之间的繁殖，但是这要实现起来是有难度的。

存活在大自然中的猎豹数目是很少的，因为它们需要大片的土地来活动，大部分猎豹保护区面积都不大。但是仍存在着某些保护方法可以阻止猎豹数量的下降。

天赋异禀

为了成为陆地上最迅猛的动物，猎豹付出了很大代价。它们的代谢消耗十分快，在一段奔跑之后，它们通常陷入疲惫不堪之中。

近些年，猎豹保护组织——猎豹保护基金会，致力于在纳米比亚农民之间传播猎豹保护知识，让他们即便发现猎豹靠近农田，也不要开枪射杀这一珍稀的哺乳动物。猎豹保护组织指出，猎豹并不是畜牧业的主要威胁，尽管人们根深蒂固的错误观念并不认为如此。

此外，他们要教导农民如何在不伤害猎豹的前提下保护自己饲养的牲畜。例如，引入安纳托利亚牧羊犬来守护农民的牛羊群，因为它们有能力在不伤害猎豹的情况下吓跑它们。

此外，纳米比亚的农田被长满刺的灌木所覆盖，这使得猎豹难以觅食，而且还增加了猎豹与农民及牛羊碰面的机会。因此，动物保护主义者提出了一个建议，把灌木木头销售到国外以制作燃料，从而减小灌木的密度，进而优化猎豹的栖息地环境。

任何再多的保护措施仍旧是不够的。保护猎豹需要社会各方的共同努力。根据世界自然保护联盟的资料统计，全球的猎豹都身处在危险之中。例如，伊朗和非洲西北部的猎豹亚种正处于高度濒危之中，目前每种只存活下100多只。在1900年的时候，猎豹的踪迹遍布全球44个国家，但如今只有不到20个国家了。

Panthera leo

狮子

体长：1.7~2.5 米
尾长：0.9~1.05 米
体重：150~225 千克
社会单位：群居
保护状况：易危
分布范围：非洲和亚洲南部（印度）

“国王”般的外貌

狮子有着粗壮的身体，富有力量，走起路来意气风发。

狮子是继老虎之后全球最大的猫科动物。它们有着可伸缩的锋利爪子、宽宽的脸庞、圆圆的耳朵和相对较短的脖子。它们是唯一在尾巴上长有一撮长毛的猫科动物。它们栖息在开阔的森林、丛林和草原中，当然在半干旱的地方或山地也能看到它们的踪迹。狮子存在两个亚种，外形类似，一种在印度，另一种在非洲。

狮群

狮群有大有小，一般狮群由5~9 只雌性狮子和2~4 只雄性狮子以及一些幼狮组成。

鬃毛

只有成年的雄性狮子才有鬃毛。根据年龄不同，鬃毛有长有短，颜色有微红或黑色。

大声地咆哮

狮子的咆哮是狮群内部的交流方式之一，通常用来捍卫自己的领地。

伺机而动的捕猎者

狮子有着锋利的爪子和长长的尖牙，可以轻易地抓紧猎物使其窒息。它们不吃腐肉，但是倘若环境允许，它们也会盗取其他肉食动物捕杀到的猎物。

毛发

狮子的毛发使其可以很好地隐藏在大自然之中。毛发颜色为微红色，腹部和四肢内侧为白色。

20 小时

狮子一天有20 小时用来坐着、躺着或睡觉。

捕猎

狮子首先攻击大部分猎物的肩膀或侧腹，之后再按住它们的口鼻，最后拗断它们的脖子。

1 狮子藏匿在青草地之中，会慢慢、悄无声息地靠近猎物。有些雌性狮子会在原地静静地等待。

2 数米奔跑后追赶上斑马。其奔跑时速超过50 千米/时，有些狮子也会在捕猎过程中互相帮助。

主要外形

狮子的鬃毛使其看起来更加孔武有力，因此它们也常用外形吓跑其他与它们竞争生存空间和猎物的肉食类动物。此外，它们的鬃毛在两性选择上面也发挥着作用。通常雌性狮子会偏爱鬃毛浓密的雄性狮子。

14 千克

狮子一天吃的肉量。

3.3 米

这是已知狮子的最大长度。

最强者的优先权

当一只猎物倒下的时候，狮群里的所有狮子都会靠近来吃它。但是一般狮群里的最强者才有第一个吃猎物的优先权。总体而言，成年雄性狮子先吃，之后再到雌性狮子，最后才到幼狮。

互相合作的雌性狮子

当雌性狮子决定通过互相合作来追捕猎物时，捕猎成效可谓事半功倍。但是雄性狮子一般不和狮群里的其他狮子合作，而在面对其他狮子同类的攻击时，它们扮演着不可或缺的重要角色。

社会关系

狮子拥有发达的社会关系体系，一般通过抚摸对方的鼻子和头部来表达自己的爱意。在同性狮子之间，身体之间的互相摩擦是十分常见的。

3 狮子扑向它的猎物，用爪子紧紧地抓住它们，尝试着扑倒它们，有时候还会按住对方的口鼻。

4 猎物跌倒在地，狮子用尖牙刺穿它们的脖子。其他狮子也可以靠近就食。

猎物的类型

狮子喜欢吃一些大型的猎物，例如角马、幼象、长颈鹿、水牛和斑马。此外，它们也吃羚羊、豪猪、老鼠、乌龟、鱼类甚至果实。

灵猫

门：脊索动物门

纲：哺乳纲

目：食肉目

科：灵猫科

种：33

麝猫和香猫都是地栖性动物，外形长得酷似猫。它们有着尖尖的鼻子和短小的四肢，有些麝猫还有着可伸缩的爪子。它们有着可分泌强烈气味的腺体，一般用来自我防卫。主要食物为昆虫、小型脊椎动物和果实。它们的嗅觉、听觉和视觉特别发达，因此在夜晚能够快速捕捉到猎物。

Genetta Genetta

小斑獛

体长：55~60 厘米
尾长：60 厘米
体重：1.2~2.5 千克
社会单位：独居
保护状况：无危
分布范围：非洲，欧洲引入

白天的栖息地

小斑獛白天的时候会待在树上睡觉。

小斑獛大小似猫，有着长长的脑袋和鼻子。它们有着灰色或棕色的浓密毛发，且其毛发还夹杂着一些深色的环状斑纹。它们的尾巴很长，四肢却很短，前脚掌着地行走而后脚则是趾行的。它们栖息在森林和草原里，以小老鼠、蜥蜴、鸟类、两栖动物和果实为食。小斑獛一般在夜间行动，而白天的时候则在丛林或树洞里休息。总体来说，它们在冬季到春季的时候，主要吃鸟类和两栖动物，在春季与夏季之间则吃爬行动物和昆虫。它们主要依靠嗅觉来寻找猎物，通过肛腺发出的气味或尿液来标识自己的领地。此外，这些气味使得它们可以判断其他小斑獛的社会地位。雌性每胎约产 4 只幼崽，需哺乳 4 个月。

面部特征

小斑獛有着细长的鼻子、大大的耳朵和眼睛。

Paradoxurus hermaphroditus

椰子猫

体长：53 厘米
尾长：48 厘米
体重：3.2 千克
社会单位：独居
保护状况：无危
分布范围：亚洲南部

无论是雄性还是雌性，椰子猫都有着类似睾丸的腺体，其位于尾巴之下，能够分泌出一股难闻的气味，一般用来自我防卫。它们有着浓密而坚硬的毛发，颜色为灰色，而四肢、鼻子和嘴巴为黑色。椰子猫虽然是草肉兼食的动物，但是它们的主要食物为果实。此外，它们也可以食用爬行动物、卵和昆虫。众所周知的价格不菲的猫屎咖啡，正是椰子猫所吃下的咖啡豆，经半消化及排出后收集回来的。它们只在夜间行动，在清晨它们便会四处寻找地方休息。

Arctictis binturong

熊狸

体长：0.6~1 米
尾长：55~90 厘米
体重：9~14 千克
社会单位：独居
保护状况：易危
分布范围：亚洲南部

熊狸是亚洲最大的灵猫科动物。它们长得像熊，但是体形比较小。它们有着圆滚滚的身子，长长的尾巴可用于爬树。它们的毛发为棕色或黑色，在黑暗中几乎看不见它们。熊狸是夜行动物，主要吃昆虫、老鼠、蜥蜴和果实。

Genetta tigrina

大斑獛

体长：0.85~1.1 米
尾长：40~50 厘米
体重：1.5~2.6 千克
社会单位：独居
保护状况：无危
分布范围：南非

大斑獛有着鲜亮且夹杂着斑点的皮毛。它们的尾巴可呈环状，尾巴尖为黑色。一条黑线从它们的后腰一直延伸到尾巴。大斑獛是夜行动物，大部分时间都待在树上。主要食物为爬行动物、老鼠、鸟类和果实。它们跟猫一样也会打呼噜和喵喵叫。

Civettictis civetta

非洲灵猫

体长：1~1.5 米
尾长：43~60 厘米
体重：11~15 千克
社会单位：独居
保护状况：无危
分布范围：非洲

非洲灵猫有着强健的身体和长长的尾巴。它们的脸有一部分是黑色的，就像浣熊一样有着一个黑色的“面罩”。在它们的背部长着长长的鬃毛，当它们兴奋或受到惊吓的时候，鬃毛会竖起来。它们一般在黑暗中行动，如黄昏或半夜，而白天的时候则在茂密的草丛里睡觉。雌性和幼崽会藏在其他动物的巢穴或树根洞里。主要食物为果实、昆虫、爬行动物、鸟类、老鼠、卵和腐肉。它们不用爪子而是直接用嘴巴捕捉猎物。雌性每胎可产 1~4 只幼崽，一年约有 3 胎，且一般在雨季生产，因为在雨季会有大量的食物供应。雌性会把幼崽挂在背上或脖子上。

门：脊索动物门
纲：哺乳纲
目：食肉目
科：双斑狸科
种：1

非洲椰子狸

非洲椰子狸是双斑狸科下唯一的动物。因与非洲灵猫类似，故之前归属到灵猫和香猫下面。作为树栖性动物，它们栖息在森林里。

Nandinia binotata

非洲椰子狸

体长：0.92~1.2 米
尾长：48~62 厘米
体重：1.7~2.1 千克
社会单位：独居
保护状况：无危
分布范围：非洲中部

非洲椰子狸是双斑狸科下唯一的动物，与灵猫科下的灵猫类似。它们的体形很小，外表像猫。它们有着斑驳的毛发，和树皮颜色较融合。尾巴跟身体长度差不多，用来保持平衡。主要食物为小型哺乳动物、鸟类、爬行动物、果实和腐肉。它们可以散发出浓郁的气味，用于保护幼崽、自我防卫或者标定领地。

树栖性
它们会选择一棵树，在那里度过大部分时间。

猫鼬及其近亲

门：脊索动物门
纲：哺乳纲
目：食肉目
科：獴科
种：35

猫鼬有着浓密的长毛发，一般为黑色、灰色或褐色。有些猫鼬身上长着深色条纹，而不是斑点，这是它们与麝猫和灵猫不同的地方。它们行动活跃，身体矫健。它们有着发达的肛门囊，可以分泌物质进行交流 。

Herpestes ichneumon

埃及獴

体长：90 厘米
尾长：35~50 厘米
体重：4 千克
社会单位：独居
保护状况：无危
分布范围：非洲、中东地区和伊比利亚半岛

埃及獴有着灰白色的斑驳毛发，而四肢、尾巴尖端以及面部为黑色。一条窄窄的无毛条纹围绕着它们的眼睛。它们都有着一条长长的浓密的尾巴，尖端有一撮黑色毛发。它们的身体纤长且矮小。当它们兴奋时，会竖起背部的全部毛发。它们有着长长的脑袋、小小的圆圆的耳朵。

埃及獴有着一个肛门囊，其中有两个腺体。它们栖息在森林或半干旱地区。它们是夜行动物，偶尔白天也会出来活动。主要食物是昆虫，例如蝗虫、蟋蟀和甲虫。此外，也吃果实、爬行动物如小蛇、小鸟和腐肉。

雌性每胎可产 2~4 只幼崽，幼崽出生时眼睛是睁开的。雌性跟它的幼崽外出的时候，会排成一列，一个紧挨着一个，就像一条蜿蜒的大蛇。

体形大小

根据平均测量结果，两性埃及獴体形大小并无差异。但是根据其标准偏差存在着最大值和最小值，雄性埃及獴体形可以比雌性的大很多。

头部

埃及獴有着尖尖的脑袋、小小的眼睛和椭圆形的瞳孔。

穿梭在草原之间

从解剖结构上讲，锥形的体形有利于它们在草原之间穿梭。

Cynictis penicillata

笔尾獴

体长：35 厘米
尾长：18 厘米
体重：700 克
社会单位：群居
保护状况：无危
分布范围：非洲南部

笔尾獴体形很小，有着大大的耳朵。毛发为焦黄色或橙色，夹杂着灰色斑纹。它们的繁殖期根据外部环境的变化而变化。主要食物为体形小的脊椎动物或无脊椎动物。笔尾獴群一般由 1 只雄性、1 只雌性和一群幼崽组成。

毛发

它们的毛发颜色依据遗传变异和太阳辐射强度而有所不同。

幼獴

笔尾獴每胎可产2~3 只幼崽，且10 周之后便会断奶。

Herpestes smithii

赤獴

体长：45 厘米
尾长：25 厘米
体重：1.9 千克
社会单位：独居
保护状况：无危
分布范围：斯里兰卡和印度南部

赤獴只出现在斯里兰卡和印度。它们有着显眼的毛发，一般为灰褐色至暗红棕色之间，尾巴颜色为黑色，面部为深灰色。它们一般栖息在树林、稻田或高 50~2200 米的山地。它们喜欢在黄昏时分行动。主要食物是小型脊椎动物，如昆虫和腐肉。它们会在树上休息、捕猎和进食。

Helogale parvula

侏獴

体长：18~28 厘米
尾长：8~14 厘米
体重：300 克
社会单位：群居
保护状况：无危
分布范围：非洲东部和中南部

侏獴是非洲陆地上最小的肉食动物。它们的毛发浓密而柔软，颜色为暗灰棕色或红棕色。它们内部等级森严，一般由成年雌性侏獴及其配偶占据主导地位。通常雌性相比雄性更具有主导权，而在它们之下的侏獴负责照顾幼崽。主要食物为昆虫。

社会组织

侏獴在照顾幼崽和保卫领地方面会互相合作。

Mungos mungo

缟獴

体长：35~50 厘米
尾长：15~20 厘米
体重：1.4 千克
社会单位：群居
保护状况：无危
分布范围：非洲中部狭长地带、东部和中南部

缟獴栖息在靠近水源的草原和森林里，在半干旱或沙漠地区未见它们的踪迹。它们喜好有白蚁穴的地方，因为可以当作自己的窝。它们的毛发为浅褐色或微红色，背部有很多横带贯穿。主要食物为昆虫、蜗牛、爬行动物、幼鸟、卵和果实。它们会聚集成群，内部组织有序，一般由雌性缟獴带领。当个体发现有危险的时候，会发出尖叫声，整个群体会停下来。有些缟獴的两条腿会站立不动，审时度势。倘若有需要的话，整个群体的缟獴会保护群体里的幼崽。每个缟獴种群有 3~4 只负责生产的雌性，在长达 60 天的妊娠期后，会产下 2~4 只幼崽。

异样的毛发
缟獴的毛发与其他物种的不一样，在其背部有很多横带。

爪子
缟獴后肢的爪子很长，一般用来刨地，而且比前肢的爪子要发达得多。

同时出生
多只雌性缟獴会同时产下幼崽。

Crossarchus obscurus

暗长毛獴

体长：33 厘米
尾长：10 厘米
体重：1 千克
社会单位：群居
保护状况：无危
分布范围：非洲西部丛林

暗长毛獴长得像黄鼠狼。毛发坚硬，呈深褐色，腹部毛发比较柔软。它们有着直直的尾巴、短小的四肢和长长的爪子，耳朵很小，鼻子很长，眼睛小而黑。暗长毛獴喜好社交，一般会组成 10~20 只的小种群，内部有着森严的等级制度。它们之间通过嘶嘶声和咆哮声来进行交流。暗长毛獴是地栖性动物，尽管也会爬树和爬岩石。它们会通过分泌刺鼻难闻的肛门液体来标定自己的领地并警告入侵者。只有种群的首领才会与雌性暗长毛獴交配，一年约 9 次。妊娠期长达 8 周，每胎约产 4 只幼崽。刚出生的幼崽是看不见光的，只有 13 毫米长。

Atilax paludinosus

沼泽獴

体长：50 厘米
尾长：20~30 厘米
体重：可达 4 千克
社会单位：独居
保护状况：无危
分布范围：除了赞比亚和纳米比亚外的非洲中南部

沼泽獴是最特别的獴之一。它们的脖子、身体和尾巴都覆盖着粗粗的毛发，而前足和后足的毛发则比较短和柔顺。它们栖息在有水或沿岸的环境里。主要食物为螃蟹、蜗牛、昆虫、爬行动物和鸟类。为了诱惑鸟类，沼泽獴把靠近肛门位置的一块淡粉色区域作为诱饵，被吸引过来的鸟类会靠近审视自己“潜在的食物”，从而被沼泽獴捕杀。

Suricata suricatta

狐獴

体长：24.5~29 厘米
尾长：19~24 厘米
体重：629~969 克
社会单位：群居
保护状况：无危
分布范围：非洲南部

狐獴是一种体形矮小的哺乳类动物，可以栖息在各种各样的环境里，例如草原或洪水干枯的山谷里。它们的分布主要是看土质，会偏好沙土。它们栖息在岩石裂缝、其他动物的巢穴里或自己挖的地洞里。这些栖息地一般为直径约 5 米的区域，包含着 15 个入口。当然根据记载，也有面积更大且更为复杂的巢穴。主要食物为昆虫，它们一般在石头下或大岩石缝隙间寻找食物。此外，它们也吃小型脊椎动物、植物和卵。当水源稀缺的时候，它们会通过果实、树根或块茎来获取水分。

住处的转换

每个狐獴群体由 2~30 只狐獴组成，它们会在其领地上挖很多巢穴，每个巢之间距离约十几米。一旦有洪水发生，或者面对捕猎者的威胁，又或者为了寻找食物，它们不得不移居到其他的巢穴里。

庇护与安全
狐獴的巢穴白天的时候会保持清爽，而到了晚上会变得比较温暖。在其结构复杂的地洞里，具备通风系统。

“望风者”

负责望风的狐獴会时刻警惕着，观察其巢穴周围是否有危险临近。一旦它们盯上一个捕猎者，便会向种群里的其他成员通过突然、短暂且反复的叫声来发出警报。

自我防卫
由于狐獴有着开阔的栖息地，且运动能力有限，它们不得不进化出一套行为模式来避免敌人的攻击。

1 吓唬
狐獴会面露凶相，弯着背，低下头，毛发竖起，大声尖叫。

2 威胁
如果吓唬没有用，它们会背部着地躺下，保护脖子，以露出尖牙和利爪。

3 保护
如果狐獴不幸在巢穴外被抓到，成年的狐獴会毫不犹豫地保护幼年狐獴。

10
狐獴可以发出的不同的声音的数量。

有蹄动物，迁徙

饥饿驱使

很多有蹄动物为获取食物会进行迁徙。在塞伦盖蒂每年有数十万只斑纹角马（*Connochaetes taurinus*）排成长队进行迁徙，所经之处，都会扬起云团似的灰尘。这些动物群奔向雨水充足的地区。

寻找食物

在迁徙时，动物群仍保持着以前的行为习惯——用一定的时间来进食、休息和消化。美洲野牛（*Bison bison*）分别用2个小时交替着来进食、休息和反刍。随后，排成方阵去寻找有更多牧草的地方。

克服困难

迁徙途中，动物群要避开它们的捕食者，穿过广阔的平原，越过河流。北美驯鹿（*Rangifer tarandus*）在北极度过夏季，冬季则向南迁徙。尽管天气严寒，但厚实的皮毛能帮助它们保持体温。

为生存而奔跑

旱季加速了动物群迁徙的步伐。用尽全部力气，只为尽快找到水和食物。在坦桑尼亚，斑马马不停蹄地奔跑，因为口渴和饥饿把它们逼入困境。此外，捕猎者也在伺机而动，只有团结在一起，才能幸免于难。

有蹄动物

多亏了基因研究，今天我们才认识了“真有蹄类”动物以及它的近亲，它们在群体行为、对环境的适应能力以及在面对困难的方式上都令人吃惊。这是一个包括多种动物的群体，这些动物中被驯养的成员在几千年前就已经陪伴着人类了。

什么是有蹄动物

有蹄这一单词的意思是“有蹄子”，原来只适用于两个目的动物：偶蹄目（比如牛和鹿）和奇蹄目（比如马和貘）。通过现代遗传学和分子生物学的研究，有蹄动物是指那些与在6500万年前出现的一批被称作踝节目的哺乳动物有相同特征的动物。在这一新分类中，不仅包括上面提到的目，还包括其他5个目（比如长鼻目、海牛目和鲸目）。

门：脊索动物门

纲：哺乳纲

目：7

科：13

种：232

系统

最初，有蹄动物的分类中只包括偶蹄目和奇蹄目。新的物种加入后，这些目的动物被称为“真有蹄类”，用以区别其他目。新入群者的依据是和踝节目的亲缘关系。踝节目是古新世时期具有不同特征的哺乳动物，是很多目动物的祖先。其中只有7个目活到了今天，即长鼻目（大象）、管齿目（土豚）、蹄兔目（蹄兔）、海牛目（儒艮和海牛）、鲸目（鲸鱼和海豚）。

尚未确定的一类

最新的基因研究表明鲸目动物和河马之间有着密切的关系。基于这一结论，动物界提出一个新的目，即鲸偶蹄目。基因研究也重构了哺乳动物目与目之间的关系。这样的话，长鼻目、蹄兔目及海牛目与偶蹄目和奇蹄目之间的关系比所想的要远。事实上，后面几个目的动物与食肉动物、穿山甲和蝙蝠有更近的亲缘关系。由此看来，有蹄动物是独立进化发展的，最少形成了哺乳动物中的两个家族。“有蹄动物”这一概念变得模糊不清，有人提出使用它原来的概念，有蹄动物只包括“真有蹄类”动物。

有蹄动物

由于对哺乳动物的谱系的最新解读，把非常不同的动物联系在一起，这一概念的实用性已改变。

分类

有蹄类

偶蹄目	
科：猪科	例：野猪
科：西貒科	例：领西貒
科：河马科	例：倭河马
科：骆驼科	例：双峰骆驼
科：鹿科	例：草原鹿
科：鼷鹿科	例：爪哇鼷鹿
科：麝科	例：黑麝
科：叉角羚科	例：叉角羚
科：长颈鹿科	例：长颈鹿
科：牛科	例：非洲水牛

奇蹄目	
科：马科	例：马
科：貘科	例：马来貘
科：犀科	例：白犀牛

进化

有蹄动物的牙齿一生中都在不停地生长。它们牙齿上有珐琅质牙线，使牙齿表面更加耐磨，方便咀嚼植物。牙齿的这一进化主要体现在一些动物群体的化石上。

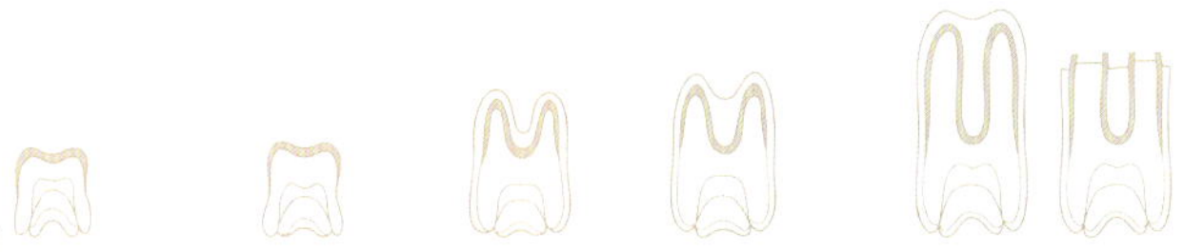

正宗的

不管是奇蹄目动物还是偶蹄目动物都是“真有蹄类”的有蹄动物。

偶蹄目和奇蹄目

尽管这两个目的动物外形相同，但是它们之间的亲缘关系要远于它们和其他有蹄目动物之间的关系。然而，实际上很多次都把它们归为同一类，因为它们有着共同的特征。同其他目不同，它们至少一个指头消失，其他的指头形成角蛋白的蹄子。它们的腿细长，只能在同一个平面上活动。这种适应性使它们能够在平地上大踏步平稳前进，从而保证了运动的高速度。大部分有实角或洞角。只有偶蹄目动物长实角。实角由骨质组成，每年更换一次。而洞角不会脱落，骨质外包着一层角质鞘。

它们的社会组织是多变的。可以独居，也可以成对生活，结成雌性群或者组成两性都有的群体。实际上，所有偶蹄目都是草食动物，长有能磨碎草的平平的臼齿。牙齿的凸起部分是半圆形的，有坚硬的珐琅质。齿冠高，表面复杂，牙齿一生都在生长。在它们的消化系统中有为消化纤维所进行的功能适应。偶蹄目中特殊的一个群体——反刍动物，可以回吐食物，重新进行咀嚼。它们的胃分成 4 个部分：瘤胃、网胃、瓣胃和皱胃。吃入的食物经过食道，落入瘤胃中进行发酵，在下一阶段进行回吐，食物回到嘴中，进行第二次咀嚼。重复这一过程，随后食物回落到食道，到达网胃和其他的胃中。根据获取食物的方式可以分为食草类动物和食叶类动物。食草类动物只吃牧草。由于禾本科植物是季节性的，在旱季时这些有蹄动物会进行长距离的迁徙来寻找新鲜牧草。食叶类动物以多种植被为食，在恶劣环境下，可以在积雪下或高山地区的岩石中获取食物。它们有可以活动的耳朵，双眼视力良好，嗅觉灵敏。生活在森林中的动物是独居或成对生活。相反，生活在开放地区的动物会结成群体，这样便容易发觉捕食者的存在，被捕获的概率也会降低。很多动物对人类来说有很大的经济价值，因为它们可以提供肉、奶和皮毛。由于它们的力气大和忍耐力强，也被用来当作负重的动物。

蹄

有蹄甲是偶蹄目和奇蹄目动物的共同特征。蹄甲是改变了的指甲，不仅能保护脚部末端，还能承担整个身体的重量。蹄甲是一个创新，是四肢骨头不断拉长、融合的结果，以便能够完成跳跃和快速奔跑的动作。这样有蹄动物才能躲开捕猎者。此外，蹄甲给予保护使它们能在各种地面上进行长距离的移动。比如在漫长的季节性迁徙时。

饮食

草食动物能够有效地从植物细胞壁中吸取纤维素的能量。具体来说，“真有蹄类”的有蹄动物发展了两种基本的吸收营养的方法，一种是食物缓慢通过消化系统，另一种是把食物咀嚼 2 次。

微生物

消化系统中的真菌、原生动物、细菌使纤维素发酵，进而被吸收。

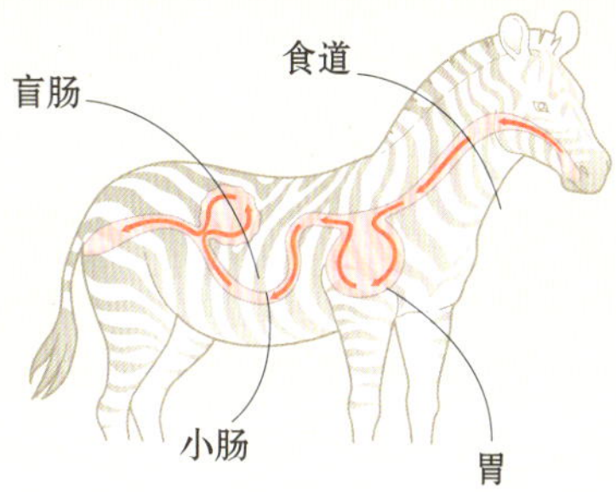

后胃发酵

胃的结构很简单。食物在胃中循环缓慢。在盲肠和结肠内对食物进行发酵。这是奇蹄目动物所独有的特征。

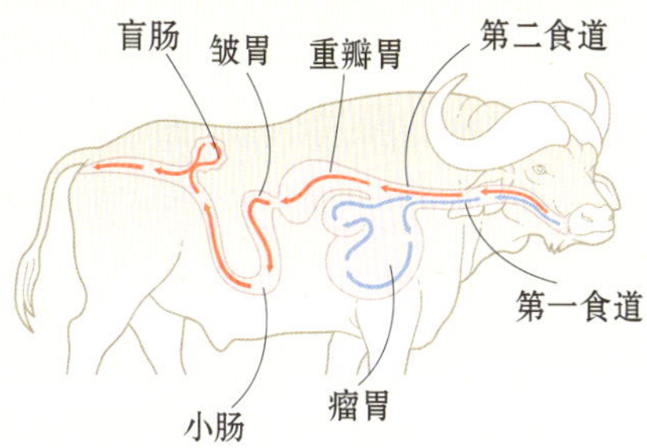

反刍动物

食物进入瘤胃，在那里进行发酵。随后又回到嘴中，再次咀嚼。最后吞入食物，食物通过其他消化器官进行消化。

角和蹄

在进化过程中，有蹄动物逐渐具备了以下特征：蹄、实角和洞角。这些附属物是由角蛋白构成的。角蛋白是一种蛋白质，使蹄和角的构造一致，并且异常牢固。有了这些特性，它们的四肢帮助它们跑得更快、时间更久。此外，角在雌性选择雄性进行交配时也会发挥很重要的作用。

有蹄动物独有的特征

有蹄动物身上有一些其他哺乳动物所没有的独特特征，比如减少手和脚上的骨头，以此为代价，长出蹄甲。角是一些有蹄动物的特征，有四种类型：牛科动物的角质鞘（洞角）、鹿科动物老化脱落的角（实角）、长颈鹿科动物一直生长的角（长颈鹿角）和犀牛科动物由角质纤维所组成的角（表皮角）。

毛发

毛发稀少（河马）或毛发浓密（美洲野牛）。用来御寒（岩羚羊）或者散热（骆驼），也可以发出危险警报（白尾鹿）。

性别二态性

很多有蹄动物身上有明显的性别二态性特征，这一点可以从雄性的洞角或实角的生长上看出来。

为了适应奔跑而进化

走路时，有蹄动物只用趾尖进行支撑。出于这个原因，它们前肢和后肢其余部分的骨头已经减少，并且每一科动物身上都有不同的进化方式。偶蹄目动物的指头数是双数，奇蹄目则是单数。

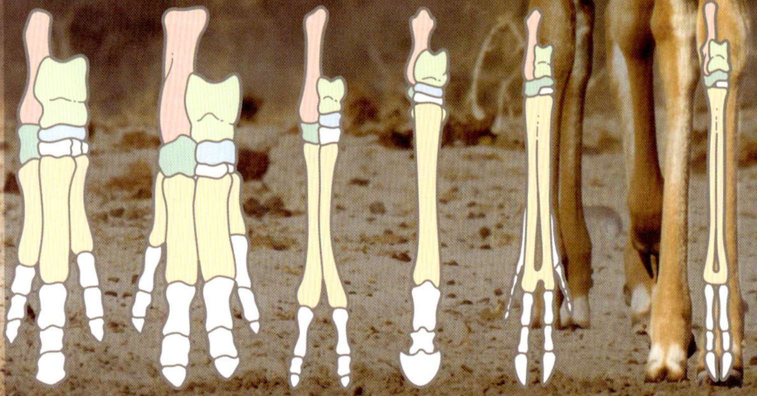

威胁

人类为了获取角和皮毛而进行的捕猎，已经威胁了很多有蹄动物。

进化

复杂有分叉的角是一个相对较新的进化现象。

有蹄

有蹄意思是“有蹄或者盔甲”。只有两个目的动物才有真正的蹄：偶蹄目和奇蹄目动物。

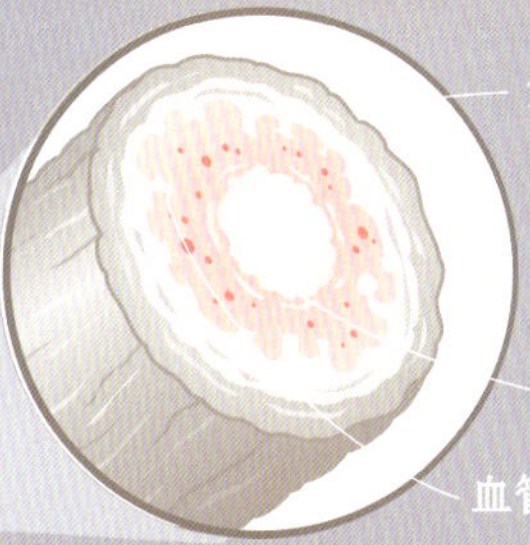

洞角

所有的牛科动物都有洞角。骨质角心从额骨上长出来，外面覆盖着一层角质鞘。角质鞘不会脱落，骨质角心也不会脱落。雄性的角基很粗，可以承受很大的冲击力。

角的生长

装饰

角可以是平直的、带槽的、环状的、螺旋形的、弯曲的。很多时候是这几种的结合。

毛发

有蹄动物的毛发有很多作用，比如伪装、引开捕猎者和吸引异性。

蹄子

身体由这些爪的变形物支撑。由蹄匣和肉蹄组成，蹄匣保证肉蹄不断生长，肉蹄围绕着蹄匣，呈圆柱形。这层保护膜保护蹄子柔软的部分不受地面的摩擦，不受跳跃引起的冲击的影响。在所有的奇蹄目和部分偶蹄目动物中，指头根部有肉垫，减轻了每一步的冲击。在其他偶蹄目动物中，比如猪和反刍动物，只靠指头来支撑整个身体的重量。

速度

很多有蹄动物的奔跑速度要归功于它们那具有独特结构的蹄子。

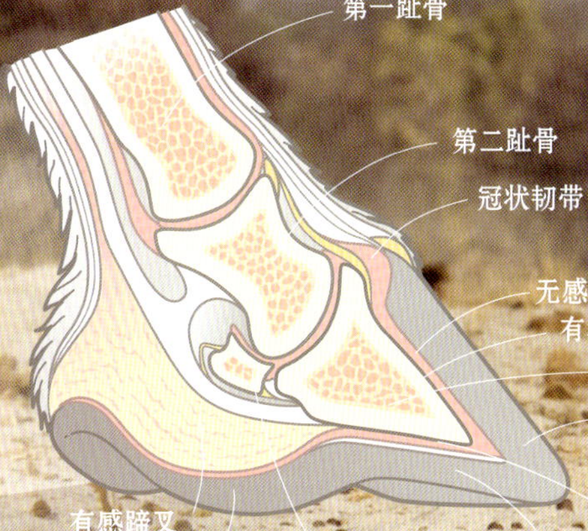

5

所有有蹄动物的祖先都有5 个指头。

安氏林羚

（*Tragelaphus angasii*）

举止行为

为繁殖而寻找配偶和跑遍大片区域寻找各种植被来填饱肚子都不是容易的事。在发情期，雄性之间会相互争斗，争斗靠头顶、用角撞来分出胜负。获胜方获得交配权，和一只或多只雌性交配。通常情况下，每只雌性每胎产下 1 或 2 只幼崽。幼崽将处于极度危险之中，因为会受到捕猎者的攻击。尽管刚来到这个世界，但它们幸存的机会取决于其超乎寻常的奔跑能力。

社会系统

有许多变量影响动物的社会组织方式：栖息地类型、身体体积、季节性繁殖及迁徙行为。受这些因素影响，有蹄动物可以独居、成对生活或组成大小不一的群体。比如黑犀牛是独居，一只雄性和一些雌性共享一片领地。山羚羊则和伴侣占据一些地势崎岖的地区。其他众多群体则分布在更广阔的区域，并且可能有迁徙的习惯，比如斑纹角马和斑马。欧洲马鹿群的一个特征是雌雄两性分开组群，只在发情期才有交流。大群体的形成保护它们不受捕猎者攻击，捕猎者通常需要把群体分散之后，才能开始捕猎。

争斗与迁徙

繁殖期同类之间的争斗开始显现。当领地被侵占或者想要与雌性交配时，发情激化了雄性之间的争斗。群居动物的雄性一贯表现得比较好战，如汤氏瞪羚会因为领地和交配权而发生冲突，先是采取挑衅的态度，最后会相互顶撞，用角钩住对方直至其中一方撤退。为寻找食物和水而进行的长途跋涉在动物之间起着积极的纽带作用。那时，动物群要穿过等待着它们的捕猎者的领地。很多物种在迁徙途中产下幼崽。停下来时会围成一个圈，幼崽在中间，成年动物在周围。这样可以观察周围环境，保护群体中的弱者。

交流

获取关于周围环境的信息对于个体的生存和种群的延续是至关重要的。大部分马科动物抬起上嘴唇来增加嗅觉能力，它们可通过闻其他动物尿液的味道得知其是否处在发情期。此外，一些种类的雄性使用尿液来标记领地。白犀需要 1 或 2 平方千米的地方，雌性白犀能进入这片土地进行繁殖。雄性白犀用一泡尿来标记领地界限，尿从后腿间的生殖器中像喷雾一样排出，以此方式和其他雄性及想要交配的雌性进行交流。

牛科动物迫于捕猎者所施加的优胜劣汰的压力，它们的视觉与听觉非常发达。牛科动物眼睛大，视野广，有可以活动的长耳朵。它们嗅觉也很敏锐，它们会用多种方法侦测附近是否有捕猎者，也会使用多种方法告诉同类迫在眉睫的危险，比如哞哞叫和奔跑。

速度与生存

在奇蹄目和偶蹄目动物的自然历史发展中，快速而持久的奔跑是它们突出的能力。大部分跑得比捕猎者要快，这给了它们一个逃跑及幸存的机会。尽管如此，食肉动物的速度和智慧对有蹄动物来说依然是一个难以超越的障碍：它们是野犬群、斑鬣狗群和狮子群的狩猎对象，这些捕猎者会制订非常有效的捕猎计划，单个的猎豹则依靠自己的能力捕获它们。

排行榜

陆生哺乳动物速度最快的前3 名中，有2 个是有蹄动物——汤氏瞪羚和葛氏瞪羚。

妊娠期

不同科之间，子宫内胎儿生长的时间也不同，有时同科之间时间也不同。有蹄动物的妊娠期为 4~12 个月，长颈鹿和部分犀牛的妊娠期为 15~16 个月。一般可产 1 只幼崽，极少数情况下产 2 或 3 只。猪科动物是个例外，每胎可产下多达 8 只幼崽。

早熟的奔跑健将

新生幼崽有一个先决条件：尽早学会走路和奔跑。这种行为是在进化中获得，使它们能加入群体中，在危险出现时，能及时逃跑。大部分牛科动物，如高角羚（*Aepyceros melampus*）在7个月内只孕育1只幼崽。与它们的捕猎者（猎豹、豹、斑鬣狗、野犬）的幼崽不同的是，刚离开母亲肚子，有蹄动物的幼崽就能站起来，且能看能听。

1 开始分娩
先露出被羊膜包裹着的腿和头。

2 第一步
新生幼崽非常脆弱，母亲必须时刻保持警惕，避免任何东西靠近。

3 保护的天性
母亲甚至不允许同群中的其他成员靠近新生幼崽。自分娩后，母亲就开始保护、哺乳幼崽。幼崽刚出生几小时就学会了奔跑。这项技能减少了其受捕猎者攻击的危险。幼崽和母亲一起，尽快和其他成员汇合，混在体形大的成员中逃跑。

看守

雌性在10~100只的群体中照顾它们的幼崽：一些成年雌性放哨，另一些吃草。

迁徙

迁徙意味着一段受本能驱使的群体性的旅程，斑纹角马、斑马、汤氏瞪羚踏上以往不熟悉的土地。迁徙路线通常呈直线，无论遇到诱人的食物，还是遇到危险，迁徙的动物都不会离开它们迁徙的路线。它们会走数千千米到达目的地。

大多数

有蹄动物占据迁徙哺乳动物的大多数。

问题

人类进一步霸占野生环境，使迁徙活动受到威胁。

过河

整个迁徙过程中的最大危险出现在过河的过程中。在选择合适的地点之后，斑纹角马和斑马疯狂地跳过河流。一些会死在动物群的踩踏之下，尸体漂浮在河里。

40万

这是雨季期间，在塞伦盖蒂出生的幼崽的数量

生与死

在迁徙过后，居住在河流两岸的秃鹫和秃鹳等待着尸体的盛宴。失足、踩踏、捕猎者的攻击造成迁徙者的大量死亡。这为多种动物提供了食物，同时也减少了斑纹角马的数量。

水下埋伏

在穿过河流时，一些斑纹角马和斑马会被淹死，或者被鳄鱼捕获，鳄鱼的颌骨会把它们撕成碎片。

受威胁的有蹄动物

人类的活动不一定总产生好的结果，尤其是自然环境的剧烈变化、农田扩张、不加区别的森林砍伐造成本土植被减少。草原和森林锐减的直接受害者就是这些以植被为食的动物。环境破坏、非法贸易、外来物种的引进也增加了动物受到伤害的风险。

饮食问题

植被的缺少影响了有蹄动物获取营养物质的数量。这种现象是植被覆盖面积减少的直接后果，与此同时，还引发了更多负面的影响。在这些负面影响中最突出的是动物群踩踏未受保护的土地，土地破坏加速了土壤的侵蚀和沙漠化进程。土壤肥沃的地区被破坏，植被的更新不足以养活数量繁多的动物群。而那些以果实为生、居住在森林里的动物则面临着另一个问题：为它们提供食物的树木数量大量减少，由此产生的消极后果影响到食果动物。另外，由于它们粪便中果实种子的减少，使得植被的更新更加缓慢。

人类围栏

人口的增长需要更多的居住空间，比如在平原地区，人们用铁丝把土地分成很多小块，修建公路，为人类及饲养的牲畜运输基本消耗品。人类的需求飞速增长，在自然界中划出人造的界限。为了在可持续发展中满足上述需求并保护自然环境，人们在土地不可避免地被分割前应该先研究此种行为对环境造成的影响，其中包括每个地区将存活下来的动物资源、物种如何适应活动面积的减少及栖息地被隔绝等，如何设计连接被隔绝地区的通道，使相应物种在受到干扰最少的情况下，依然能保持其饮食习惯及完成繁殖。

非法狩猎及外来物种

洞角、实角和皮毛通常是人类狩猎的目标。竞技性狩猎要遵守法律条文，这些法律条文明确规定了在特定区域狩猎的时间、地点及物种。但是偷猎活动却使物种的生存陷入危险之中。偷猎的最主要的原因是非法贸易，比如偷猎黑犀（*Diceros bicornis*）。在其他情况下，食物的缺乏会使一个种群的密度下降，生存陷入危险。这种现象对很多物种造成了极大的危害，比如苍羚（*Nanger dama*）。外来物种的引进，比如以狩猎为目的引进的物种，威胁到本土物种，就像发生在智利马驼鹿（*Hippocamelus bisulcus*）身上的一样：放养在巴塔哥尼亚的欧洲马鹿，占据了已被人类改变的生态环境，把智利马驼鹿逼到了灭绝的边缘。

保护措施

无论草原和森林有没有受到保护，都处在长期的剧变过程中。以扩大农田或采集木材为目的乱砍滥伐是造成这些变化的主要原因，也有来自过度捕猎的压力。过度捕猎造成动物减少，使森林患上了“空林综合征”。此外，有蹄动物的缺少影响了生态系统的运转。通过保护项目，比如在非洲北部及中美洲和南美洲的大西洋沿岸森林中所实施的保护项目，可以研究某特定物种消失带来的影响以及如何控制这种现象。

居氏瞪羚

（*Gazella cuvieri*）

根据国际自然保护联盟的原则，实施再次引入自然环境中的项目，在仍有本土动物的国家推动原址保护。

环颈西猯

（*Tayassu tajacu*）

由于受到频繁狩猎的影响，在一些地区这一物种数量下降或消失。目前正在评估这一现象所带来的长期的生态后果。

保护状况

大部分处在危险中的物种都面临着两个基本问题：农田的边界不断扩大和周围人口的增加，因为这会限定它们能获取食物的范围。

普氏野马

（*Equus ferus*）

极危，和家马的杂交不仅使普氏野马丢失了自己特有的基因多样性，还让它们更易生病。

野双峰驼

（*Camelus ferus*）

野双峰驼只剩下950只。它们受到的威胁有捕猎、畜牧养殖造成栖息地的减少和气候变旱。

藏羚羊

（*Pantholops hodgsonii*）

藏羚羊是青藏高原的本土物种，面临着灭绝的危险。因为它们生活的环境被“淘金热”所改变，为了获取它们的角、皮革和毛，它们也成了偷猎的目标。

马来貘

（*Tapirus indicus*）

马来貘面临的威胁是农业改变了它们生存的自然环境，同时它们也是非法贸易者的捕猎对象。修建水坝产生的积水淹没了它们生活的地区。

印度水牛

（*Bubalus bubalus*）

濒危，印度水牛的生存依赖于没有消失的热带雨林。乱砍滥伐增加了它们灭绝的概率。

因角被猎杀

非洲和亚洲的犀牛濒临灭绝，是由于捕猎和非法贩卖犀牛角造成的。犀牛角主要被卖往中国制成药材。犀牛角被研磨成末，制成壮阳药或用于治疗多种疾病。中东是另一个交易市场，在那里犀牛角被用来制作匕首的把柄。全世界都在为阻止犀牛数量减少而努力。建立有监护的公园和保护区，打击非法狩猎、育种及圈养繁殖是目前所采取的一些措施。

◀ 极度保护
犀牛的身边随时都有保护人员。在很多地区，巡逻队24小时跟随犀牛进行保护，就像真正的保镖一样，保护它们远离有武装的准备猎取犀牛角的人。一只角可以卖3.4万美元以上。这是一件对双方来说都有危险的工作：无论是狩猎者还是保护者，都有死亡的记录。

▲ 合法需求
在保护区和公园内，工作人员有时会抓住动物，麻醉它们，然后割下它们的角，这是为了防止动物死在偷猎者手里。

▼ 防守
在印度的加济兰加国家公园内，史前就存在的印度犀牛能够活到今天，多亏了反猎巡逻、时刻监视及与犀牛角的非法需求做斗争。

奇蹄目

数百万年前，作为那时最大的草食动物，奇蹄目动物统治着它们所生活的地球。如今是一个数量较少的种群，它们的特征是简单的胃和大大的中趾。它们依然保持着硕大体形，但是包含的种类不多，包括从体形最小的貘到巨大的犀牛。

马及其近亲

门：脊索动物门

纲：哺乳纲

目：奇蹄目

科：1

种：8

马科动物是草食动物，它们的特征是单趾，因为它们的每只脚上只有一个指头，指头末端有一个适应奔跑的蹄甲。它们具有社会性，通常组成群体来生活，一个种群中由一只成年雄性领导，由几只雌性及幼崽组成。最早它们出现在北美洲，然后扩散到世界各地。

Equus zebra

山斑马

体长：2.2~2.6 米
尾长：50 厘米
体重：230~385 千克
社会单位：群居
保护状况：易危
分布范围：非洲西南部

同所有的斑马一样，它们的颜色也是黑色带有白色的纵向条纹。毛发的这个特征有伪装、社会识别辨认、威慑昆虫以及降温（空气可以在深色和浅色的条纹之间流通）的作用。山斑马栖息在海拔高达 2000 米的山地和高原。它们是出色的“攀登者”，与同一科的其他动物比起来，它们的蹄子进化得更适合这项活动。早上和下午的大部分时间都在吃草。结成群体，配种的成年雄性有保护斑马群的责任。如果察觉到有捕猎者，雄性会发出警报声。雌性一年可产 1 匹小斑马。

鬃毛

鬃毛是硬挺直立的，斑纹延伸至颈部。

皮毛

黑白色的条纹的末端是白色的腹部。

Equus grevyi

细纹斑马

体长：2.5~3 米
尾长：55~75 厘米
体重：350~450 千克
社会单位：群居
保护状况：濒危
分布范围：埃塞俄比亚和肯尼亚

细纹斑马是体形最大的一种斑马。它们的头很大，耳朵是圆圆的。它们嘴巴是淡灰色的，吻部是棕色的。脊背上有一道宽的黑色条纹，这道条纹把其他黑色的纵向条纹一分为二，黑色条纹中间夹杂着白色的条纹。它们是非常有领地意识的动物，占据着大片的领地，领头细纹斑马用尿液和粪便标记领地范围。斑马群的稳定性不强，只在母子之间才有持久的关系。它们栖息在半沙漠地区，可以几天不喝水，以硬草为食。妊娠期为 13 个月，小斑马出生的第一年内一直和母亲生活在一起。

解剖学特征

斑马身体肌肉发达，上面被短毛覆盖。脖子细长，有厚厚的鬃毛。头大，呈三角形。眼睛位于头的两侧，使它们拥有几乎 360 度的广阔视野，但正前方的视野有限，因此要转过头才能看清近距离的物体。耳朵是竖起来的，能转动自如。鼻子柔软，上面有两个大大的鼻孔，使它们能吸入大量氧气。嘴不仅用来进食，还能用来和其他同伴建立联系，判断出雌性是否处于发情期。

行为与饮食

斑马结成群体共同生活，群体的结构基础是等级级别。最强壮的成年雄性是领导者，雌性管理小斑马。在性成熟前，小斑马属于这个斑马群，随后可以组成一个有年轻雄性和雌性的群。斑马主要在白天活动。通常每天都会喝水，但是也可以 3~4 天不喝水。它们有强大的上下切牙，形状像镊子，用来切断吃入的青草。

进化

已知最早的马科动物是始祖马（也叫始马）。体形和犬差不多大，前足有 4 个指头，后足有 3 个指头，指头的末端是蹄子。它的牙齿不是很发达，同现代的马相比，始祖马的眼睛更靠近头中间。据估计，始祖马出现在始新世时期，距今约 6000 万年，由此繁衍进化出适应平原、荒原和沙漠的马族。有大量关于始祖马和马科其他祖先的化石。

Equus quagga

普通斑马

体长：2.15~2.45 米
尾长：45~55 厘米
体重：175~330 千克
社会单位：群居
保护状况：无危
分布范围：非洲东部和南部

普通斑马也被称作平原斑马，除了腹部以外，身体大部分被白色和黑色的条纹覆盖。耳朵短且尖，同细纹斑马不同之处在于它们的条纹更宽、更稀疏。

它们既食用雨季时绿色、柔软的短草，也食用旱季时粗糙的硬草。通常不会远离水源，因为它们每天需要喝大量的水。

它们每年旱季进行迁徙，穿越大片的区域寻找水和食物。通常和斑纹角马及瞪羚联合在一起，因为它们吃高高的坚硬的茎，而其他动物不吃。和长颈鹿一起迁徙，因为长颈鹿长得高，能提前觉察到危险。

群居，斑马群由成年雌性和它们的幼崽以及一匹领头种马组成。在 12 个月的妊娠期后，雌性产下 1 只幼崽。在它出生后不到 1 小时就能站起来走路。雄性斑马用 5 年的时间组建它自己的雌性群，它们会为吸引更多年轻的雌性或者把雌性驱逐出群而争斗。

Equus caballus

马

体长：1.7~2.3 米
尾长：50 厘米
体重：500~1000 千克
社会单位：群居
保护状况：无危
分布范围：世界各地，和人类关系密切

头
头大且长。颈部上有长长的鬃毛。

马是草食的四足动物。品种不同，体形大小也会不同。它们的脖子和头一样，都是长长的。腿细长，肌肉发达，适合奔跑，最大时速可达 60 千米/时。四肢关节、膝盖和跗关节分别相当于人类的腕和踝关节。在这些关节下面的腿上只有一根叫作胫骨的主骨。

和人类的关系

据估计最早被驯化的马是在 5000~6000 年前，在今天的乌克兰地区。那时马被当作劳动力和交通工具。如今被驯养的马分布在世界各地。一些野马在很多地方定居下来，比如西班牙的海岸或美国的西部。

小马
出生后的15~25 分钟内，小马就能站起来跟随它们的母亲，哺乳期为7个月。

动力与能量

马是强壮的哺乳动物，它们庞大的肌肉团赋予它们奔跑以及支撑自己的力量。通过后胃发酵，从食物中获取激发肌肉活动的能量。尽管它们的食物是干草或是营养很低的东西，但是它们能对进入消化道的大量食物进行消化吸收，以获取尽可能多的能量。

运动
不同的运动方式是前后腿以及奔跑速度共同作用的结果。

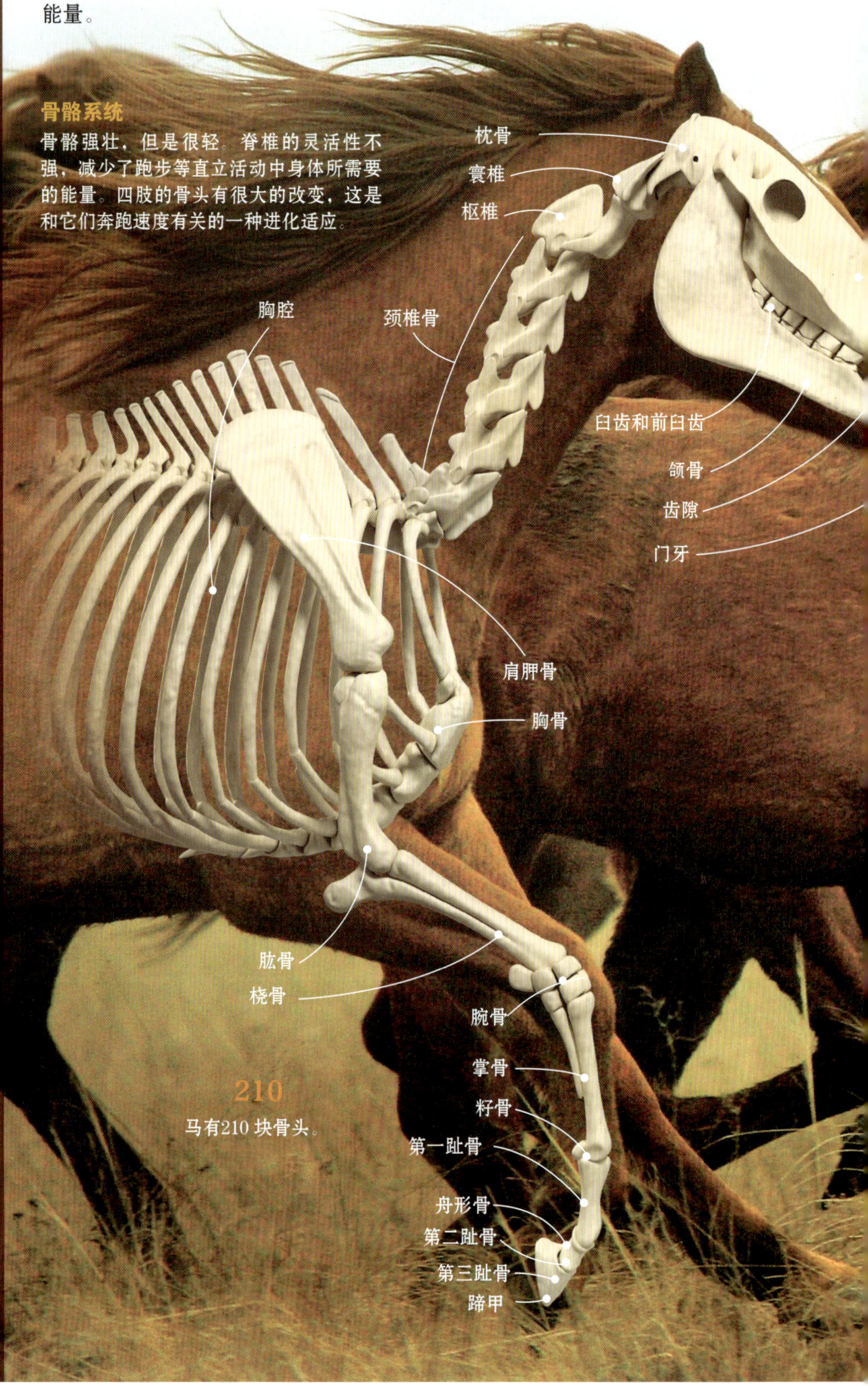

骨骼系统
骨骼强壮，但是很轻。脊椎的灵活性不强，减少了跑步等直立活动中身体所需要的能量。四肢的骨头有很大的改变，这是和它们奔跑速度有关的一种进化适应。

210
马有210 块骨头。

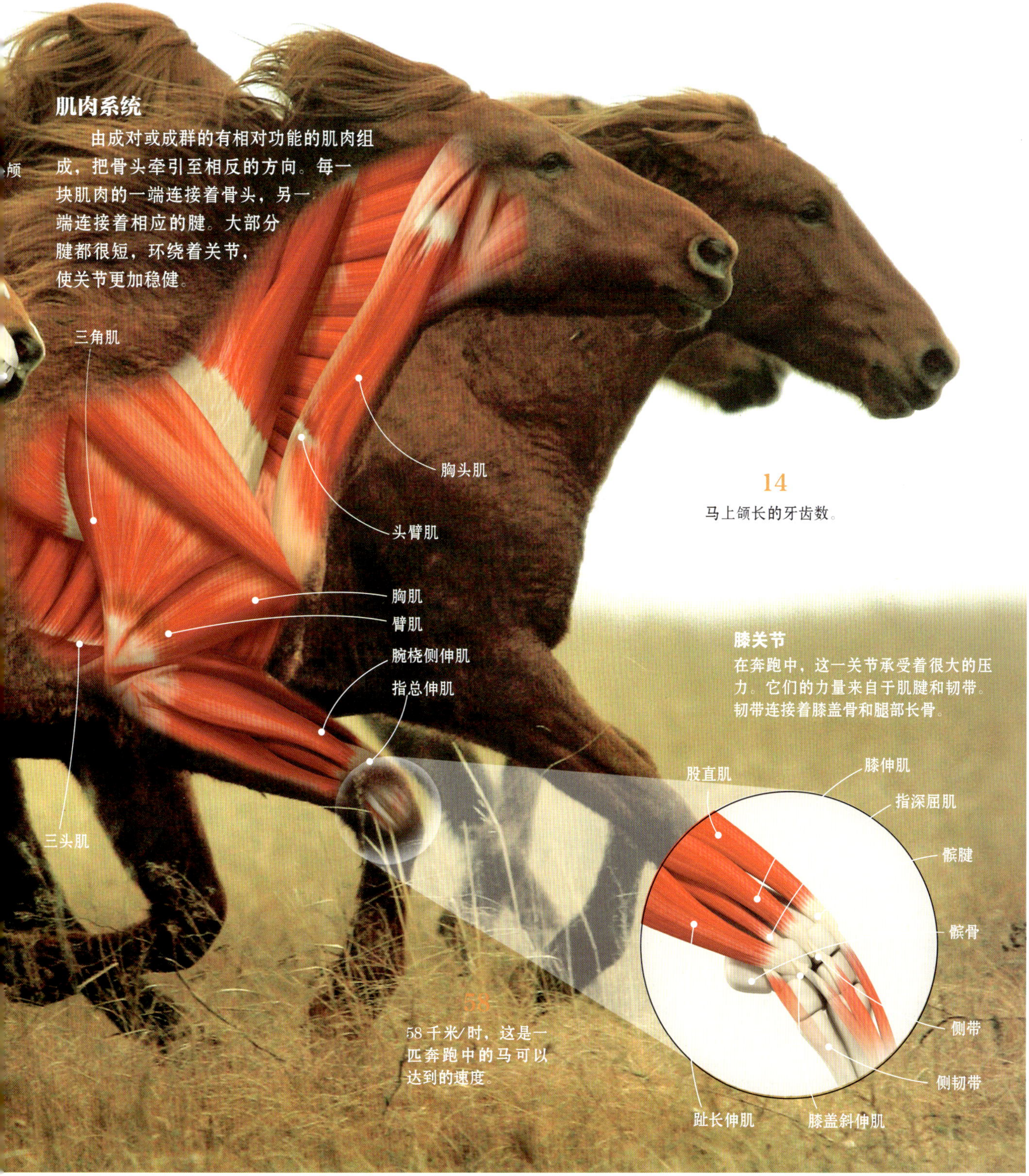

肌肉系统

由成对或成群的有相对功能的肌肉组成，把骨头牵引至相反的方向。每一块肌肉的一端连接着骨头，另一端连接着相应的腱。大部分腱都很短，环绕着关节，使关节更加稳健。

14

马上颌长的牙齿数。

膝关节

在奔跑中，这一关节承受着很大的压力。它们的力量来自于肌腱和韧带。韧带连接着膝盖骨和腿部长骨。

58

58千米/时，这是一匹奔跑中的马可以达到的速度。

Equus africanus

非洲野驴

体长：1.9~2.1 米
尾长：42 厘米
体重：270~280 千克
社会单位：群居
保护状况：极危
分布范围：非洲东部

非洲野驴在沙漠地区和干旱地区生活。是很多年前就被驯养的物种，它们的分布范围是世界性的。然而，非洲野驴面临着严峻的灭绝危险，这是由过度狩猎、和家驴杂交、和其他动物竞争食物造成的。它们的毛短，除了腹部和四肢下端的毛是白色的，其他地方都是灰色的。脚部有黑色的横向条纹，这和斑马很像。妊娠期为 11~12 个月，每胎可产 1 头小驴。

Equus hemionus

蒙古野驴

体长：2~2.45 米
尾长：40 厘米
体重：200~260 千克
社会单位：群居
保护状况：濒危
分布范围：亚洲西部与中部

蒙古野驴也被称作野驴或亚洲野驴。生活在荒原、沙漠和半沙漠地区。皮毛上突出的特征是整个脊背上有一条棕色条纹，条纹一直延伸至鬃毛。腹部和四肢下端为白色。蒙古野驴被认为是马科动物中跑得最快的。结成小群体生活。在危险面前，小群体会联合起来，使捕猎者不得靠近。

Equus kiang

西藏野驴

体长：2~2.2 米
尾长：50 厘米
体重：250~400 千克
社会单位：群居
保护状况：无危
分布范围：中国、印度、巴基斯坦和尼泊尔

西藏野驴生活在高海拔地区，在海拔 6000 米的高度仍有分布。它们的毛近似棕色，夏季薄，冬季则是又厚又长。结成驴群，由一头年龄大的雌性领导。群体成员同时集体活动。是游泳“健将”，夏季在河流附近经常能看到它们的身影。

Equus ferus

普氏野马

体长：2~2.2 米
尾长：90 厘米
体重：330~370 千克
社会单位：群居
保护状况：野外绝灭，再引进
分布范围：蒙古

普氏野马是野马中唯一的一个亚种。由于受人类活动的影响，正濒临灭绝。它们的名字来自于一位叫尼古拉·普热瓦尔斯基的俄罗斯陆军上校。19 世纪末在去中亚的一次旅程中，他首次发现了这种野马。它们有 66 个染色体，比家养马多 2 个。身体结实，头大，四肢短，四肢下端有条纹。以草、叶子、根及果实为食。可以长期不进食，耐冷耐热。

貘

门：脊索动物门

纲：哺乳纲

目：奇蹄目

科：1

种：4

貘，草食动物，依然保留着一些早期有蹄动物的特征，比如前腿的 4 个指头的末端是蹄，中间的指头是全身的支撑点，比其他指头更发达。食物是它们所生活的雨林和森林中生长的嫩枝。它们像大象鼻子一样灵活的长吻可以够到叶子和树枝。

Tapirus terrestris

低地貘

体长：1.8~2.5 米
尾长：15 厘米
体重：190~310 千克
社会单位：独居
保护状况：易危
分布范围：南美洲除了智利和乌拉圭以外的地区

低地貘是南美洲体形最大的陆生哺乳动物。生活在雨林及靠近河流的沼泽地里。经常全身涂满泥巴，以避免晒伤和昆虫叮咬。以叶子、树枝、果实、嫩芽和水生植物为食。它们的捕猎者主要是鳄鱼、美洲狮和美洲豹。妊娠期是 14 个月，雌性一年可产 1 只幼崽。

Tapirus pinchaque

山貘

体长：1.7~1.9 米
尾长：10 厘米
体重：150~250 千克
社会单位：独居
保护状况：濒危
分布范围：哥伦比亚、厄瓜多尔和秘鲁的安第斯山脉地区

和其他种貘的区别在于山貘深棕色的长毛，毛有御寒作用。它们的嘴唇是白色的，耳朵边缘也是白色的。它们是攀缘“能手”，栖息在海拔 2000~4000 米的山地森林中。通常遇到危险会逃跑，但是在危险面前，也会用牙齿进行防卫。

Tapirus indicus

马来貘

体长：1.8~2.4 米
尾长：5~10 厘米
体重：250~320 千克
社会单位：独居
保护状况：濒危
分布范围：缅甸、马来西亚、泰国和苏门答腊岛

马来貘皮厚毛少，毛色是不一样的：头、颈、肩和四肢是黑色的，身体其他部位是白色的。虽然毛色会暴露它们在雨林中的位置，但它们有在夜间活动的习惯，因为黑暗能保护它们。它们用尿液标记领地，通过一种有力且尖锐的声音进行交流。

犀牛

门：脊索动物门

纲：哺乳纲

目：奇蹄目

科：犀牛科

种：5

犀牛的平均体重在1吨以上，吻部有一或两只角。头大，头上长着竖立的耳朵。脖子短，尾巴末端有一缕毛。腿短，每条腿上有3个脚趾。栖息在非洲、印度和亚洲南部的热带、亚热带地区的草原、灌木地区和森林中。现存的5种犀牛都处在受威胁状态。

Ceratotherium simum

白犀

体长：3.4~4.2米
尾长：60厘米
体重：1400~3600千克
社会单位：群居
保护状况：近危
分布范围：非洲东部与南部

白犀是陆地上仅次于大象、河马体形最大的哺乳动物。尽管它的名字是白犀，但身体颜色并不真是白色的。白犀的名字是取自其生活的土地。它们有两只角，其中的一只大角非常罕见地可以长到1.5米。栖息在开放的森林和牧草丰盛的地区。它们总是生活在有水的地方，水用来饮用和洗澡。同其他的犀牛不同，白犀只食草。2个月时小犀牛就会断奶，但是在1年或者更长的时间内依然跟随着母亲。在所有的犀牛中，白犀的社会结构最为复杂。它们会组成多达14只犀牛的群体，但是数量小的群体更为常见。领头雄性则是独居，但是允许雌性和年轻雄性出现在其领地上。

对抗

雄性会用角相互攻击，并进行恐吓示威。

Dicerorhinus sumatrensis

苏门答腊犀牛

体长：2.3~3.2 米
尾长：50 厘米
体重：550~1500 千克
社会单位：独居
保护状况：极危
分布范围：亚洲东南部

苏门答腊犀牛是体形最小、毛最多的犀牛。它们的皮肤上有少量的褶皱，褶皱是亚洲犀牛中最不明显的。有两只不甚明显的角。栖息在森林、山地和沼泽地中，总是生活在靠近水源的地方。以叶子、小树枝为食，但是为了吃树苗的嫩根，也会把树苗推倒。总是在清晨或黄昏时进食。白天在泥潭或水中休息。雨季时迁向海拔更高的地区，在较寒冷的季节迁回山谷。小犀牛在湿季出生，重 23 千克，直到 16 个月大时才和母亲分开。

Rhinoceros sondaicus

爪哇犀牛

体长：1.9~3.2 米
尾长：70 厘米
体重：1500~2500 千克
社会单位：独居
保护状况：极危
分布范围：亚洲东南部

爪哇犀牛被认为是世界上最稀有的大型哺乳动物。它们的皮肤有厚厚的褶皱，被多边的小鼓包覆盖。只有 1 只小角，可以长至 25 厘米。栖息在茂密的热带雨林，在那里可以找到用来打滚的泥巴。以幼芽、小树枝、嫩叶和落下来的果实为食。用长长的可以抓握的上唇抓取食物。爪哇犀牛的哺乳期为 18 个月。

Diceros bicornis

非洲双角犀

体长：2.9~3.7 米
尾长：65 厘米
体重：700~1400 千克
社会单位：独居
保护状况：极危
分布范围：非洲东部与南部

正如非洲双角犀的名字，它们有两只角。前角比后角大很多，特殊情况下，前角长度可超过 1 米。它们栖息在森林与草原的过渡地带，总是生活在有水和烂泥的地方，它们可以在里面洗澡、打滚，用此方法避热及防止蚊虫叮咬。以嫩枝为食，主要是合欢树树枝。用长长的可以抓握的上唇获取食物。非洲双角犀排出的粪便多得像个小山堆，这是一种通知其他同类它们存在的方法。雄性也会用粪便标记领地。妊娠期约为 15 个月。2 岁时小犀牛断奶，半年后开始独立生活。

Rhinoceros unicornis

印度犀牛

体长：3~3.8 米
尾长：70 厘米
体重：1500~2700 千克
社会单位：独居
保护状况：易危
分布范围：印度和尼泊尔

唯一
不管是雄性还是雌性，都仅有1只角。

印度犀牛突出特征是皮肤上的皱褶和鼻子上的角。皮肤上也有小鼓包。它们的嘴唇能够抓握，这是为了拔下植被的一种功能适应。雌性体形比雄性小，体重也比雄性轻。

栖息地

栖息在沼泽地和多雨的平原，在那里可以隐藏在6米高的草丛中。天热时在烂泥里洗澡、打滚，这是为了调节体温、赶跑苍蝇、除去寄生虫等。

生物特征和行为

以树木和灌木的嫩叶和果实为食。能发出 10 种声音，比如哼声、哇哇声、咩咩声及吼叫声。嗅觉在个体交流中很重要。妊娠期为 16 个月，小犀牛 1 岁时断奶。

仅有1只
印度犀牛每3年产下1只小犀牛，在分娩前1周，会把上一胎出生的小犀牛赶走。

独特的外形

犀牛最引人注目的特征是它们的角。印度犀牛只有 1 只角。角是防御和攻击时的武器，也可用来翻动作为它们食物的植被。体形大是它们的特征，所有种类的犀牛体重都超过 1 吨。皮很厚，有时划分成铠甲状的片，让它们看起来很笨重，然而，它们却可以快速地奔跑。

涂满泥巴的皮肤
印度犀牛用60%的时间在水和烂泥里打滚。这种方法可以避免体温过高，也可以除去体表上的寄生虫。

50 厘米
这是印度犀牛的角可以达到的长度。

盔甲

印度犀牛皮肤上有大的褶皱和鼓包，看起来就像盔甲一样，这比其他种类的犀牛要明显得多。

角

犀牛角没有骨质成分，而是由表皮角质层的毛状角质纤维所组成的。不是从额骨上长出来的，只是支撑在头上。

犀牛的多样性

存在5种犀牛。非洲犀牛都有两只角，非常相似，但是能区分出白犀和黑犀，因为白犀的体形比黑犀大，嘴唇形状也不一样。亚洲犀牛中唯一有两只角的是苏门答腊犀牛。印度犀牛体形大，爪哇犀牛体形要小得多。印度犀牛和爪哇犀牛皮肤上都有大的褶皱。

5万

在亚洲东部市场上，每千克犀牛角报价为5万美元。

黑犀

有两只角，前角更长。嘴唇末端是尖的。

白犀

有两只角，嘴唇直且宽。它们的头是这一科中最大的。

苏门答腊犀牛

这是亚洲犀牛中唯一有两只角的，这种犀牛的身上有毛。

性别二态性

雄性脖子上的褶皱更大。此外，门牙和犬牙更长、更尖，在繁殖期时用此来攻击其他雄性。

偶蹄目

猪及其近亲

门：脊索动物门
纲：哺乳纲
目：偶蹄目
科：猪科
种：18

猪科动物有桶形的身体、短脖子、尖脑袋，脑袋上有可以活动的嘴。獠牙露在嘴巴外面，向上弯曲。每一只蹄子上都有4趾。生活在森林和雨林中。自己挖洞或者用其他动物的洞穴。所有的猪科动物都是杂食动物。尽管人们普遍认为它们贪吃，但是它们从来不暴饮暴食。

Phacochoerus aethiopicus

荒漠疣猪

体长：1~1.5米
尾长：40厘米
体重：45~100千克
社会单位：群居
保护状况：无危
分布范围：非洲东部

栖居地

生活范围的半径最多不超过4000米，总是在水体周围活动。有时候一天可以走7000米以上。

荒漠疣猪脑袋结实，有点扁平，没有上门牙。雄性脸上钩子形状的疣比雌性脸上的少。耳朵朝后倾斜，上獠牙非常发达。栖居在干旱地区、开阔的森林和半荒漠的草原上。偏爱多沙的平原，不喜欢山地地区。在雨季末期进行繁殖。一次可产2~4只幼崽，3个月后幼崽断奶。

獠牙
尽管雌雄两性的獠牙没有显著的差别，但雄性的獠牙相对较大。

Babyrousa babyrussa

鹿豚

体长：0.85~1.1米
尾长：30厘米
体重：60~100千克
社会单位：独居和群居
保护状况：易危
分布范围：印度尼西亚（敏莪里岛、塔利亚布岛、布鲁岛）

雄性鹿豚的上獠牙穿过整个脸部，让人误认为是角。它们的皮肤上有明显的褶皱，身上无毛。生活在热带雨林的河流和泥塘里。尽管雄性通常是独居，但以少于8个个体的群体进行活动。一年可分娩2次，每胎可产1或2只幼崽，10天后幼崽可以进食。

Phacochoerus africanus

非洲疣猪

体长：1.05~1.5 米
尾长：45 厘米
体重：50~150 千克
社会单位：群居
保护状况：无危
分布范围：撒哈拉以南的非洲地区

非洲疣猪也被称为多疣野猪，这源于它们脸上长着疣。它们特别适应放牧生活，这一功能适应体现在其后腿上有胼胝的保护，使其能够跪下来，够到最靠近地面的植被。可以拔起植被的根、块根和块茎。它们的特征是四肢相对较长，头大，鬃毛又长又黑，奔跑时尾巴会竖起来。会挖洞，但是也会毫不迟疑地使用其他动物抛弃的洞穴。群居，一个群体中有 5~15 头雌雄个体。

敏感的动物
非洲疣猪身上没有太多毛，对温度的变化很敏感。因此，在寒冷的夜晚会躲在洞穴里。

Potamochoerus larvatus

假面野猪

体长：可达 1.7 米
尾长：40 厘米
体重：45~150 千克
社会单位：群居
保护状况：无危
分布范围：非洲东部、中部和南部。引入马达加斯加

假面野猪是一种在夜间活动的猪，这一行为使它们避开了白天的高温。它们居住在潮湿的森林和沼泽中，那里有让它们打滚的泥。在雨季到来之前产下幼崽，幼崽的毛上面有棕色和黄色的条纹。2 个月后断奶，1 年半后性成熟。

Potamochoerus porcus

非洲猪

体长：1~1.5 米
尾长：40 厘米
体重：50~130 千克
社会单位：群居
保护状况：无危
分布范围：非洲西部至中部

非洲猪是所有猪中毛色最红的。脸上的毛很多，长耳朵上面有一簇毛，脊背上有一道白色的条纹。晚上非常活跃，白天躲在洞穴里。以树根、果实、蜗牛、卵、昆虫、爬行动物和腐肉为食。组成家庭群体共同生活，群体一般有多达 6 个个体，但也会组成超过 50 头的猪群。有领地意识，用腺分泌物标记和用犬牙在树干上留下印记的方法来标记领地范围。

Sus barbatus

须野猪

体长：0.9~1.6 米
尾长：30 厘米
体重：40~150 千克
社会单位：群居
保护状况：易危
分布范围：亚洲南部（菲律宾群岛、苏门答腊岛和婆罗洲）

须野猪由覆盖在嘴和下巴上有特点的毛而得名。主要栖息在热带雨林中，在靠近大海的地区或多雨的丛林中也能发现它们的身影。以多种植物、菌类、昆虫、卵和腐肉为食。群体进行数千米的迁徙，迁徙群体中有上百头猪。这种迁徙和寻找食物有关。每胎产的幼崽数量不等，在 3~12 只之间。

易危

捕猎、婆罗洲森林的砍伐和家猪的竞争以及由于种植和火灾而造成的栖息地的减少都对它们构成了威胁。

Sus cebifrons

卷毛野猪

体长：0.9~1.25 米
尾长：20 厘米
体重：20~80 千克
社会单位：群居
保护状况：极危
分布范围：亚洲东南端，米沙鄢群岛（菲律宾）

卷毛野猪是地球上受到灭绝威胁最严重的物种之一。它们的特征是黑色的覆盖整个脊椎的长毛和脸上的 3 对角质疖子（疣）。这些疣在争夺领地时能保护它们。以群体方式生活，一个群体多达 6 头猪。每胎最多可产 4 只幼崽。

Sus scrofa

野猪

体长：0.85~1.6 米
尾长：20 厘米
体重：40~200 千克
社会单位：群居
保护状况：无危
分布范围：欧洲、亚洲和非洲北部

野猪是猪的祖先，在 1 万多年前被驯化。它们的毛发粗且硬，毛发颜色为褐色到淡灰色。嗅觉和听觉异常灵敏。经常在泥塘打滚，尤其是夏季。尽管成年雄性是独居的，但在繁殖期会组成 20 头或更多的猪群。能发出大约 10 种不同的声音。每胎可产 4~8 只幼崽，通常每只幼崽固定在同一个乳头吃奶。7 个月时可以独立生活，1 年半后性成熟。

毛发

通常是灰色的，四肢和吻部的一部分颜色更深。

条纹

幼崽身上有横向的条纹，使它们能够和植被融为一体。

西猯

门：脊索动物门

纲：哺乳纲

目：偶蹄目

科：西猯科

种：4

西猯和猪很像，但是它们的獠牙短而直，尾巴短，前腿有4趾（只用其中的2趾支撑），后腿有2或3趾。背部有一个腺体，眼睛下面也各有一个，能分泌出有麝香味的物质。杂食动物，除了领西猯外，其他种类主要在白天活动。由雌雄两性组成群体生活。

Pecari tajacu

领西猯

体长：0.82~1米
尾长：3~6厘米
体重：18~30千克
社会单位：群居
保护状况：无危
分布范围：美国南部至阿根廷中部

领西猯是西猯中体形最小的。它们的特征是脖子上有一圈明显的白毛。栖息在沙生灌木林、森林和热带雨林中。为了避开正午的高温，会躲在岩石或植被的阴影里。当天气寒冷时，就蜷缩在地上的洼地里。它们喜欢在尘土里或泥巴里打滚。敏捷、灵活，会成群地防御捕猎者。

一个群体中通常有6~12个个体，其中大部分是雌性。以仙人掌的果实、浆果、块茎、球茎和根茎为食。有时也吃无脊椎动物和小型脊椎动物。会选择安全的地方进行生产，比如灌木丛里、树洞或者其他动物废弃的洞穴。一次可产1~4只幼崽（通常是2只），幼崽和母亲一起生活到3个月大。

辨识

领西猯在树上或其他物体上摩擦背部的腺体来标记领地辨识自己、协调与群体的活动。

Tayassu pecari

白唇西猯

体长：0.94~1.3米
尾长：1~6.5厘米
体重：25~40千克
社会单位：群居
保护状况：近危
分布范围：墨西哥东南部到阿根廷北部

白唇西猯是最具有群居性的西猯属，一个群体中超过200个个体。它们的学名源自它们白色的下巴这一特征。栖息在热带雨林、干旱的森林和大草原上。通过气味和声音进行交流。

Catagonus wagneri

草原猯猪

体长：0.9~1.15米
尾长：5~10厘米
体重：32~40千克
社会单位：群居
状况：濒危
分布范围：阿根廷、巴拉圭和玻利维亚

直到1975年才在巴拉圭发现活的草原猯猪，在那之前对这一物种的了解都来源于化石。它们的主要食物是仙人掌等多肉植物的花朵和肉质的部分，它们的名字也是源自这一行为。栖息在多刺的半干旱森林中。

河马

门：脊索动物门

纲：哺乳纲

目：偶蹄目

科：河马科

种：2

通过桶状的身体和相对较短的四肢能认出河马来。它们有宽鼻子，上面长有敏感的鬃毛。可以把颌骨张开到150度。全身几乎没有毛。皮肤能分泌黏性的液体。可营水栖、地栖生活，可以漂浮、游泳和潜游。河马还被认为是鲸鱼的近亲。

Choeropsis liberiensis

倭河马

体长：1.5~1.75米
尾长：20厘米
体重：170~275千克
社会单位：独居
保护状况：濒危
分布范围：非洲西部

普通河马要比倭河马重10倍，但是二者外形上相似。同它们的亲戚相比，它们在水中生活的时间也短，当遇到危险时，总是在水中寻找避难所。它们皮肤分泌红色物质，人们常认为是“血汗”。栖息在靠近河流和溪流的地方，一般生活在有沼泽的森林里，以水生植物、草、嫩枝和落下的果实为食。据估计有领地意识，但是没有明显的等级分化。每胎只产一个重5.7千克的幼崽。幼崽在陆地上出生，很快就学会游泳。6个月后，幼崽断奶，在3~5年之间性成熟。由于乱砍滥伐、捕猎和人类群体的扩张，这一物种受到严重的威胁。

稀有

因为数量稀少，在野外很难发现倭河马。

Hippopotamus amphibius

河马

体长：2.8~4.2 米
尾长：50 厘米
体重：1000~3600 千克
社会单位：群居
保护状况：易危
分布范围：非洲

大颌骨
可以张开150 度，有2 对大门牙和2 颗带沟齿的犬牙。

休息
白天的大部分时间都和群体中其他成员一起在烂泥或水中休息。

尽管河马体形庞大，但是不管在水里还是在陆地上，行动都很敏捷。毛色为棕色，还有多处紫色毛发。白天在靠近水的地方睡觉和休息。如果受到打扰，便会潜入水中。它们的眼睛、耳朵和鼻子在脸的同一平面上，便于潜泳时露出水面。晚上比白天活跃，以草为食。在水底能发出很多种不同的声音。借助于大颌骨感受到的震动，使它能“听”得一清二楚。特殊情况下，会组成一个多达 150 只的河马群，但是一般情况下，一个河马群中不超过 15 个个体。用排泄物标记领地。当 2 只雄性对抗时，会进行力量展示仪式及大声吼叫。通常二者没有接触，但是一旦斗争开始，就会持续几个小时。经常会用下犬牙给对方造成严重的伤害。每胎可产 1 只幼崽，双胞胎的情况非常少。在陆地或靠近水的地方进行生产。刚出生的小河马体重为 25~55 千克，第一年可以长到 250 千克。在学走路前，小河马先学游泳，并受到母亲无微不至的照顾。

外表
尽管有猪的外表，但是河马现存的近亲却是鲸。和鲸有共同的水栖能力的功能适应，这一能力来自同一祖先。

皮肤
皮肤分泌一种色素，使河马免受感染、太阳晒伤和干燥。

在水面之下

夏季强烈的大雨使卢旺瓜河河水泛滥，但在雨季之后一直持续的旱季会使水位急剧下降。如同在这一地区共同生活的其他动物一样，河马已经适应了河水的上涨与下降。这一地区是非洲仅存的几个野生动物保护区之一。

至关重要的会面

雨季的到来，使卢旺瓜河河水积存，池塘成为众多雄性、雌性和幼崽群体聚集的地方。所有的河马都跳入水中，混入其他群体中，建立永久的或暂时的社会关系。在这聚集的短暂时刻，可能会产生争斗，在争斗中由实力来决定哪只河马与雌性交配，并占领池塘的大部分领地。一旦划定了领地，植被茂盛的河岸会为这些重约3吨的大家伙提供食物。暴雨时节，富含油脂的皮肤和不断增加的湿气相互作用，这些偶蹄目动物身上会出现皮肤感染。很多鸟类，尤其是牛椋鸟和牛背鹭，与河马建立了物种间的互惠共生关系，因为这些鸟类以河马皮肤上的寄生虫为食。当然，那些牛椋鸟也会喝它们的血。

在赞比亚卢旺瓜河周围，生活着地球上最大的河马群体。它们在一个变化着的环境中共同生活，相互联系：每年的一个时期大山谷的动物和植物都被水所统治，大草原的5万平方千米都被淹没。在雨季（12月到次年3月）到来之前，河水水深不到半米。河水很平静，很容易穿过河床。天空中的隆隆雷声宣告了猛烈暴雨的到来，这时景色完全改变了。河马和其他动物需要等到河水水位降下来，天空的响雷沉寂下来，整个地区将再现勃勃生机。

河流灌溉着800千米长的赞比亚热带草原。河马，这一庞大的半陆栖动物，它们的大部分时间在水里度过。它们在水里交配，产下小河马。当非洲大陆南部的炎热令人窒息时，它们也在水中避暑。这些重约3吨半的庞然大物的眼睛、耳朵和鼻子都位于头部上方，这一特征使它们几乎能把整个身子浸入水中，而不影响看、听和呼吸。

日落之后，卢旺达的河马踩在结实的土地上出去寻找食物。它们钻进灌木丛中，这些灌木丛在旱季变得越来越稀疏。在这一时期，4月到9月，从主河流分出来的作为分支的泥塘和溪流日渐干涸。缺水迫使动物迁徙到远方，从而上演不同动物群之间尤其是大型草食动物之间激烈竞争的事件。一些年轻的河马很有可能死于这一时期的紧张状态下。雌性走近它们，舔着它们的身体，就像是告别的仪式，直到河水裹挟着尸体漂流而去。艰难的处境日益加剧，直到每年一次的大雨和洪水再次让植被暴发出生机。

暴雨时节，平静的河流变得湍急，河水也被染成棕色。在4个月的时间内，不能穿过河床，河马只能待在岸上。一旦大雨停止，河谷立马改变了容貌。牧草生长，植被茂盛，树叶繁多。河马不是唯一受益者。陆上和水中的居民，它们也是多变王国的一部分：河马、大象、犀牛、水牛和狮子一起被称作“非洲五大兽”。这个生物群落中还有很多种鱼类和鸟类。

河水再次上涨
卢旺瓜河河水上涨，使数百只河马集聚在其中一个河岸的山谷中。这个河谷是整片大陆上受人类活动影响最小的地方。

和降雨一样，生活在河中的大型动物也对卢旺瓜河谷地生命的循环有很大贡献。它们沉重的身躯穿过河床有助于划定河流界限，甚至它们的粪便也是水中微生物和鱼类的营养物质。

尽管在一年中的某些时间，食物的获取日渐困难，但是在卢旺瓜河生命圈产生了一个独特的平衡——每年从干旱到重新繁荣。相反，人类所带来的危险却更难以面对。因为被水隔开，这片河谷是非洲受人类活动影响最小的一片河岸地区。然而，猎人经常打破这个地区的平静。有时是为了寻找非法贸易的材料；在物资缺乏时，也为了获取食物（赞比亚自然资源的丰富和当地居民物质的贫困形成强烈的对比）。为了生产煤炭而砍伐树木是对这个地区生物多样性的另一种威胁。尽管遭受了乱砍滥伐，但这片地区依然有着“真正非洲的最后一个角落”的称号。

全球河马数量的减少开始于2个世纪前，最近10年的数量显著下降。在刚果维龙加国家公园，河马的状况更令人担忧。相反，在赞比亚，保护措施取得了很大成效。北部的一半河流形成了北卢旺瓜河国家公园，南部的是南卢旺瓜河国家公园。在那里，生态保护组织介入河马和人类之间：设法保护农作物免受这些庞大的哺乳动物的踩踏；教育当地居民；鼓励可持续旅游。这些共同努力使卢旺瓜河依然潺潺流动，在这个有着剧烈变化的环境中养育着世界上数量最多的河马。

骆驼科

门：脊索动物门

纲：哺乳纲

目：偶蹄目

科：骆驼科

种：6

骆驼科动物是沙漠地区和干旱平原上最具代表性的“居民”。它们脚上有肉垫，方便在沙地上行走。此外，它们是唯一有卵形红细胞的哺乳动物，红细胞容易在血液中流动，脱水的时候，血液变浓。脖子又细又长，头小，吻部成流线型。上唇是豁开的。

Lama guanicoe

原驼

体长：1.6~2 米
尾长：30 厘米
体重：110~140 千克
社会单位：群居，有时雄性独居
保护状况：无危
分布范围：秘鲁至阿根廷南部

原驼是南美洲干旱地区最大的野生哺乳动物。它们的皮毛有两层，又长又密，背部为栗色，腹部为白色。与小羊驼的区别在于体形和它们灰色的脸。生活在荒凉的草原以及高达4000米或者更高的山地地区。草食动物，喝水很少，因此，在远离水源的地方也能见到它们的身影。社会结构复杂，有独居的雄性，有群居的年轻雄性，也有由20只雌性陪伴的雄性。每胎可产1只幼崽，3个月后断奶。雌性在18个月时性成熟，雄性3岁时会在领地竞争，形成自己的配偶群。

骆驼的头
有尖耳朵以及分开的活动幅度大的嘴唇。

幼崽
母亲哺乳3个月，有时时间更长，可照顾它们到1岁。

粗毛
尤其是肋部、胸部和腿部的毛。

少数
在繁殖期，社会结构是群体或者是独居的个体，分为一只雄性（“嘶鸣者”）与几只雌性组成的群体、年轻雄性（“独居者”）的群体和寻找雌性的独居雄性。

Vicugna pacos

羊驼

体长：1.3~1.8 米
尾长：20 厘米
体重：55~65 千克
社会单位：群居
保护状况：无危
分布范围：秘鲁南部和玻利维亚西部

羊驼的起源可追溯到 5000 年前印加时期，由小羊驼和大羊驼杂交产生。它们身上毛多，比它们近亲的毛更长、更细。其毛纤维可用来制作蓬乔、毯子和其他非常受欢迎的衣物。每胎可产 1 只幼崽，重约 6 千克，6 个月后断奶。只有家养的种类。

Vicugna vicugna

骆马

体长：1.3~1.85 米
尾长：25 厘米
体重：35~65 千克
社会单位：群居
保护状况：无危
分布范围：秘鲁南部至阿根廷西北部

骆马栖息在高海拔地区（3500~5750 米），可以在氧气稀薄、气温低下、十分贫瘠的地方生活。它们总体上和原驼长得像，但是体形更小，身体线条更流畅。它们突出的特征是胸前的白色长毛。它们的门牙一生都在生长，而其他有蹄动物身上却没有这种情况。可以组成多达 100 个个体的群体。每胎只产 1 只幼崽，6 个月后断奶，在满 1 岁前，小骆马被迫离开群体。

Camelus ferus

野骆驼

体长：2.2~3 米
尾长：50 厘米
体重：600~1000 千克
社会单位：群居
保护状况：极危
分布范围：中国和蒙古

野骆驼有两个驼峰，明显是用来储存脂肪（而不是经常提到的水）的身体结构，这使它们能在不吃不喝的情况下能活好几天。野骆驼以各种植被为食。能忍受极端气温，不管是 0 摄氏度以下的低温还是超过 40 摄氏度的高温。冬季，它们多绒毛的毛皮会部分脱落，给人留下剪毛剪得不好的印象。长睫毛，窄鼻孔，能在沙尘暴中保护它们。雌性每胎可产 1 只幼崽，产 2 只的情况很少。出生 1 小时后，幼崽就能站起来走路。

Lama glama

大羊驼

体长：1.4~1.8 米
尾长：20 厘米
体重：90~130 千克
社会单位：群居
保护状况：无危
分布范围：秘鲁南部至阿根廷西北部

大羊驼被认为是 5000 年前印加人从驯化的原驼繁殖出来的一个物种。它们长得和它们的亲戚很像，但是身上的毛更多，有多种颜色。它们被用来当作承重的动物，也用作肉食，毛也可以用。只有家养的大羊驼。

Camelus dromedarius

单峰驼

体长：2.2~3 米
尾长：50 厘米
体重：300~690 千克
社会单位：群居
保护状况：野外绝灭；圈养
分布范围：非洲北部和东部、亚洲西南部，引入澳大利亚

又厚又硬的嘴唇
当吃有刺的植物时，嘴唇能保护它。

弯曲的脖子，小脑袋，短尾巴，驼峰是单峰驼最主要的特征。它的腿细长，脚底有软衬的肉垫，能支撑身体的重量。它们以多种植物为食，包括含盐的种类。有时也会吃路上遇到的干尸和骨头上的腐肉。

起源

最早的单峰驼出现在 300 万 ~500 万年前的阿拉伯半岛。从那里扩散到埃及，然后到达非洲北部的其他地区，东边直到大湖地区，西边到塞内加尔。

和人类的关系

单峰驼被用来当作肉食，可产奶、产毛，粪便能做燃料，也可以当作交通工具。它的重要性在于，在一些部族中，社会等级的划分和每个成员拥有的骆驼数量有关。

耐力
单峰驼一天不吃不喝，能在沙漠里走 100 千米以上，它们是从驼峰中的脂肪获取能量。

极端的生活

单峰驼生活在艰苦的气候条件下，尤其是缺水的地区。此外，它对大温差的忍耐力强，是典型的沙漠生物群系，为了实现这一目标，骆驼身上具有解剖学和功能上的适应，使它尽可能地完善体内的水平衡。如果遇上沙尘暴，也能忍受下来：蜷缩在地上，合上鼻孔。可以在沙滩上行走，因为它用结实的腿和蹄踩在这种不稳定的物质上，可以使它获得大面积的支撑。

忍饥耐渴

单峰驼不吃不喝，能在最高温度为 50 摄氏度的环境中支撑 8 天。

特殊的四肢

同其他偶蹄目的哺乳动物不同，单峰驼的体重由小腿支撑，而不是靠两个脚趾上的蹄支撑。这个支撑面有脂肪肉垫作为衬底，可把身体的重量分散到整个支撑面上。

驼峰

驼峰里储存的脂肪减少了分泌物中水的分泌。每千克脂肪能分解出2升代谢水。

14 千克

这是驼峰的平均重量。

耗尽

如果脂肪消耗完，驼峰就挂在脊背的一边。

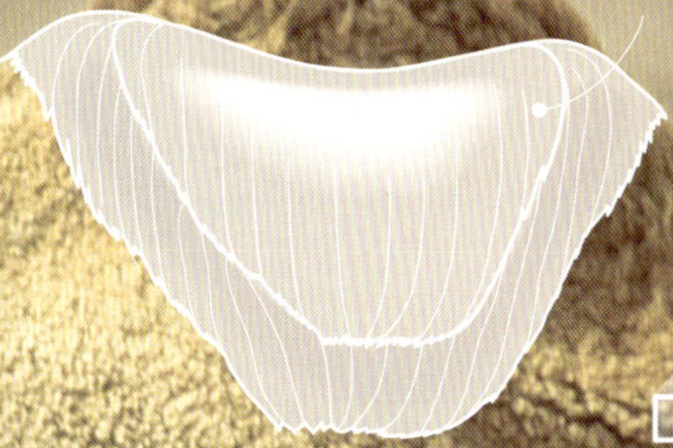

水平衡

在尿液的形成过程中，每个肾单位会重新吸收过滤水。这个过程对单峰驼至关重要，可最大可能地减少代谢水的排泄。因此，尿液浓度高，尿液的含盐量甚至比海水的含盐量高 2 倍。

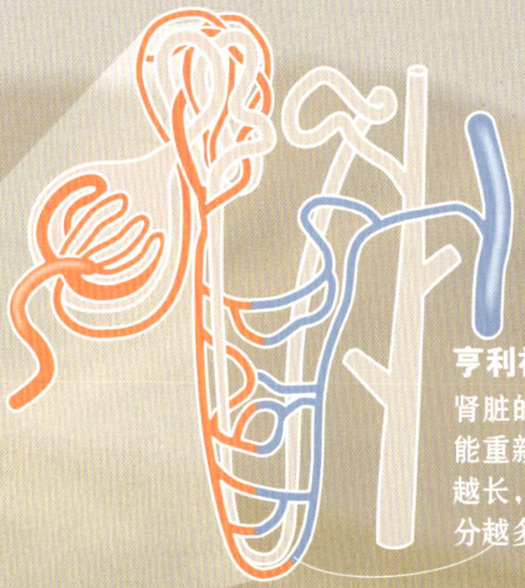

亨利袢

肾脏的这一部分能重新吸收水。越长，恢复的水分越多。

红细胞

红细胞呈椭圆形，这是哺乳动物独有的特征。尽管血液黏度比正常血液高，但是这一特征有利于血液循环。

240%

这是一个充满氧气和水的红细胞增大的幅度。

100 升

这是一头单峰驼一次能喝下的水量。

膝盖

它的关节非常结实，承受着身体的重量，行走在硬度不高的地面上。膝盖前面的皮肤上有茧子，当它跪下时，有隔热的作用。

野骆驼

在长相上经常和单峰驼混淆，只是野骆驼有两个驼峰。然而，它们的解剖和生理特征是相似的。它们群居，分布在亚洲中部，濒临灭绝。雄性会为了6~30 只的雌性群而争斗。每一只雌性的妊娠期都非常长，达406 天。每只幼崽的哺乳期是1 年，有时长达2 年。

鹿

- 门：脊索动物门
- 纲：哺乳纲
- 目：偶蹄目
- 科：鹿科
- 种：54

鹿的特征是雄性头上有分叉的角，角每年都会脱落，然后重新长出来。角是由骨质构成的，上面有一层被称作“茸毛”或“绒毛”的嫩皮，这层嫩皮很快会脱落。眼睛附近有一个腺体。反刍动物的胃有4个室，没有胆囊。栖息在丛林、沼泽、草原和北极苔原。

Cervus nippon

梅花鹿

体长：1.3~1.7 米
尾长：30 厘米
体重：27~110 千克
社会单位：群居
保护状况：无危
分布范围：南亚。引入其他国家

雄性
它的角的特征是有3个角尖，夏季角上有一层嫩皮。

这种鹿的特征是毛色为浅红褐色，有成行的白色斑点；只有雄性才有角，角由主干和眉叉组成。栖息在开放的森林或草原。群居，有时候一个群体中有超过100个个体。以草为食，但有时候也会吃树叶、花朵和果实。每胎可产1只幼崽，1岁大的时候，幼崽开始独立生活。

Muntiacus reevesi

小鹿

体长：0.7~1.1 米
尾长：10 厘米
体重：15~20 千克
社会单位：独居和群居
保护状况：无危
分布范围：中国

小鹿是一种体形较小的鹿。它们的突出特征是，当遇到危险时，会发出尖锐的类似于狗叫的声音。雄性的角长7厘米，犬牙长。栖息在温带森林和茂密的热带森林中。通常是独居，但有时候可以看到它们成对或结成家庭小群体生活。早晨的前几个小时和下午的后几个小时比较活跃。通过气味和声音信号进行交流。它们身上的香腺使它们能辨识出其他个体。每胎可产1只幼崽，2个月后断奶。

Rangifer tarandus

驯鹿

体长：1.4~2.2 米
尾长：20 厘米
体重：70~200 千克
社会单位：群居
保护状态：无危
分布范围：北美洲北部、格陵兰、欧洲北部至亚洲东部。引入其他国家

驯鹿在北美洲被称作北美驯鹿，在欧洲被称作驯鹿。它是一种在迁徙时会跨越很长距离的哺乳动物：每年迁徙路程大约 5000 千米。一个鹿群由数千只个体组成。角长，有手掌形的角冠。另一个显著的特征是颈部附近腹部的皮肤被白色的长毛覆盖。同大部分鹿不同，驯鹿雄雌都会长角。它们适应了在雪上用宽蹄子行走。此外，蹄子也有助于游泳。妊娠期为 30 周，每胎可产重 6 千克的幼崽。

Mazama gouazoubira

灰短角鹿

体长：0.82~1 米
尾长：8~15 厘米
体重：11~25 千克
社会单位：独居和群居
保护状况：无危
分布范围：阿根廷、乌拉圭、巴西、巴拉圭和玻利维亚

灰短角鹿生活在有树的草原和灌木丛中，在那里出现危险时能隐藏自己。以嫩树枝、树叶和果实为食。在早晨和黄昏时比较活跃。雄性和雌性都长有一只不分叉的小角，大约长 15 厘米。它们的皮毛短而硬。有很强的领地意识，用腺分泌物和啃树皮的方式标记领地。妊娠期为 7 个月，每胎可产 1 只 4~5 千克重的幼崽。幼崽的毛是棕色的，有白色斑点，长大后斑点消失。

Dama dama

黇鹿

体长：1.3~1.75 米
尾长：20 厘米
体重：40~100 千克
社会单位：独居和群居
保护状况：无危
分布范围：欧洲。引入其他国家

黇鹿同其他鹿的区别在于它掌状的尖尖的向后弯曲的角。它们的毛是栗色带有白色斑点、全白色或几乎全黑色的。黇鹿是半驯养动物，这是出于对它们的肉和皮毛的需求。被引入很多国家，生活在森林、牧场和人造林等栖息地。目前野生数量较少，多被关在公园或私人狩猎园里。独居或组成数量较少的家庭群。每胎可产 1 只幼崽，刚出生的幼崽重约 5 千克。

叉角羚

目：偶蹄目

科：叉角羚科

种：1

叉角羚是加拿大、美国和墨西哥干旱气候中具有代表性的居民，是这一科中唯一的一种。它是这块大陆上跑得最快的陆生哺乳动物：时速达到 65 千米。它们的典型毛色是白色和淡棕色。

Antilocapra americana

叉角羚

体长：1.3~1.5 米
尾长：10 厘米
体重：35~60 千克
社会单位：群居
保护状况：无危
分布范围：北美洲西部

生活在干旱的环境中，从吃下的植物和果实中获取水分。雄性的角分叉，由角质鞘和骨质心组成。角每年脱落，但同鹿不同的是，只是外层脱落，角质鞘下面的核心部分不脱落。有领地意识，为了接近雌性，雄性相互争斗。妊娠期为 8 个月，每胎可产 1 或 2 只 2~4 千克重的幼崽。

Cervus elaphus

马鹿

体长：1.6~2.5 米
尾长：12~15 厘米
体重：80~200 千克
社会单位：群居
保护状况：无危
分布范围：北美洲西部、欧洲、亚洲东部和中部。引入阿根廷、智利、澳大利亚和新西兰

雌性
由多达35 只的雌性组成群体，有一只领头鹿。

大型反刍动物，超过它们的只有驼鹿（*Alces alces*）。在掠食动物活跃期间不出来走动。是素食动物，吃的树叶比草多。

捕猎者

在肉食哺乳动物中有它们的天敌，是狼、美洲狮、熊和美洲豹等动物的猎物。捕猎者的存在对保持欧洲马鹿密度的稳定有着重要作用。

幼崽

成年马鹿的毛是棕色的，腹部和臀部有一块是白色的。幼小的脆弱的小马鹿，毛色淡红，有白色的斑点和条纹。这使它们能躲藏在森林植被中，在捕猎者面前可悄无声息地走过。

变化的毛色
一年中大部分时间它们的毛是棕色的。作为它们的别称，赤鹿中的红色皮毛只在夏季才出现。

成长标志

鹿和羚羊长得很像，明显的区别在于鹿有非常发达且分叉的角。这一独有的特征是季节性的，最初就是生命周期的一部分。角的生长是年龄的标志：年轻的鹿的角只有角刺，不分叉；年老的鹿的角老化。

性别二态性

雄性体形更大，有角，胸部和肩部有浓密的深色长毛。

雄性 雌性

密质骨
占据角的表层。

松质骨
占据角的内部。

骨层

在皮肤或茸毛的下面，角由松质骨和密质骨组成。这些组织使角坚硬牢固。

120 厘米
欧洲马鹿的角可达到的长度。

狩猎
除了发情期，几乎一整年雄性和雌性都是分开生活；在发情期，成年雄性性格改变，开始为雌性群而相互争斗。

1 战斗以威慑性和挑衅性的态度开始。很多情况下，这足以把对手吓跑。

季节循环

鹿每年都会换角。这一过程由光的强度和激素决定。

1 春季

新角开始生长。被一层叫作茸毛的薄皮覆盖。

2 夏季

角长到最大，变硬。茸皮开始老化直到脱落。

3 秋季

雄性在树上摩擦角，把这层皮肤蹭掉。发情期开始。

4 冬季

发情期达到最高值，角开始脱落，在几天内就会掉下来。

15

这是鹿角更新的次数。

2 争斗双方保持自己的姿势，用后腿支撑站立起来，恐吓对手，低头向对方展示自己的角。

3 几分钟内，双方吼叫着，迫不及待地想要战斗。它们使劲抵，相互钩住对方的角。争斗以一方获胜、另一方落败逃跑而结束。

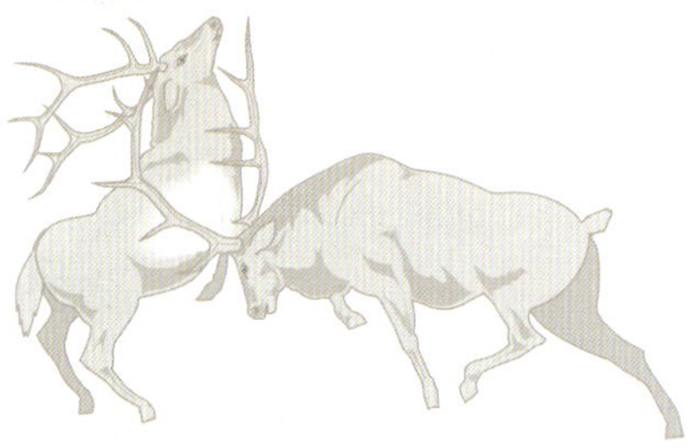

Blastocerus dichotomus

沼泽鹿

体长：1.53~2 米
尾长：12~17 厘米
体重：80~125 千克
社会单位：群居
保护状况：易危
分布范围：阿根廷、巴西、巴拉圭、玻利维亚和秘鲁

沼泽鹿是南美洲最大的鹿。它的角大约有半米长，通常有 10 个角尖。栖息在河漫滩平原地区。它的蹄子能张开，使踩踏的面积更大，在泥地里也不会陷下去。它是游泳健将。每胎可产 1 只幼崽，幼崽 1 年后独立。

Hippocamelus antisensis

秘鲁马驼鹿

体长：1.5~1.7 米
尾长：11~13 厘米
体重：45~65 千克
社会单位：群居
保护状况：易危
分布范围：阿根廷、智利、玻利维亚、秘鲁

同它的近亲智利马驼鹿相比，体形较小，毛色呈淡灰色。它的角的长度不会超过 30 厘米，分成两个角尖。生活在海拔2000米以上开放的多岩石地区。以 4~9 只的小群体生活。常受竞技性狩猎、栖息地破坏和家养犬捕食的威胁。

Ozotoceros bezoarticus

草原鹿

体长：1.1~1.35 米
尾长：10~15 厘米
体重：25~40 千克
社会单位：群居
保护状况：极危
分布范围：阿根廷、乌拉圭、巴西、巴拉圭和玻利维亚

直到 19 世纪草原鹿仍是一个分布广泛的物种。但目前只在几个孤立的点状地区有幸存下来的草原鹿。它们的角中等大小，通常有 6 个角尖。栖息在牧草丰盛的开放地区。组成只有数个个体的小群体生活，有时和鸟类合作，有危险时，鸟会给它们报警。每胎可产 1 只幼崽，出生时身上有斑点，4 个月后断奶。

Hippocamelus bisulcus

智利马驼鹿

体长：1.4~1.65 米
尾长：10~20 厘米
体重：65~90 千克
社会单位：独居和群居
保护状况：濒危
分布范围：阿根廷和智利

这种鹿栖息在山区或被森林覆盖的山坡上。它的角在角基附近分为两支。以草和树叶或灌木叶为食。独居或以小群体生活。幼崽生下时毛色是一样的，4 个月后断奶。这一物种所面临的最主要的威胁是狩猎、犬的攻击和外来物种如欧洲马鹿以及家养牲畜的竞争。

山区生活
它的腿比其他鹿的腿短，适应在陡峭的地区活动。

Pudu puda

智利巴鹿

体长：67~81 厘米
尾长：3~4 厘米
体重：7~13 千克
社会单位：独居
保护状况：易危
分布范围：阿根廷和智利

智利巴鹿是世界上最小的鹿。它的角长达 10 厘米，不分叉。披毛短且硬。它的小尾巴几乎看不见。栖息在有茂盛植被的潮湿的森林中。以草、灌木叶、花和果实为食。独居，有领地意识。每胎可产 1 只幼崽，幼崽背部有斑点，2 个月后断奶。

门：脊索动物门
纲：哺乳纲
目：偶蹄目
科：鼷鹿科
种：10

鼷鹿

尽管叫鼷鹿，但并不是真正的鹿，而是反刍动物的祖先，被认为是现存的最小的有蹄动物。它栖息在亚洲南部的热带森林里，只有一个种起源于非洲。

Moschiola meminna

斑鼷鹿

体长：可达 56 厘米
尾长：可达 40 厘米
体重：可达 8 千克
社会单位：独居
保护状况：无危
分布范围：斯里兰卡

斑鼷鹿生活在印度南边的大斯里兰卡岛上。在它的本土栖息环境中很难见到它的身影。背部是棕色的，上面有白色和黄色的条纹和斑点，使它们能在植被中伪装自己。生活在热带潮湿森林中多岩石地区，靠近水的地方。夜间活动，以叶子、枝条和果实为食。在雨季结束时产崽，每胎可产 1 只幼崽。

腿
它的四肢又细又短，身体却很强壮

Hyemoschus aquaticus

水鼷鹿

体长：可达 1 米
尾长：可达 10 厘米
体重：可达 16 千克
社会单位：独居和群居
保护状况：无危
分布范围：非洲中部和西部

水鼷鹿，水中活动，毛色为红棕色，有横向的白色条纹。生活在河谷冲积平原和热带雨林中。夜间非常活跃，白天躲在植被中休息。当预感有危险时，就保持不动或潜入水中。在水中可以轻易逃脱，因为它们擅长游泳。以果实、叶子和茎为食。是真正的反刍动物，有一个分成四室的胃。雌性生活在固定的地方，成年雌性一生都在同一片区域活动。相反，雄性经常变换领地。它们会为了接近一只发情的雌性而争斗，为此会用犬牙撕咬对方。妊娠期为 6~9 个月。每胎可产 1 只幼崽，刚出生前几天，母亲会把它藏起来，3 个月后断奶。9~26 个月内，幼崽会离开母亲独立生活。

门：脊索动物门
纲：哺乳纲
目：偶蹄目
科：麝科
种：7

麝鹿

麝鹿外表长得像鼷鹿，头上既没实角也没洞角。相反，雄性的上犬牙从嘴巴中突出来，腹部有腺体，能分泌麝香。

Moschus chrysogaster

马麝

体长：可达 1 米
尾长：可达 6 厘米
体重：可达 18 千克
社会单位：独居
保护状况：濒危
分布范围：亚洲中南部（不丹、中国、印度、尼泊尔）

马麝嗅觉异常发达，这对它们和同类的交流极其重要。白天躲在植被中，晚上会跑到开放地区。它们栖息在高海拔有森林、灌木和牧草的地方。以地衣、苔藓、草和嫩枝为食。

它们不进行季节迁徙，在划定的领地内活动，忍受着寒冷的冬季。如果受到威胁，会跳着逃跑，每次能跳 6 米远。每胎可产 1~2 只幼崽，3 个月后断奶。由于人类不加区别地对其狩猎，它们的数量已大幅度减少。

长颈鹿

门：脊索动物门

纲：哺乳纲

目：偶蹄目

科：长颈鹿科

种：2

现存的长颈鹿科只有两种：獾㹢狓和长颈鹿。它们腿长，颈长，牙齿小，舌头长，能取食。心脏发达。头上有小小的骨质角，被茸毛覆盖。雄性通过用脖子和角攻击对手来确定领地的管辖权。

Okapia johnstoni

獾㹢狓

体长：1.9~2.1 米
尾长：40 厘米
体重：180~310 千克
社会单位：独居，很少情况下群居
保护状况：近危
分布范围：非洲中部

直到 1901 年獾㹢狓才被科学界认识，那时是把它当成斑马的一种。随后的研究把它定义为长颈鹿现存的最近的近亲。脖子相对较长。大耳朵。雄性长有被皮肤覆盖的小角，角向后倾斜。獾㹢狓走路的方式和长颈鹿相似，每走一步，同时抬起身体同一侧的前腿和后腿。栖息在封闭的森林中，寻找树倒下之后留下的空地，以树叶、果实、牧草和菌类为食。也吃河岸边的矿物盐和黏土。同长颈鹿一样，幼崽和发情期的雄性会发出轻柔的呜咽声。成对生活，极少的情况下会组成成员数量少的家庭群，但是从不会结成大群。刚出生的幼崽重约 16 千克，通常 6 个月后断奶。3 年后可以长到成年獾㹢狓的大小。

舌头

可以用舌头扯下树叶，甚至还能用它清洁耳朵。

伪装

它的毛色在哺乳动物中是独一无二的，在植被中行走时不易被发觉。

皮毛

毛是深棕色，腿上有白色的横向条纹。

Giraffa camelopardalis

长颈鹿

体长：3.5~5.5 米
尾长：1 米
体重：550~1930 千克
社会单位：群居
保护状况：无危
分布范围：非洲

长颈鹿是现存最高的动物，可以长到 5.5 米高。通常毛色颜色较淡，上面有大的棕色斑点，但是在 9 个已知亚种之间会有不同变化。头上有两只骨质角，被茸毛覆盖（一些亚种会有四只角：两只前角，两只更小的后角），雄性前额会多一个突出的疖子。有长吻、大耳朵以及可伸缩的舌头。它的腿又长又壮，前腿比后腿长一点，有两个有蹄子的指头，没有副指头。栖息在干旱开阔的热带草原上。主要以合欢树树叶和树枝为食。每 2 天或 3 天喝一次水，喝水时，把前腿张到最大，然后低下头，这个姿势把它暴露在它唯一的敌人狮子面前。年轻时长颈鹿结群生活，年老时会独居。通常睡觉时间很短，而且是站着睡。每胎可产 1 只幼崽，1 年后断奶。

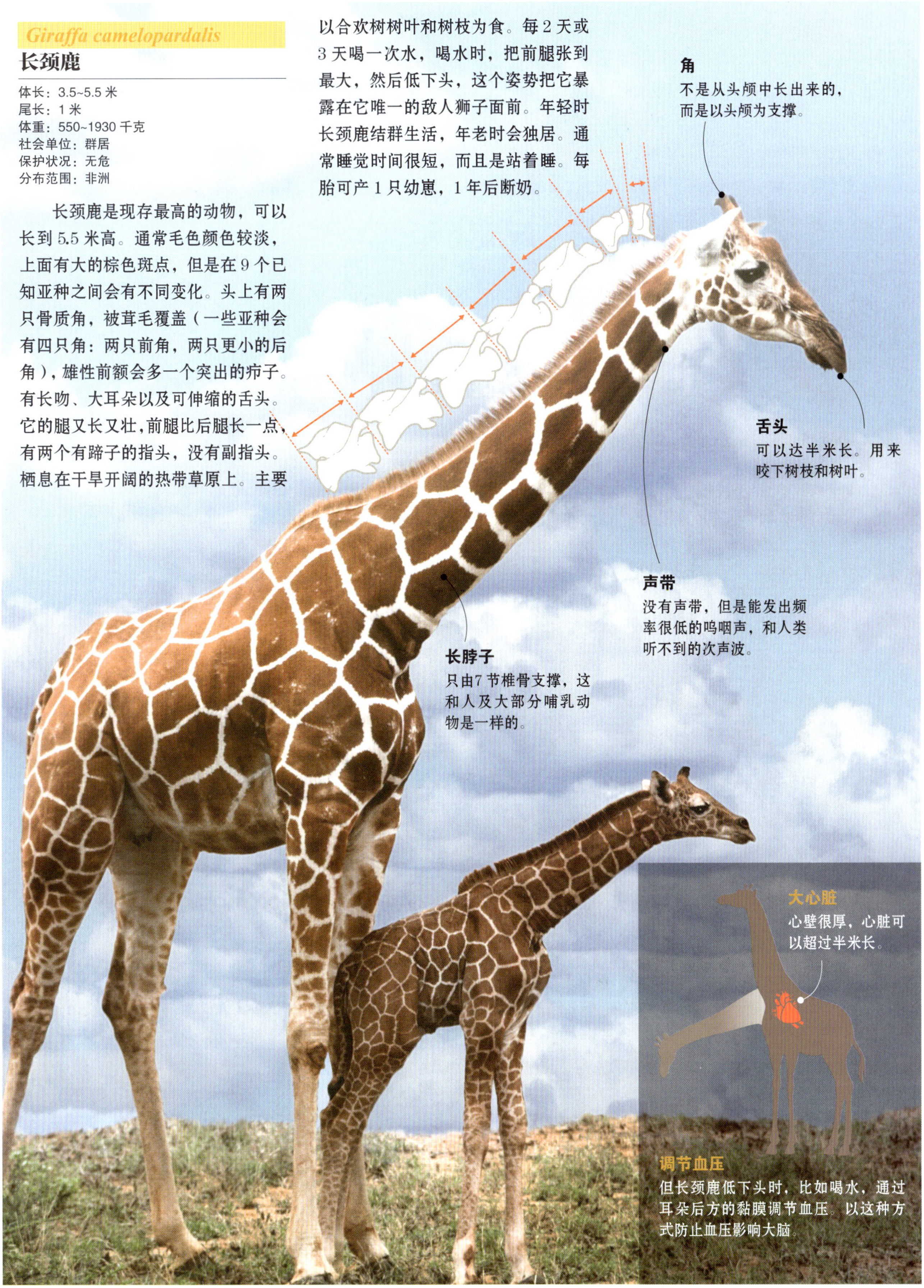

牛科

门：脊索动物门

纲：哺乳纲

目：偶蹄目

科；牛科

种：141

这是现存有蹄动物群中种类最多的，包括牛、山羊、绵羊、羚羊和其他近亲动物。雄性和一些雌性头上有一对角，与鹿不同的是，它们不会换角。所有的种类都是草食动物，没有上门牙。成年动物是反刍动物，有分成4个室的胃。能在各种环境中生活。

Bubalus arnee

水牛

体长：2.4~3 米
尾长：90 厘米
体重：800~1200 千克
社会单位：群居
保护状况：濒危
分布范围：亚洲南部和东南部。引入其他国家

水牛与水体有着密切的联系。它的原生地是河岸林和冲积草原。雌性和幼崽组成10~20只的群体，有些也可以达到100只。相反，成年雄性不太具有社会性。水牛受多种威胁，其中最突出的是竞技性狩猎、农田的扩张和改变水生态系统的水坝。

Pseudoryx nghetinhensis

中南大羚

体长：1.2~1.8 米
尾长：30 厘米
体重：70~100 千克
社会单位：独居和群居
保护状况：极危
分布范围：亚洲东南部（越南和老挝）

研究人员1992年对猎人手中的3只角进行研究，才发现这一物种的存在。毛是栗色或红褐色，脸上有白色的斑点，背部有深色的条纹。它的腿发黑。角长，锋利、光滑，几乎是直的。栖息在300~1800米高的密林中。独居或者结成不超过3只的群体。以河岸附近的蕨类植物和灌木为食。每胎只产1只幼崽。

Tetracerus quadricornis

四角羚

体长：0.8~1.1 米
尾长：15 厘米
体重：17~25 千克
社会单位：独居
保护状况：易危
分布范围：亚洲南部（印度和尼泊尔）

这是唯一有四只角的牛科动物，角短呈圆锥形。毛是棕色的，腿和嘴有深色的条纹。栖息在有树的山区，靠近水的地方。以牧草、灯芯草、叶子和果实为食。这种羚羊是独居的，很少能见到2只以上的羚羊生活在一起。农田扩张破坏了它们所栖息的森林，对它们造成了威胁。这是一种胆小的动物，很难见到野生的四角羚。

Boselaphus tragocamelus

蓝牛羚

体长：1.8~2.1 米
尾长：45 厘米
体重：120~240 千克
社会单位：群居
保护状况：无危
分布范围：亚洲南部（印度、尼泊尔和巴基斯坦）

蓝牛羚是亚洲体形最大的羚羊。同身体的其他部位相比，头很小，颈上有一簇竖起的鬃毛。只有雄性才有角，角是尖的，长约20厘米。它的腿很细。雄性的毛是灰色或蓝灰色，雌性的毛是栗色的。此外，雄性的突出特征是脖子下面有长度超过10厘米的长毛。听觉和视觉发达。栖息在开放的森林中，有时在开放的平原上。日间活动，但是在早上的前几个小时和下午的后几个小时更为活跃。以草为食，也吃树叶和果实。雌性结成10~15只的群体。雄性有领地意识。每胎可产1或2只幼崽，幼崽出生时毛是棕色的。

Syncerus caffer

非洲水牛

体长：1.7~3.4 米
尾长：70 厘米
体重：250~850 千克
社会单位：群居
保护状况：无危
分布范围：撒哈拉以南非洲

非洲水牛的突出特征是体形大，毛色深，但是不同的亚种会有所不同。它们栖息在多种环境中，总是靠近有水源的地方，在水里洗澡，在泥里打滚。食草，具有社会性，可以结成多达 2000 头的群体。通过声音，协调整个群体的行动，发出危险警告。雄性之间通过争斗获得接近雌性的机会，争斗时双方相互打斗、用头顶撞。

Bison bison

美洲野牛

体长：2.1~3.5 米
尾长：80 厘米
体重：350~1000 千克
社会单位：群居
保护状态：近危
分布范围：美国和墨西哥

由于欧洲殖民者的屠杀，19 世纪时美洲野牛处在灭绝的边缘。它的特征是头部、肩部、前腿有大面积的长毛，而身体其他部分的毛要短很多，颜色也淡。有弯曲的短角，雄性用来与对手对抗。尽管体形大，但是跑得很快，也会游泳。听觉异常发达。结成群体，没有领地意识。成年雌性带着它的幼崽形成群体，群体由一头雌性领导。以牧草为食，食物匮乏的季节也会吃苔藓和地衣。每天都会喝水。每年根据季节和能获取的食物量进行迁徙。

Bos mutus

野牦牛

体长：3~3.4 米
尾长：60 厘米
体重：300~1000 千克
社会单位：独居和群居
保护状况：易危
分布范围：亚洲中南部（中国和印度）

直到几年前这种野牦牛和家养牦牛还被认为属于同一种，目前它们被认为是不同的种。内毛柔软，外毛长，颜色深。它的角长在头的两侧，向上弯曲。栖息在非常寒冷多风的海拔高达 5400 米的大荒原。攀缘能手。以牧草、苔藓和地衣为食。可以形成超过 100 个个体的牦牛群。

Bos primigenius taurus

家牛

体长：2.5~3.1 米
尾长：80 厘米
体重：700~1000 千克
社会单位：群居
分布范围：亚洲南部和西南部、欧洲、非洲北部。引入全世界

家牛在 8000 年前被驯化，作为奶、肉和皮的来源。它的毛短，但是冬季变得很浓密。雄性和雌性的角都长在头顶，朝两侧长。雄性为了接近由好几只雌性和幼崽组成的牛群而争斗。它的原生地是开放的森林和草地。

Taurotragus oryx

伊兰羚羊

体长：2~3.45 米
尾长：50 厘米
体重：300~940 千克
社会单位：群居
保护状况：无危
分布范围：非洲东部与南部

伊兰羚羊是长得最像牛的一种羚羊。它们的角呈螺旋状，可达 1.2 米长。毛是褐色或者褐色到淡灰色（老年雄性为蓝褐色），脊背有一道黑色的条纹。驼峰长在背上。背上还长着小的近似白色的纵向条纹。在所有反刍动物中，它们征服了最多样的环境，从半荒漠、草原、森林到海拔高达 4900 米的山区。为了寻找食物长途跋涉，能很长时间不喝水。可以暂时组成超过 100 个个体的群体。每胎可产 1 只重 36 千克的幼崽，6 个月断奶。人类为了获取肉、皮和奶而驯养它们。

Tragelaphus eurycerus

紫羚

体长：1.7~2.5 米
尾长：80 厘米
体重：210~405 千克
社会单位：独居和群居
保护状况：近危
分布范围：非洲西部与中部

紫羚是森林羚羊中最大的一种。毛呈栗色，身上有白色的纵向条纹，腿上有白色的斑纹，前腿更明显，这一特征使它不易与其他动物混淆。它的角呈里拉琴状。通常先在泥水坑里打滚，然后在树上摩擦身体和角。栖息在低地森林和海拔 3000 米以上的山地森林中。雌性组成多达 50 个个体的群体。

Tragelaphus strepsiceros

扭角林羚

体长：1.85~2.45 米
尾长：45 厘米
体重：120~315 千克
社会单位：群居
保护状况：无危
分布范围：非洲东部与南部

扭角林羚生活在多种栖息地中，只要能在捕猎者面前找到保护地的地方它们都可以生活。它们是这一科动物中长得最高的，根据性别分开组群，只有繁殖期才会聚集在一起。以多种树叶、草、花和果实为食。幼崽在雨季出生，前 2 周内受母亲保护，直到和群体的其他成员融合在一起，在群体里待 2~3 年，直至形成自己的群体。

Tragelaphus spekeii

林羚

体长：1.15~1.7 米
尾长：25 厘米
体重：50~125 千克
社会单位：独居和群居
保护状况：无危
分布范围：非洲西部与中部

林羚生活在沼泽和泥塘中。又长又尖的蹄子使它们能轻松地在烂泥中行走。它们还是游泳“高手”，为了躲避捕猎者，它们可以完全潜入水中，只露出眼睛和鼻子。以草、灌木树叶和水生植物为食，白天、晚上都很活跃。雄性的角呈螺旋状，有沟纹。雌性独居或结成有 2~3 个个体的群体。

Cephalophus silvicultor

黄背小羚羊

体长：1.5~1.9 米
尾长：20 厘米
体重：45~80 千克
社会单位：独居和成对
保护状况：无危
分布范围：非洲西部与中部

黄背小羚羊的毛是深棕色至黑色的，背部有一块明显的黄色斑纹。它的角长 20 厘米，角尖轻微向后弯。夜间更为活跃。雄性和雌性都有领地意识。通过声音很大的咩咩的叫声和哼叫声进行交流。以果实、草、树叶、种子和真菌类植物为食。在上颌和每个蹄的后面都有香腺，用来标记领地，交流繁殖状况，确定社会关系。妊娠期为 7 个月，每胎可产 1 只幼崽，产 2 只的情况非常少见。幼崽出生时重约 2.5 千克。

危险警报
当受到威胁时，黄背小羚羊会把背部的黄毛竖起，发出尖叫声。

Ourebia ourebia

侏羚

体长：0.92~1.4 米
尾长：10 厘米
体重：14~21 千克
社会单位：成对和群居
保护状况：无危
分布范围：撒哈拉以南非洲

侏羚的细毛呈淡黄色至红色，像丝般柔软，腹部是白色的。耳朵下面有一块明显的深色斑点。雄性的角是环状的，又小又尖。栖息在草原、冲积河谷和开放的牧场。以牧草和灌木叶为食。成对或结成多达 7 个个体的群体生活。雄性帮助养育幼崽。人类为获取它的肉而对其大量捕杀，加上领地面积的减少，使侏羚的分布更加分散。

腿
又细又长，非常适合在牧草之间行走。

Sylvicapra grimmia

灰小羚羊

体长：0.7~1.15 米
尾长：15 厘米
体重：12~25 千克
社会单位：独居、成对
保护状况：无危
分布范围：非洲中部与南部

灰小羚羊是在非洲分布最广的一种羚羊。有 10 厘米长的小角，角尖锋利。它们的特征是前额上的一撮毛，嘴上有一道黑毛，还有尖尖的大耳朵。毛是灰色的，或是偏红的黄色，身体下侧是白色的，毛色根据个体的栖息地不同而变化。这是森林草原的特有物种，在其他多种环境中，如从开放地区到山地地区也能看到它们的身影。有领地意识，不管是雄性还是雌性都会驱逐入侵者。以树叶、草、果实和种子为食。在一天中最为凉爽的几个小时内比较活跃，天气热时，在阴凉处休息。结成繁殖伴侣，可以在一年中的任何时期进行交配。妊娠期大约为 6 个月，每胎可产 1 只幼崽，很少情况下是 2 只。6 个月时体形达到成年羚羊大小。

Madoqua kirkii

柯氏犬羚

体长：52~72 厘米
尾长：5 厘米
体重：4~7 千克
社会单位：成对
保护状况：无危
分布范围：非洲东部与西南部

柯氏犬羚的俗名指的是察觉危险时发出的叫声的拟声词，就像“斯克，斯克”或者“迪克，迪克”。毛发柔软，呈红褐色或者灰褐色。成对生活，非常团结。用存储的排泄物和位于眼睛前腺分泌物标记领地范围。只有雄性会赶跑入侵者，甚至是赶跑其他雌性。雌性每胎只产1只幼崽，并且会把它藏20天左右，6周后断奶。在一些地区，柯氏犬羚遭到大量的猎杀，它的皮毛被用来做成手套。最大的威胁来自农田和人类住宅面积的扩张。

独有的特征
只有雄性长角，角基结实呈环状。

Oreotragus oreotragus

山羚

体长：0.7~1.15 米
尾长：7~10 厘米
体重：10~18 千克
社会单位：成对
保护状况：无危
分布范围：非洲东部、中部与南部

山羚的小蹄子使它能在陡峭的多岩石地区轻松跳跃。背部的毛为橄榄黄色，腹部近似白色。雄性有角，极少情况下雌性长小小的直角。成对和幼崽生活在一起，有划定范围的领地。夫妻的一方负责放哨，一有风吹草动，它们就会通过尖锐的叫声向其他成员报警。

Redunca redunca

苇羚

体长：1~1.35 米
尾长：20 厘米
体重：35~65 千克
社会单位：独居和群居
保护状况：无危
分布范围：非洲西部至东部

苇羚是一种体形中等的羚羊，生活在有牧草的潮湿草原和冲积平原上。居住在靠近水源的地方，但不会进入水中。耳朵下方有一个突出的灰色斑点，这个斑点和香腺有关。在旱季组成包括雄性、雌性和幼崽的群体。用“嘎吱嘎吱”声和“沙沙”声发出警报，会标记领地。在繁殖期建立联系。

Kobus leche

驴羚

体长：1.3~1.8 米
尾长：40 厘米
体重：60~130 千克
社会单位：群居
保护状况：无危
分布范围：非洲南部

驴羚的毛又长又厚，颜色从栗色到黑色，身体下侧为白色。只有雄性长角，角呈螺旋状，有横向的突出物。生活在冲积平原和沼泽地，是游泳“高手”。以生长在冲积平原的各种牧草和水生植物为食。吃水生植物时，水可以浸到肩部。妊娠期为7个月，每胎可产1只幼崽。

Kobus ellipsiprymnus

水羚

体长：1.75~2.35 米
尾长：40 厘米
体重：160~300 千克
社会单位：群居
保护状况：无危
分布范围：撒哈拉以南非洲

水羚是最重的一种羚羊。毛又厚又长，且浓密。它环状的角长达1米。栖息在森林草原靠近水源的地方。面临危险时，潜入水中，游泳逃跑或者隐藏自己，只把嘴露在外面。年轻雄性组成达5个个体的群体，而成年雄性则组成由一只雄性首领、几只雌性和它们的幼崽构成的小群体。

Aepyceros melampus

高角羚

体长：1.2~1.6 米
尾长：40 厘米
体重：40~80 千克
社会单位：群居
保护状况：无危
分布范围：非洲东部与南部

高角羚可能是所有羚羊中最苗条的。跑得快，跳得高。跳跃的时候，把后腿完全展开。有时候会从灌木和其他高角羚身上跳过。栖息在开放的森林和草原上，以草本植物、叶子、牧草和果实为食。白天、晚上都活跃，进食休息交替进行。它与众不同的地方是发情期雄性和幼崽不断发出的声音，以及整个群体在逃避危险时发出的声音，就像小的爆炸声。雌性及其幼崽和一只或多只雄性组成达 100 个个体的群体。同时也会形成大约有 60 只年轻雄性的群体。在旱季，羚羊群是混杂的。

Alcelaphus buselaphus

狷羚

体长：1.6~2.15 米
尾长：60 厘米
体重：115~215 千克
社会单位：群居
保护状况：无危
分布范围：非洲西部、东部与南部

狷羚的特征是长长的头、细细的腿，有一簇尾毛的尾巴以及眼睛下方明显的腺体。环状的角像里拉琴，角在肉冠处相交，向上延伸。它的毛为栗色到灰色。生活在干旱的草原和牧场，这些地方给它提供了食用的坚硬牧草。可以组成 4 种社会群体：雄性首领和雌性以及幼崽；雄性、雌性和幼崽；3 或 4 只年轻雄性；1 只独居的老年雄性，这是最奇怪的。

Beatragus hunteri

亨氏牛羚

体长：1.2~2 米
尾长：40 厘米
体重：80~118 千克
社会单位：独居和群居
保护状况：极危
分布范围：肯尼亚

亨氏牛羚也称为“四眼狷羚”，这是因为它们位于嘴上端的明显的眶下腺，并用此来标记领地。栖息在树木稀疏的草原，组成由一只成年雄性领导的包括 5~40 只雌性的群体。成熟的雄性独居，通过与其他雄性争斗获取接近雌性的机会，通过展示力量的姿势和用角的争斗来进行对抗。妊娠期持续 7~8 个月，随后产下 1 只幼崽，极少情况下是 2 只。雌性在 2~3 岁之间性成熟。雄性直到长得足够大、拥有领导地位、能对抗其他雄性时，才进行交配。

保护

亨氏牛羚是非洲受到威胁最严重的动物之一：阿拉瓦乐国家公园和察沃国家公园（肯尼亚）只剩500 只。

Connochaetes taurinus

斑纹角马

体长：1.7~2.4 米
尾长：1 米
体重：140~290 千克
社会单位：群居
保护状况：无危
分布范围：非洲东部与南部

身体健壮，四肢细长，头大吻长，角像牛角，肩部比臀部高。毛是银灰色，脸中间有一撮黑色的毛，另一撮黑毛在颈下，直立的鬃毛，长尾巴。生活在有开阔的草原和靠近水源的平原地区。斑纹角马主要吃牧草，有时也会吃多汁的植物和几种灌木。早上前几个小时和下午后几个小时活跃，这是一种避开炎热时段的策略。为了寻找牧草，会进行数百千米的迁徙。在迁徙过程中，穿过河流时，易受鳄鱼的攻击。成年雄性结成的群体在繁殖期会解体，繁殖期它们会确立自己的领地。在旱季，会组成不分性别、年龄的大群体。在雨季开始时产下 1 只幼崽。几乎所有的雌性都会在 2~3 周内分娩。幼崽出生 6 分钟后就能站立。

食物
吃所有种类的牧草，如果找不到其他食物，也会吃多种树叶。需要每天喝水。

大群体
斑纹角马会聚集形成包括数千或者更多个体的群体。这种群体只在旱季形成，包括雄性、雌性和它们的幼崽。

Addax nasomaculatus

旋角羚

体长：1.2~1.75 米
尾长：35 厘米
体重：60~135 千克
社会单位：群居
保护状况：极危
分布范围：非洲西北部

旋角羚是大型的有蹄动物，适应了荒漠和半荒漠的环境。它的角长，呈环状，螺旋弯曲多达 3 次。像南非剑羚一样，与其他羚羊不同的是，和同类结成群体，中午为了躲避炎热，在树荫下休息。一个群中有 4 只旋角羚，但在过去一个群中的数量要多得多。

保护

由于狩猎和干旱而受严重的威胁。据估计，它们的总数量不超过300 只。

Damaliscus lunatus

转角牛羚

体长：1.5~2.3 米
尾长：40 厘米
体重：75~160 千克
社会单位：群居
保护状况：无危
分布范围：撒哈拉以南非洲

转角牛羚的头细长，有环状的角，弯曲成“L”状。前额和嘴上的黑色大条纹非常明显。聚集在牧草丰盛的地区。用尿等排泄物、腺分泌物和地面上的突出物来划定领地范围。迁徙时，为了征服 1 只雌性，几只雄性相互竞争，如果是一雄多雌，则在雄性的领地内进行繁殖。

Oryx gazella

南非剑羚

体长：1.8~1.95 米
尾长：45 厘米
体重：180~240 千克
社会单位：群居
保护状况：无危
分布范围：非洲南部

南非剑羚是一种体形大的羚羊，比较突出的是差别明显的毛色。毛色整体是灰色或棕色。一道宽的横向条纹覆盖在肋部下侧。雌雄两性都有又长又直的角。栖息在干旱的沙漠地区。它们在这种地区存活下来的一种策略就是领地意识不强。这样可以和同伴在正午时一起享用树荫。

Hippotragus equinus

马羚

体长：1.9~2.4 米
尾长：45 厘米
体重：223~300 千克
社会单位：独居和群居
保护状况：无危
分布范围：撒哈拉以南非洲

马羚是一种大型羚羊，因为长得像马而被人认识。除了腹部是白色的外，其他地方的毛都是棕色至红色的。有一个明显的黑、白色的毛做的“面具”。雌雄颈部都有直立的鬃毛及颌毛。角是黑色环状的，朝后弯曲。它们栖息在森林草原和牧场靠近水源的地方。一天需喝 2 次水。结成小群体。

Hippotragus niger

黑马羚

体长：1.9~2.55 米
尾长：60 厘米
体重：200~270 千克
社会单位：独居和群居
保护状况：无危
分布范围：撒哈拉以南非洲

黑马羚体形大，总体长得像马。成年雄性的毛发乌黑发亮，面部是白色的，面颊上有黑色的条纹。雌雄都有粗且长的角，长达 1.6 米，向后弯曲，上面有很多的圈。栖息在热带草原和热带灌木林。旱季时可组成由 30 个以上个体构成的群体。雌性把幼崽藏起来 2~3 周。

Eudorcas thomsonii

汤氏瞪羚

体长：0.8~1.2 米
尾长：20 厘米
体重：15~35 千克
社会单位：群居
保护状况：近危
分布范围：非洲东部

与众不同

臀部的白色没延伸到尾巴上。

栖息在肯尼亚和坦桑尼亚的草原上。主要以牧草为食，在旱季也会吃其他草本植物和果实。雨季开始后，当牧草开始生长时，大批汤氏瞪羚会聚集在一起，形成包括雌雄两性的群。雄性确立小面积的领地，直径不超过 300 米，会积极保护领地。如果它们的领地和其他有蹄动物重合，则会一起分享牧草。非常耐渴，因此可以在干旱的平原生活很长时间，那时其他有蹄动物都已经出发去寻找湿润的土地了。这一物种受到旅游、外来物种、火灾、修建公路和其他因素的威胁。

繁殖

汤氏瞪羚是少数的一年能繁殖2 次的牛科动物。

逃离捕猎者

汤氏瞪羚是大型猫科动物、鬣狗、豺的主要猎物之一。在广阔的草原上，它唯一的防御方式就是奔跑。跑得非常快，凭借它们的耐力以及突然改变方向的能力可以成功摆脱天敌。

角

环状的长角，角尖轻微弯曲。用来和其他雄性争斗以及防御小的捕猎者。

眶前腺

眼前有腺体，用腺分泌物标记领地。

头部

喉部和耳朵内部的颜色与眼睛周围的颜色是一样的，都是白色。

毛发

背部颜色淡红，腹部和四肢内侧是白色的。突出的是两侧肋部的一道黑色条纹，条纹一直延伸至两腿根部。

25%

这是在约20 年内汤氏瞪羚数量减少的比例。

跃入空中

这是通知捕猎者它们已经被发现的动作。

视觉效果

汤氏瞪羚是安静的动物，通过眼神与同伴进行交流。跳跃时翘起尾巴，露出白色的屁股：在群体中，这一动作产生一种波状的视觉效果，和跃入空中这一动作一样，也是通知捕猎者。

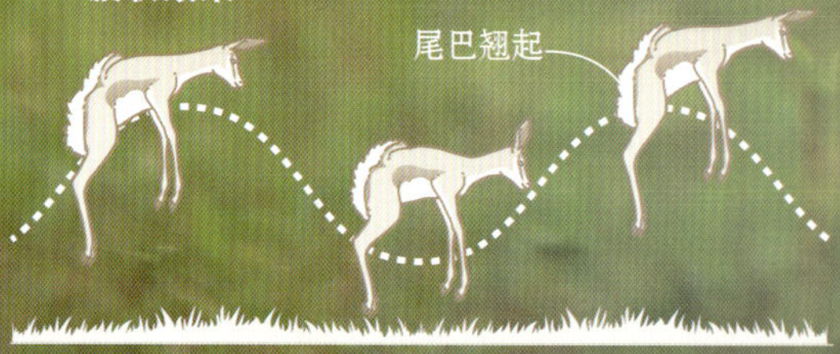

对敌

当结成小群体时，汤氏瞪羚对潜在的危险十分警觉。能察觉邻近的捕猎者什么时候准备进攻、什么时候还没准备好。因此，有时候这些草食动物会明目张胆地靠近捕猎者。

捕猎者埋伏以待

汤氏瞪羚远离捕猎者至少需要30米来进行逃脱，以便在奔跑中获取优势。

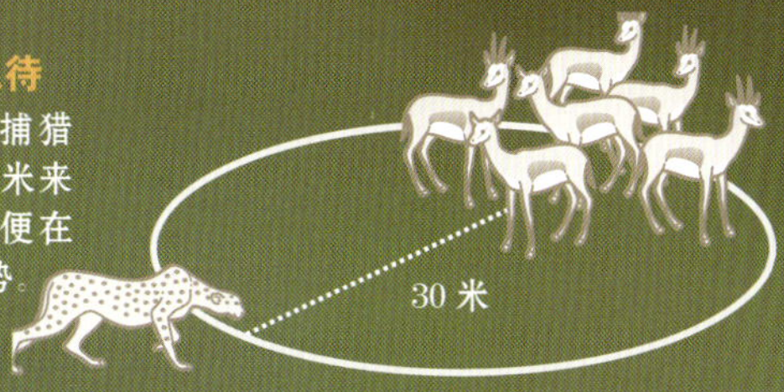

捕猎者没有进攻意图

汤氏瞪羚可以靠近，而且没有被攻击的危险。

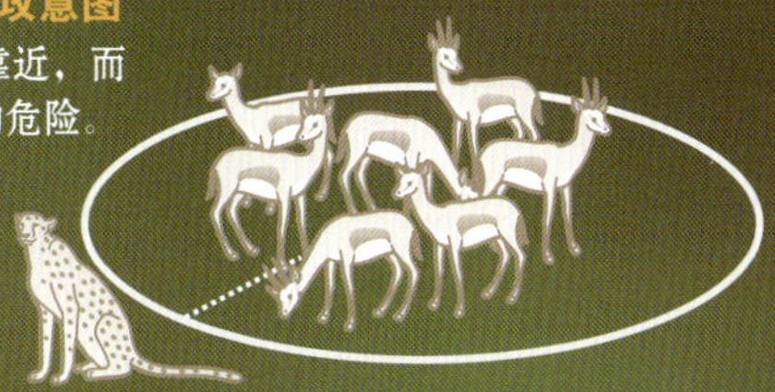

短尾
上面覆盖着黑色的毛，尾巴在不断地摇动。

腿
可以跑得比它们的一些捕猎者还要快。面对猞猁时却不是这样，能摆脱猞猁是因为它们能在更长时间内保持高速奔跑。

不是全靠速度
突然改变方向使得捕猎者晕头转向，在长时间的追捕过程中，捕猎者会筋疲力尽。

虽然被围困……

80 千米/时
在追捕过程中，汤氏瞪羚可达到的速度，或许跑得更快。

……但是能躲开捕猎者。

Gazella granti

葛氏瞪羚

体长：1.4~1.66 米
尾长：25 厘米
体重：38~81 千克
社会单位：群居
保护状况：无危
分布范围：非洲东部

葛氏瞪羚的显著特征是雌雄身上皆有的穿过屁股的纵向黑色条纹。

葛氏瞪羚的社会结构相当灵活：每个群里的雄性领袖可以根据食物和迁移情况进行更换。

发情期，对立的雄性会通过引人注目的表演来吸引雌性。把头高高抬起，快速做着重复动作，随后低下头，角朝前攻击对手。

Gazella leptoceros

细角瞪羚

体长：1~1.1 米
尾长：20 厘米
体重：14~18 千克
社会单位：群居
保护状况：濒危
分布范围：撒哈拉和萨赫勒地区

细角瞪羚是流浪性动物，它的迁移由草、灌木和其他多汁植物的获取量决定。它能从这些食物中获取水分，因此不需要喝水也能生存。一只领头雄性和 2~9 只雌性组成一个群体。年轻雄性组成瞪羚群体，直到成熟，能为雌性而争斗。妊娠期为 156~169 天，在 1 月份和 2 月份分娩，每胎可产 1 只幼崽，产 2 只的情况比较罕见。

Gazella bennetti

印度瞪羚

体长：80~95 厘米
尾长：10 厘米
体重：18~23 千克
社会单位：独居或群居
保护状况：无危
分布范围：亚洲南部（印度、伊朗和巴基斯坦）

印度瞪羚栖息在平原的干旱地区、丘陵和灌木丛甚至是沙漠中。在冬季，当牧草变黄时，它的毛色会变淡。颜色变化的同步性使它能躲开捕猎者。以在沙漠和其他荒凉地区获取的少量的草为食，有时候会用蹄子把草挖出来，这一行为使它具有与其他动物相比的竞争优势。

Nanger dama

苍羚

体长：1.4~1.65 米
尾长：30 厘米
体重：40~75 千克
社会单位：群居
保护状况：极危
分布范围：撒哈拉和萨赫勒地区（邻近撒哈拉沙漠南部边缘的地带）

苍羚是大型瞪羚，面临着灭绝的危险。如今剩下不到 500 只。主要原因是狩猎，另外还有沙漠化、与家畜之间的竞争及栖息地的流失等原因。它的毛色有红有白。群体进行迁徙，一个群体中有数百个个体。旱季向南迁徙，雨季开始时向北迁徙。

Gazella dorcas

小鹿瞪羚

体长：0.9~1.1 米
尾长：20 厘米
体重：15~20 千克
社会单位：群居
保护状况：易危
分布范围：非洲北部和中东地区

小鹿瞪羚栖息在干草原、草甸草原、旱谷（干涸的河道）和绿洲，在这些地方能获取树叶、花朵、灌木以及合欢树的荚果等食物。毛色根据栖息地的不同而不同：在撒哈拉北部的是红褐色，在红海的是淡红色。可以一生不喝水，因其可从吃下的植物中获取水分。妊娠期为 6 个月，每胎可产 1 只幼崽，产 2 只的非常罕见。幼崽前 3 个月喝母乳。

Litocranius walleri

长颈羚

体长：1.4~1.6 米
尾长：20 厘米
体重：28~52 千克
社会单位：群居
保护状况：近危
分布范围：非洲东部

这种独特的羚羊可以在吃树叶时用强壮的后腿保持站立的姿势。为了保持站立，它的脊椎保持直立，平衡体重。这样，当它把长脖子伸到 2 米多高时，长颈鹿和大象就变成了它仅有的食物竞争者。长颈羚适应了在干旱环境里的生活，只是偶尔会喝水。成年雄性有领地意识。交配是一个真正的仪式。雄性用眶前腺的分泌物来标记雌性，一直跟着它，直到在它的尿液中闻出它已经进入了发情期（这一行为也被称为“裂唇嗅”）。长颈羚的寿命为 10~12 岁，雌性的平均寿命要稍微长一些。

其他动物做不到的事情
可以用两条腿站立，身体保持直立，以够到最高处的树叶和嫩枝。

Antidorcas marsupialis

跳羚

体长：1.2~1.5 米
尾长：25 厘米
体重：20~59 千克
社会单位：群居
保护状况：无危
分布范围：非洲西南部

跳羚是一种生活在非洲大陆最南部的羚羊，当地人把它称作南非小羚羊。它的特征是当受到惊吓或玩耍时，能在空中跳 3.5 米高。主要栖息在荒漠、草原或干旱的牧场。20~50 只聚集成群，有时候可多达 1500 只。可以在一年中的任何时候繁殖，可以把分娩同步到雨季。幼崽出生几分钟后就能走路。在寒冷季节和干旱季节以牧草为食。也会吃花朵、植物块茎和根。缺水时它们会在晚上进食，因为那时露水可使湿度增加。

Rupicapra rupicapra
臆羚

体长：0.9~1.3 米
尾长：4 厘米
体重：24~50 千克
社会单位：群居
保护状况：无危
分布范围：欧洲和中东地区

直直的角、钩子状角尖向后弯是臆羚的突出标志。它是对山区生活适应得最好的动物之一。四肢有力，脚掌上有有弹性的肉垫，踩在凹凸不平的地面上也会很平稳。身上的两层毛能很好地抵御低温。在极端环境下，它们15 天不进食也能存活下来。

攀缘“高手”
在岩石间行动非常敏捷，每一次能跳2 米高。

Naemorhedus goral
斑羚

体长：0.95~1.3 米
尾长：20 厘米
体重：35~42 千克
社会单位：群居
保护状况：近危
分布范围：喜马拉雅山

斑羚有两层毛：浓密的内毛被一层棕灰色的更长的毛覆盖。雄性和雌性的区别在于雄性身上有半竖立的深色短鬃毛。雄性用它们利器般的角进行防御，试图把它们插入对手的肋部。视觉敏锐，能在吃草的同时发现捕猎者的出现。栖息在喜马拉雅山海拔高达4000 米的森林中以及被灌木覆盖的山坡上。偶尔会在靠近山崖的地方看见它们。躲藏在岩石缝或者植被中。主要是在暮晨时刻活动。会用哼声、沙沙声、喷嚏声向同群的其他斑羚报警。取食范围广泛，包括嫩枝、叶子、茎、根、种子、牧草、树皮和真菌类等食物。喜欢喝流动的水。受到的威胁有狩猎、栖息地的破坏和家畜的增加。家畜不仅会和它们竞争食物，也会传播多种疾病。

Oreamnos americanus
雪羊

体长：1.4~1.6 米
尾长：20 厘米
体重：57~81 千克
社会单位：群居，极少独居
保护状况：无危
分布范围：美国阿拉斯加州至蒙大拿州、爱达荷州和俄勒冈州

雪羊身体健壮，身上有两层浓密的毛，白色的外毛更长、更密。雌雄两性都有角、一个小小的驼峰和须。蹄子上有坚硬的蹄甲，内部长有柔软的多孔的肉垫，当踩在岩石和冰面上时，抓力会增加。

白色
白色的浓密的皮毛很显眼。

Budorcas taxicolor

羚牛

体长：1.7~2.2 米
尾长：15 厘米
体重：150~400 千克
社会单位：群居
保护状况：易危
分布范围：喜马拉雅山和中国中南部

羚牛是这一群体中体形最大的一种，和其他羚羊不同的是，它全身分泌一种含油的刺鼻物质。它的腿上有 2 个脚趾，每一个脚趾上都有大蹄甲，球节非常发达。除了吃草之外，也会从多种矿物中获取盐。

Saiga tatarica

高鼻羚羊

体长：1.08~1.46 米
尾长：10 厘米
体重：21~51 千克
社会单位：群居
保护状况：极危
分布范围：伏尔加河至蒙古

尽管把高鼻羚羊当作是羚羊，但因为它头部的形状，目前分类依然有争议。它的特征是吻部细长，鼻子朝下，看起来像小的象鼻子。鼻孔向下，被毛覆盖，有腺体和带黏膜的囊，这些特征能在吸入的冷空气到达肺之前，温暖、湿润空气。只有雄性有角，角长长的呈环状。它们栖息在干旱的草原。进行迁徙时，很多个体结成群体。为了接近雌性，雄性之间会进行激烈的斗争，有些斗争的结果是致命的。35 年间这一物种的数量从 25 万下降到 5 万。为了获取它的角而进行的非法捕猎是其数量下降的主要原因。

Capricornis sumatraensis

鬣羚

体长：1.4~1.8 米
尾长：15 厘米
体重：50~140 千克
社会单位：独居
保护状况：易危
分布范围：苏门答腊岛、马来西亚、泰国南部

鬣羚的毛发深色且坚硬，多鬃毛。雌雄都有角，个体不同，鬃毛的颜色不同，一般从黑到白。短腿，结实的蹄子有利于在岩石间行走。它是下陡峭斜坡的“专家”。行动笨拙缓慢，但是遇到捕猎者攻击时，会用角进行防卫，可给对方造成致命的伤害。栖息在陡峭的山坡、多岩石地区或森林中，栖息地海拔高约 3000 米。天亮和黄昏时进食。气温较高的时段在山洞或阴凉处休息。具有很强的领地意识。它们会选择一处有充足食物、能提供庇护的地方，用粪便和尿液划定范围。妊娠期为 7 个月，每胎可产 1 只幼崽，极少情况下是 2 只。耕作、砍伐林中灌木林使鬣羚的生存受到威胁。

Ovibos moschatus

麝牛

体长：1.9~2.3 米
尾长：10 厘米
体重：200~410 千克
社会单位：群居
保护状况：无危
分布范围：美国阿拉斯加州、加拿大北部、格陵兰岛

尽管看起来像牛，但是麝牛与山羊和绵羊是近亲。麝牛得名于在交配期雄性身上散发出麝香味。大大的角在额头上几乎连接在一起，形成一个有特色的前额门牌。雌雄都有角，向下生长，角尖稍微弯曲。毛皮由浓密防水的内毛和粗糙的长长的几乎拖到地上的外毛组成。这层毛能很好地抵御潮湿和苔原地区特有的低温。有大大的蹄甲，使它能在雪上行走，而不至于陷下去。这种反刍动物的主要食物有牧草、其他草、苔藓和地衣。夏季利用日照时间长来进食，产生脂肪储备，来度过缺少食物的冬季。妊娠期为 8~9 个月，每胎可产 1 只幼崽，出生几小时后，幼崽就能加入群体中。当受到威胁时，群体成员围成一个圈，把幼崽围在圈里面。

Hemitragus jemlahicus
喜马拉雅塔尔羊

体长：0.9~1.4 米
尾长：12 厘米
体重：60~100 千克
社会单位：群居
保护状况：近危
分布范围：喜马拉雅山

和其他山羊的不同之处在于，喜马拉雅塔尔羊的吻部是光秃秃的，没有须。自肩部起，浓密的长毛垂下来。冬季毛浓密、粗糙，毛色淡红。随着温度上升，多半的毛都会褪掉，毛色变淡。一般由 15~80 只或者更多的雌雄组成群体。在发情期，雄性为了雌性而争斗：把长毛竖起来恐吓对手，头朝下弯，露出角。

Ammotragus lervia
蛮羊

体长：1.3~1.65 米
尾长：20 厘米
体重：40~140 千克
社会单位：群居
保护状况：易危
分布范围：非洲北部

蛮羊是非洲少有的几种山羊中的一种。看起来像绵羊和山羊的混合体。整体颜色是红褐色，腹部为白色。喉部和前腿上部之间有柔软的长毛。角很重，上面有褶皱，向后弯曲。栖息在干旱的多岩石地区。当找不到浓密的植被藏身时，蛮羊就保持不动，和周围的环境融成一体，同时等待危险过去。雄性要比雌性大很多，体重是雌性的 2 倍。为了接近雌性群，雄性会进行激烈的争斗。在对立时，双方相距达 15 米，随后相互靠近直到交锋，使劲用头撞击。在对手还没准备好战斗时，不会攻击它。

Capra walie
西敏羱羊

体长：1.4~1.7 米
尾长：20 厘米
体重：50~125 千克
社会单位：群居
保护状况：濒危
分布范围：埃塞俄比亚北部

西敏羱羊的突出特征是引人注目的毛色：腹部和四肢内部为白色，眼睛周围、四肢外侧和臀部是暗灰色，脸部为栗色，背部是巧克力色。角长 1.1 米，在身体上方形成一个优雅的弓形。栖息在海拔 2500~4500 米之间的山崖和绝壁上，在森林边界之外。只在天气非常恶劣时，才会到森林的高处。

Capra aegagrus
野山羊

体长：1.2~1.6 米
尾长：20 厘米
体重：25~95 千克
社会单位：群居
保护状态：易危
分布范围：亚洲西部

野山羊栖息在露出岩石的山区、灌木丛或针叶林中。它的毛色集褐色、栗色、灰色和银色为一体，脸前方有一块是黑色的。夏季毛色更红。也被称作结石山羊，这个名字来源于消化道里的纤维和毛组成的牛黄或结石。在交配期，雄性会分泌一种油性物质吸引雌性。幼崽出生 1 周后断奶。

Ovis orientalis

东方盘羊

体长：1.1~1.45 米
尾长：8 厘米
体重：40~90 千克
社会单位：群居
保护状况：易危
分布范围：亚洲西南部

东方盘羊背部的毛为红棕色，腹部为乳白色。雌雄都有大的弯曲的角。雄性的角长达 65 厘米，在为了接近雌性而进行的争斗中，雄性用角攻击对手。栖息在高海拔地区和有牧草以及灌木的平原。

毛皮

一年之中，根据季节的不同，毛皮颜色在灰色到棕色之间变化。

Capra aegagrus hircus

山羊

体长：1.1~1.5 米
尾长：12 厘米
体重：25~95 千克
社会单位：群居
分布范围：全世界，除了极地地区

山羊最主要的特征是角呈弯刀或军刀形状。考古研究证明，它们估计在 1 万年前被驯化，由于过程长，有很多不同的品种。非常敏捷，善于攀缘。家养山羊主要用于生产奶、肉以及毛皮。

Ovis ammon

盘羊

体长：1.2~2 米
尾长：15 厘米
体重：65~180 千克
社会单位：群居
保护状况：近危
分布范围：亚洲中部

盘羊是野生绵羊中体形最大的一种。雌雄都有角。雄性的角更大，更引人注目，角可达 1.5 米长，形状像开塞钻，朝头两侧生长。老年盘羊的角可以绕一个圈。它们的毛是淡棕色的，背部和四肢有些部分是白色的。一年褪毛 2 次。夏季毛颜色更深，冬季毛更长。栖息在山区、裸露出岩石的地方、高海拔的牧场，很少生活在开放的沙漠里。具有社会性，生活在多达 100 个成员的群里。在交配期，雄性为了雌性群而争斗，争斗很激烈，用它们的头全速撞击。每胎可产 1 或 2 只幼崽，幼崽和母亲一起单独生活数天后同群体分开。幼崽大约 4 个月断奶。

Ovis aries

绵羊

体长：1.2~1.8 米
尾长：12 厘米
体重：45~160 千克
社会单位：群居
分布范围：全世界

牧羊犬

它们结群的本能以及缺乏“领导”意识，因而便于驯养。

绵羊的驯养是在至今 0.9 万 ~1.1 万年，驯养的目的是取其肉、奶、毛和皮。因羊毛上面有油脂物质，所以是防水的。有一种特有的香味被称作羊毛脂，这种羊毛脂是由毛管里的皮脂腺分泌的，提取之后可用于生产美容产品。当绵羊回到野外生活后，绒毛会慢慢褪掉，长出和其他野生种类相似的粗毛。人类已培育出大约 1200 个品种的绵羊，其中 148 个在近 100 年内灭绝。如今在全世界有 1 万亿只以上的家养绵羊，但这加快了很多当地物种灭绝的速度。

国家地理视角

水中生活

游泳传递信息

在水中的不同活动和惊险动作可在配偶之间传递信息。雄性宽吻海豚会通过游泳技术的展示来吸引异性。这也可能是它们的攻击策略，跃起后用尾巴击打对手。

海中漫步者

亚洲象与大海联系紧密。它们下海不仅为了洗澡，还为了长距离游泳，通常由雌性族长或最年长的雌性带队。这里有一个特例：有一只叫拉詹的大象，60年来常在安达曼海游泳，然而，安达曼海并不是它的栖息地。

与大海和谐相处

大海中没有佛罗里达海牛的天敌，而水生植物是它们的主要食物。它们能完美地适应海中生活且是游泳“高手”。它们同一大群棘鬣鱼共同生活在水草丛中，当然也可以生活在河流和运河中。

鲸目

鲸目动物是适应了海洋生活的哺乳动物，其中也有一些物种生活在河口、河流和湖泊中。它们的各种特征均适于水生生活——从修长的身形到可帮助它们调节体温的脂肪层，再到演化成鳍的前肢。

什么是鲸目

虽然5000万年前是陆地动物，但鲸目动物在进化过程中已完全适应了水生生活。鲸和海豚都是恒温动物，用肺呼吸，分娩后用奶水喂养幼崽。它们生活在各个大洋，喜群居，行动机敏。一些物种的保育工作十分困难，因为用于商业用途的非法捕猎猖獗。同时，因为环境污染和声污染的出现，海洋也遭到污染。

门：脊索动物门

纲：哺乳纲

目：鲸目

科：10

种：84

天生的游泳健将

鲸目动物已经完全适应了水生生活。它们用胸鳍改变行进方向，并通过尾巴上下摆动推动自己前进。

鲸目主要分为两个亚目：须鲸亚目，如鲸鱼；齿鲸亚目，如海豚。同人类一样，它们都用肺呼吸，在潜入水底前先吸足空气。它们在水中停留的时间从几秒钟至1小时不等，这样的适应性得益于它们的特殊结构。

同其他哺乳动物不同的是，它们的呼吸方式并非自动呼吸或被动呼吸，而是必须有意识地进行呼吸。所以它们永远不会完全入睡：大脑的一个半球休息，而另一个半球必须保持警觉，才能定期浮到水面上换气。

大约5000万年前（始新世第三纪），鲸目的祖先就开始出现水生和陆生并存的现象。它们的体形越来越符合流体动力学：后足消失，前足变成鳍，尾巴分为两部分。它们不断演化，直至变成水生哺乳动物。

从进化的角度来看，一些流派认为，鲸目的祖先是最早的偶蹄目，因此将它们与有蹄动物一并归入偶蹄目。

栖息地与分布

鲸目动物生活在各种气候条件下，比如白海豚生活在冰山下，而北极鲸则生活在几乎冻结的水域中。有些鲸目动物则会在温带和热带水域间进行迁徙。大多数鲸目动物生活在海洋中，但也有一小群海豚生活在河流中，如亚河豚、恒河江豚和拉普拉塔河豚。

大多数鲸目动物会进行迁徙。比如众所周知的座头鲸会在温带（觅食）和热带（繁衍）之间进行季节性的长距离迁徙，从大西洋一直游到哥斯达黎加和

座头鲸

是鲸目动物中行动最敏捷的物种，用鲸须过滤海水中的物体。

鲸须和牙齿

对鲸目动物的主要区分取决于是否具有鲸须（须鲸亚目）和牙齿（齿鲸亚目）。须鲸具有鲸须；具有牙齿的鲸目动物包括海豚、抹香鲸和大西洋鼠海豚，它们的体形更小、更"短粗"。

须鲸亚目

具有鲸须。鲸须为流苏形的鬃毛板，可以让水通过而留下食物。

齿鲸亚目

具有2~250 颗牙齿。它们以各种鱼类、甲壳类动物和头足纲动物为食，如鱿鱼和章鱼。

宽吻海豚

属于齿鲸亚目，可以用锋利的牙齿捕获猎物。

哥伦比亚。灰鲸则会从美国的阿拉斯加迁徙至墨西哥：在它们长达 40 年的生命中，迁徙的总距离相当于从地球往返月球一趟。在迁徙中它们很少停留，几乎不进食。所以在开始长途旅行前，有一些物种会刻意增加体重，这样才能应对没有食物摄入的几个月用脂肪中储存的能量存活下来。

大小和饮食

须鲸亚目和齿鲸亚目都是肉食动物，只是具体的食物和饮食方式各不相同。须鲸亚目主要以磷虾和甲壳类动物为食，而齿鲸亚目主要以鱼类和甲壳类动物为食。鲸须可作为大型"过滤器"，每个个体的鲸须的大小和数量各不相同。在所有鲸鱼中，灰鲸的鲸须最粗：颌两侧有 130~180 个鲸须板。它们每天摄入 6 吨磷虾和各种甲壳类动物。齿鲸亚目牙齿的形态、分布和数量也各不相同。一些物种只有 2 颗牙，而另一些则多达 250 颗。牙齿的形状可以是锥形、尖形、扁平形或犬齿形。它们用牙齿来抓捕猎物。有的齿鲸动物用牙齿切断食物，有的则直接将猎物吞下，之后再狼吞虎咽，因为它们的牙齿不适合咀嚼。

它们体表有一层厚约 20 厘米的类脂化合物，用于隔离低温；生活在极地附近的鲸目动物，如白海豚或北极鲸的鲸脂更厚（可厚达 50 厘米）。

鲸目动物的体形差异巨大：蓝鲸可长达 30 米（世界上最大的动物），而加湾鼠海豚，一种生活在加州湾的濒临灭绝的齿鲸亚目动物，只能勉强达到 1.5 米。一般而言，须鲸亚目的体形比齿鲸亚目大，只有少数例外，如抹香鲸（一种齿鲸）可长达 20 米。

行为

鲸目中一些物种喜独居（小部分），另一些则会上百尾甚至上千尾聚成一群。一些物种有稳定的"夫妻"关系，另一些物种的交配只为了繁殖，但它们通常会形成等级森严的群体，并有固定的"领导者"。

它们一般群居，且团结互助：如果一头鲸鱼遇到困难或受伤，伙伴们都会前来相助，这也能解释鲸鱼的大规模搁浅现象。即一大群鲸鱼因为来海滩救助一头受伤、迷失方向的鲸鱼，无法回到海中。

鲸目动物有一套复杂的通信系统，即使相距甚远也能发送并接收信号。它们通常对人类很友好，所以人们也很容易捕捞鲸目动物作为商用。

各个物种的潜水深度各不相同：比如拉普拉塔河豚可下潜至 30 米处；一般的海豚可下潜至 100 米处；抹香鲸可下潜至 3000 米的海底，并在海底寻觅它们最喜爱的食物——大鱿鱼。多尔鼠海豚的移动速度可达 55 千米/时，北部大须鲸可达 38 千米/时。

母性本能

鲸目中的雌性妊娠期为 9.5~17 个月，具体取决于各物种。它们在水中分娩，用乳汁喂养并照顾幼崽，有时哺乳期可长达 2 年。它们一次只孕育一头小鲸（很少出现 2 头的情况），等前一头小鲸能独立生活后方可再次受孕，即需等待 2 年左右。雄性和雌性的生殖器官均与人类类似，只是雄性的生殖器官位于体内。这样的体形更符合流体工程学，从而更适应水生生活。

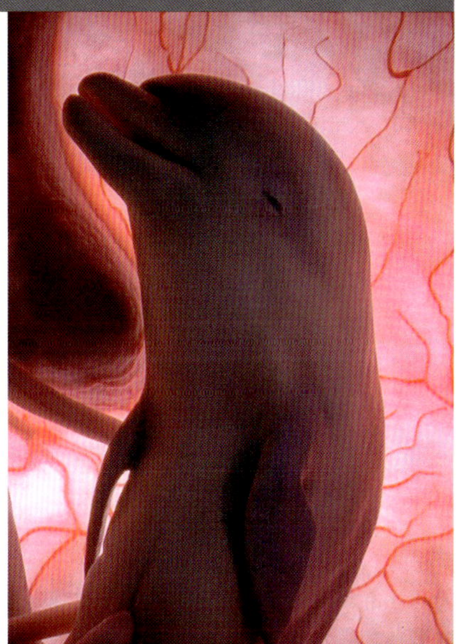

腹中孕育

小宽吻海豚在母亲腹中孕育，11~14 个月后出生时长约1 米、重10~20 千克。

构造

鲸目动物的构造便于它们游泳，而它们的心肺系统则可让它们长时间待在水中。它们下水前会先吸入充足的氧气，潜水时心跳数会减少4倍，氧气利用率比人类高80%。它们在水中分娩并在水中喂养后代。它们利用皮下脂肪层以及鳍和尾部之间的血液交换作用来保持身体恒温。

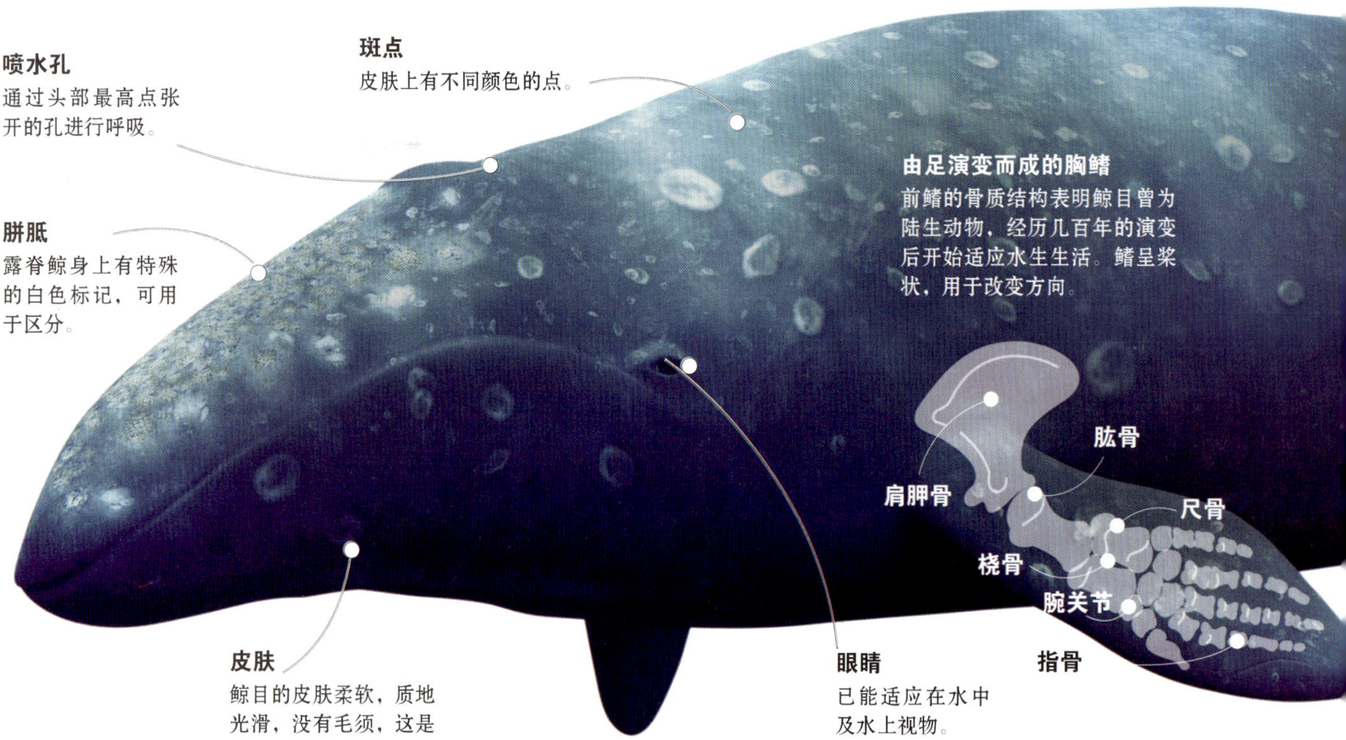

适应

与鱼类在水下呼吸、通过鳃获取氧气不同，鲸目动物的呼吸方式与陆生动物一样。同时它们的心肺器官功能和流线型身体（类似鱼雷）让鲸目动物可以完全适应水生环境。

鲸目动物皮肤柔软、质地光滑而无毛，可将湍急的水流转变为板状水流或“碑状”水流，从而减少阻力，便于行进。它们没有皮脂腺，但有含油物质来保证皮肤的湿度并保护皮肤。它们也没有汗腺，可以用不同的方式来保持体温：一方面，皮下脂肪层可以存储能量和热量；另一方面，鳍和尾部之间的血液交换系统也能保持恒温。其尾部就像一个马达，可让鲸目动物速度飞快地上下游动。与鱼类竖直的尾巴不同，鲸目动物的尾巴与水面平行。

成长

出生伊始，鲸目动物便开始了适应环境的复杂过程：鲸目动物的幼崽出生时臀部先出来，最后才是头部，在分娩期间，幼崽通过脐带呼吸。出生后，母亲会带着幼崽到水面上呼吸。雌性在哺乳期间会侧身漂浮在水中。由于母乳中含有丰富的钙、磷、油脂和蛋白质，幼崽的成长速度很快。

游泳和呼吸

鲸目动物通过位于头部最高点的喷水孔呼吸，其中齿鲸亚目有一个喷水孔，而须鲸亚目有2个。喷水孔与肺部直接相连，当鲸目动物潜入水中时，肺部瓣膜会自动闭合。鲸目动物肺部空气凝结成水气就成了喷出的水柱。由于血液中血红蛋白和肌肉中肌红蛋白浓度高，它们在潜水时可吸入80%的氧气。虽然鲸目动物的听觉很灵敏，但它们却没有可见的耳朵。

大小问题

鲸目是哺乳动物中的一个水生目，但彼此之间差距很大。从加湾鼠海豚（1.5 米）至蓝鲸（30 米），它们的大小各不相同。须鲸的个头比海豚及其他齿鲸大，不过长达 15 米的抹香鲸属于齿鲸亚目。

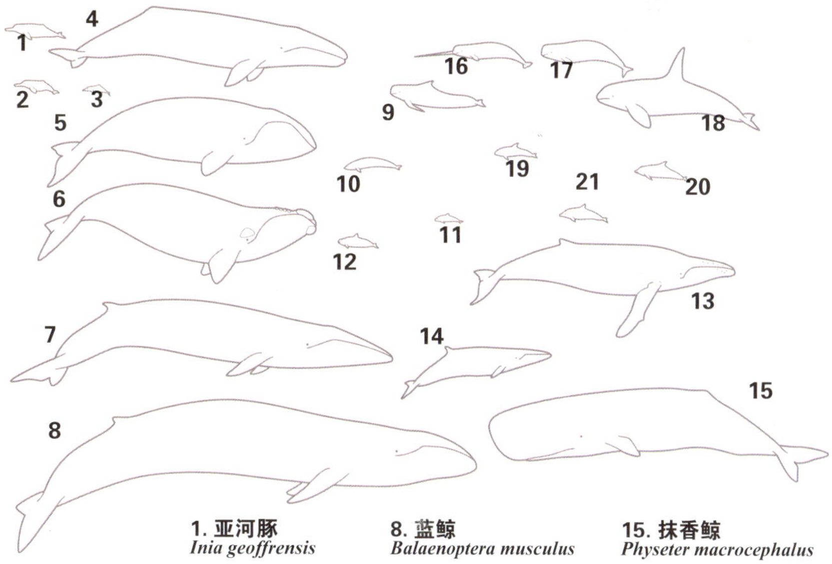

1. **亚河豚** *Inia geoffrensis*
2. **恒河豚** *Platanista gangetica*
3. **拉河豚** *Pontoporia blainvillei*
4. **灰鲸** *Eschrichtius robustus*
5. **北极露脊鲸** *Balaena mysticetus*
6. **南露脊鲸** *Eubalaena australis*
7. **长须鲸** *Balaenoptera physalus*
8. **蓝鲸** *Balaenoptera musculus*
9. **长肢领航鲸** *Globicephala melas*
10. **北露脊海豚** *Lissodelphis borealis*
11. **加湾鼠海豚** *Phocoena sinus*
12. **鼠海豚** *Phocoena phocoena*
13. **座头鲸** *Megaptera novaeangliae*
14. **小鳁鲸** *Balaenoptera acutorostrata*
15. **抹香鲸** *Physeter macrocephalus*
16. **一角鲸** *Monodon monoceros*
17. **白鲸** *Delphinapterus leucas*
18. **虎鲸** *Orcinus orca*
19. **太平洋短吻海豚** *Lagenorhynchus obliquidens*
20. **状鼻海豚** *Tursiops truncates*
21. **条纹原海豚** *Stenella coeruleoalba*

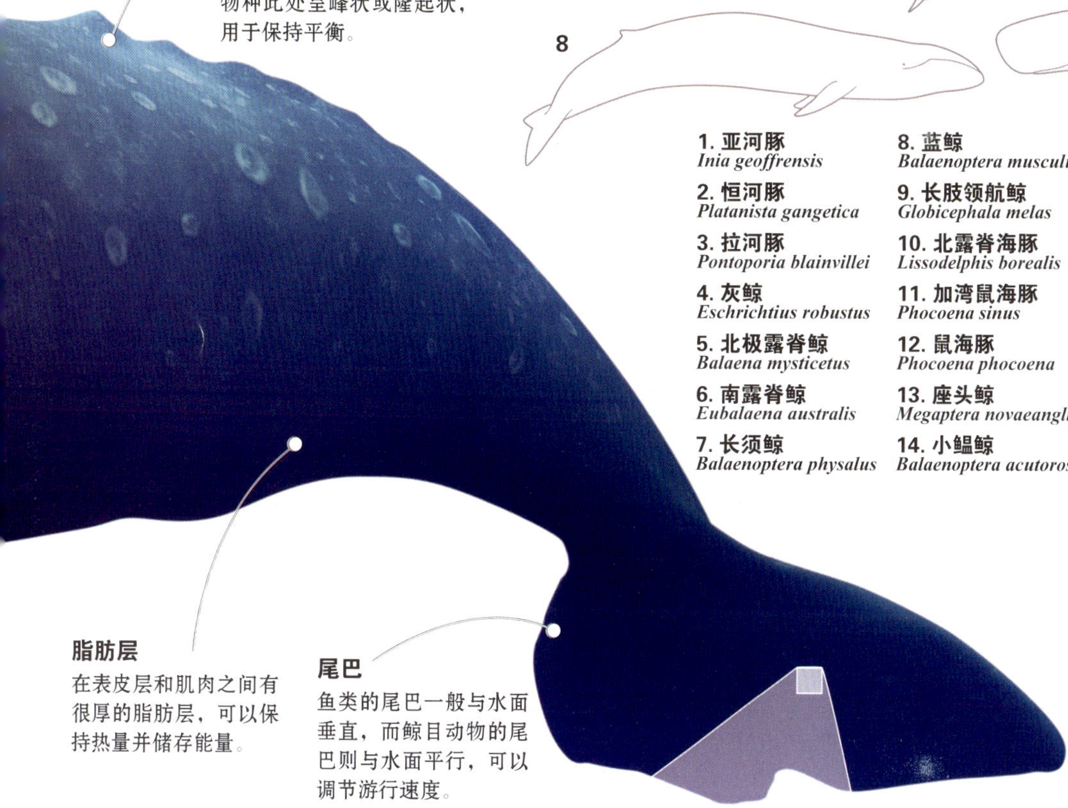

背鳍
背鳍位于身体的后1/3 处，与全身相比体积很小。有些物种此处呈峰状或隆起状，用于保持平衡。

脂肪层
在表皮层和肌肉之间有很厚的脂肪层，可以保持热量并储存能量。

尾巴
鱼类的尾巴一般与水面垂直，而鲸目动物的尾巴则与水面平行，可以调节游行速度。

海底游泳者
虽然体积庞大，但蓝鲸的速度却可高达40 千米/时，当然它们正常的速度只有10 千米/时，所以它们可以长距离游动。

温度调节

相比于它们的体积，大型鲸目动物的体表面积很小，所以它们与周围环境的热量交换也较少。由于小型鲸目动物新陈代谢率极高，可产生内生热量，因此可生活在低温环境中。此外，鲸目动物的鳍和尾巴也有逆流热系统。它们头尾的动脉和静脉相距很近。动脉将血液运输至鳍和尾巴，并将热量传递给静脉。

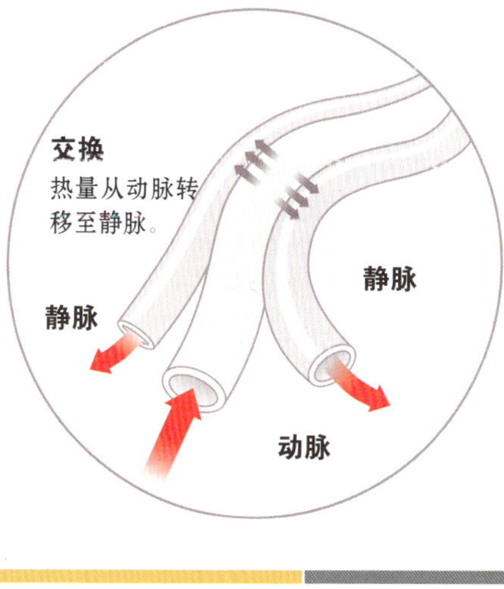

在极地环境中
白鲸（*Delphinapterus leucas*）、北极露脊鲸（*Balaena mysticetus*）或小鳁鲸（*Balaenoptera acutorostrata*）等物种大多数或全部时间生活在南极或北极水域中。

交流

水中最灵敏的感官是触觉和听觉，但除此之外，鲸目动物还有别的感官，如对地球磁场的感应及回声定位。海豚会发出不同的声音进行交流。每只海豚都有独特的口哨声，一生维持不变，可用于寻觅伴侣。

大声叫喊与窃窃私语

鲸目动物不仅拥有惊人的听力，也可发出声音进行进攻和防御。蓝鲸可发出188分贝的声音并传播数千千米，喷气式飞机的涡轮声也不过才140分贝，真可谓自然界最强大的声音。须鲸亚目发出的声音频率较低，听上去像唱歌，座头鲸以其“音乐”天赋闻名。

1.5千米/秒

声波在水中的传播速度是空气中的4.5倍。

2 信息

海豚之间使用低频信号进行沟通，高频信号则类似声呐。

1 发送

空气通过呼吸腔产生声音，并在头颅中产生并扩大回声。这样就能发送更高频率、更密集的声音。

头部

充满低密度类脂化合物的器官，汇集并疏导发出的脉搏，并生成向前的波。

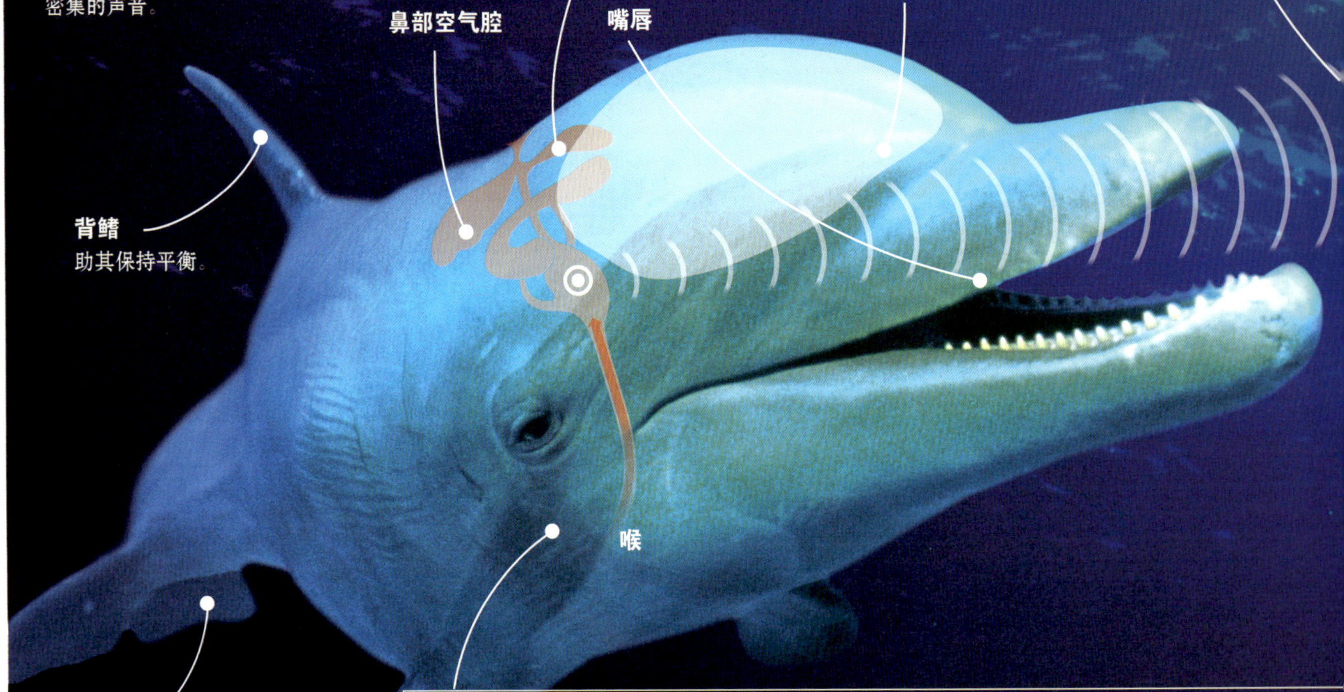

背鳍

助其保持平衡。

尾鳍

与鱼类不同，鳍轴呈水平向，且有推动作用。

胸鳍

有骨质结构，可助其游动。

声音如何产生

有两种传播声音的方式，一种用于交流，即空气以声音的形式从喷水孔发出；另一种为回声定位。

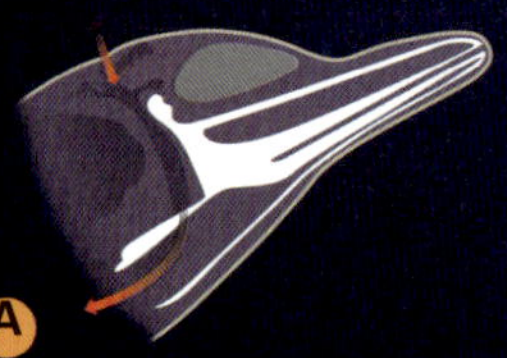

A 吸入

喷水孔打开时空气可进入肺部。

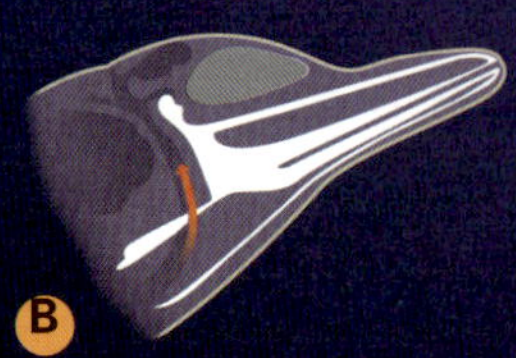

B 屏气

鼻部空气腔随着从肺部回流的空气的聚集而膨胀。

有害的声音

海洋交通、地震和声呐等可以破坏鲸目动物的听力系统，甚至可能导致其死亡。

惊险动作

它们的跳跃和惊险动作有不同的功能，比如表达情绪和进行交配。

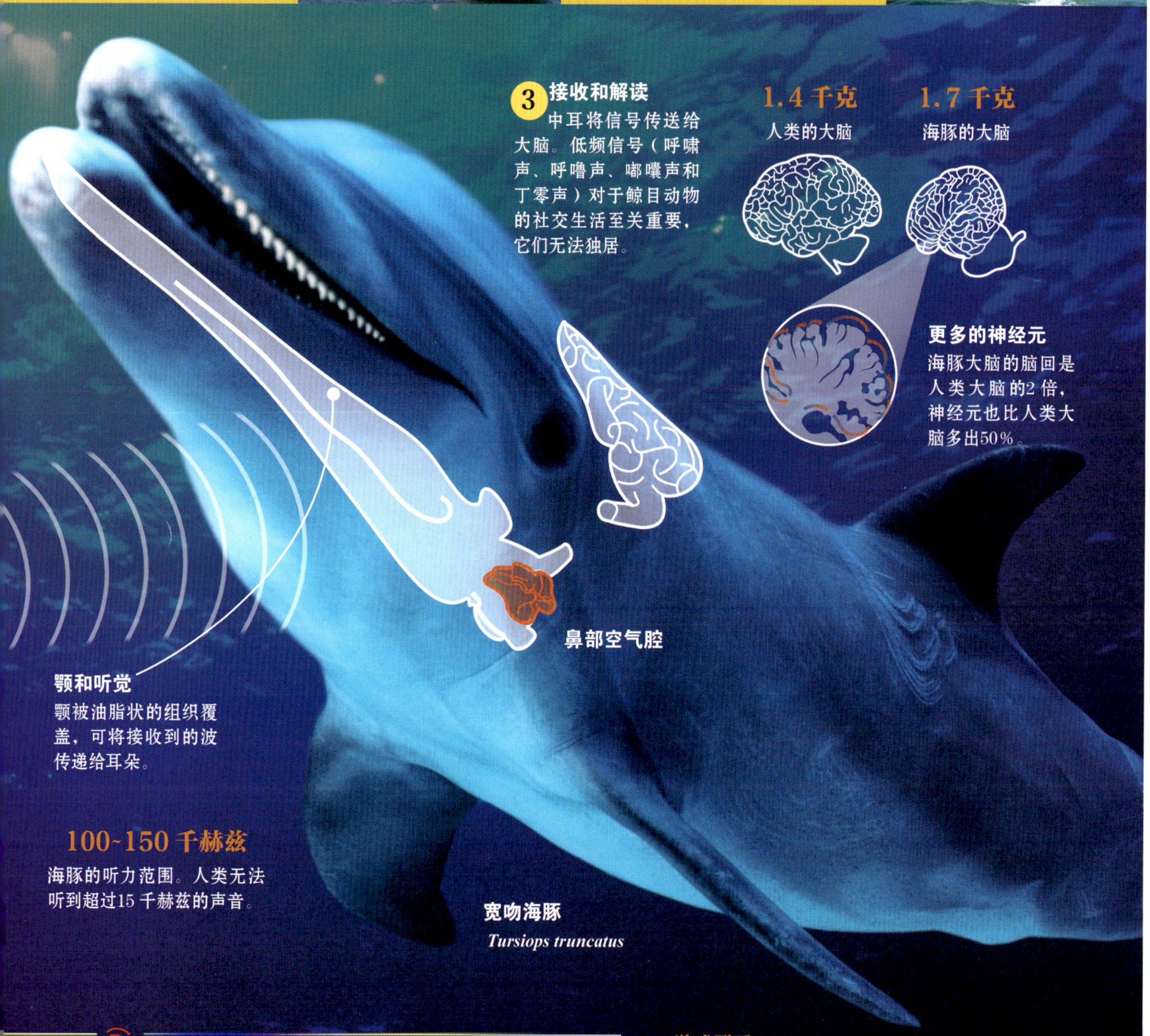

3 接收和解读

中耳将信号传送给大脑。低频信号（呼啸声、呼噜声、嘟囔声和丁零声）对于鲸目动物的社交生活至关重要，它们无法独居。

1.4 千克

人类的大脑

1.7 千克

海豚的大脑

更多的神经元

海豚大脑的脑回是人类大脑的2倍，神经元也比人类大脑多出50%。

鼻部空气腔

颚和听觉

颚被油脂状的组织覆盖，可将接收到的波传递给耳朵。

100~150 千赫兹

海豚的听力范围。人类无法听到超过15 千赫兹的声音。

宽吻海豚

Tursiops truncatus

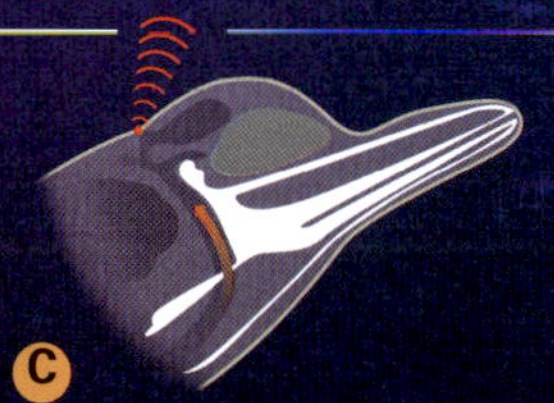

C 呼气

在喷水的压力作用下，鼻部空气腔的空气呼出，从而发出声音。

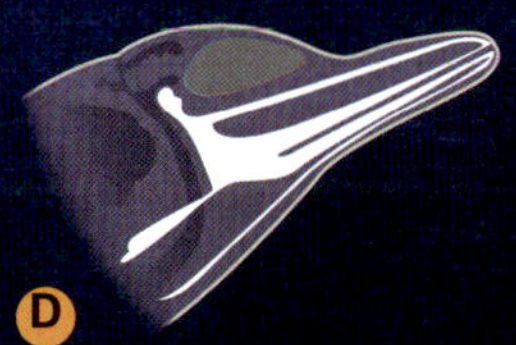

D 重复该过程

鼻部空气腔放气，发声过程可重新开始。

游戏联系

和其他哺乳动物一样，游戏在鲸目动物的社交生活中扮演着重要角色。

受威胁的鲸目动物

鲸目动物面临着非法捕捞、捕鱼网、海洋环境污染及声污染等主要威胁。人们捕捞大型鲸鱼用于出售鱼肉及其他产品，一些物种已开始大量死亡：数量只剩原来的5% ~10%。目前加湾鼠海豚和中国淡水中的一种海豚面临着最大的灭绝风险。

历史记录

捕捞鲸目动物由来已久。格陵兰的因纽特人一直靠捕捞海洋生物为生。公元1000年前后，法国、西班牙沿岸的巴斯克人已初步掌握了用小船出海捕捞南露脊鲸的方法，此时已不仅仅是为了维持生计。当这一类鲸鱼数量下降时，他们甚至远赴北美海岸捕捞其他物种，当时哥伦布尚未发现美洲大陆。近500年来，渔船越来越大、速度越来越快，捕鱼技术也日益精湛。整个鲸目动物屠杀史中，20世纪的破坏力最为巨大。为什么人们对鲸目动物情有独钟？几个世纪以来，人类捕捞鲸目动物是为了利用其椎骨、皮肤、油、脂、腱和须，并食用鲸肉。石油的大量使用开发出更经济的材料，使得捕捞活动日益猖獗：短时间内，人们用新型工具和技术加大了屠宰量。1948年，许多鲸类已濒临灭绝，国际捕鲸委员会（IWC）应运而生，规定禁止进行商业捕捞，但该保育措施并不成功。虽然一些物种的数量在缓慢恢复，但仍有少数国家（尤其是日本和挪威）尚未停止捕捞活动。日本援引“捕捞用于科学研究”的规定继续捕捞。近年来，冰岛的捕捞活动也有抬头之势。

现状

据估计，大型鲸鱼的数量只剩下原来的5% ~10%。其中一些物种，如南露脊鲸，已被世界自然保护联盟认定为“濒危”级。齿鲸亚目中也有受到威胁的物种，如白头吻头海豚也已被认定为“濒危”级。对于小型须鲸亚目而言，最大的威胁来自于渔网。据统计，在过去50年间，海豚最主要的死因是捕捞金枪鱼的渔网。某些物种不断攀升的死亡率是由于海洋和河流污染。人们在南里奥格兰德州（巴西）和阿根廷沿岸的拉普拉塔河豚的胃中发现了尼龙袋、塑料袋和捕鱼的工具。

捕捞导致的威胁
北大西洋露脊鲸也受到海洋声污染的影响。

哥斯达黎加的巨兽

蓝鲸体重 120 吨，体长 30 米，是现存生物中体形最大的。直至 20 世纪初，由于其体形庞大且人类难以接近它们的栖息地，它们有幸能逃离人类的魔爪。但随着鱼叉导弹和快速蒸汽船的发明，它们也不再难以捕捞：在 20 世纪的前几十年，就有 36 万头蓝鲸死亡。到 20 世纪 70 年代中期，人类才开始对蓝鲸实施国际保护。可是蓝鲸的数量并没有立即恢复，其中一个族群仅有 2000 头左右，夏季迁徙至加利福尼亚，冬季则迁徙至哥斯达黎加，是目前的蓝鲸幸存者中最重要的族群之一。

遭遇危险

它们庞大的身躯依然无法逃避海洋中的危险。如与大型船只相撞，蓝鲸可能会遭受致命伤。图为2007 年，一群科学家发现漂浮在海面上的蓝鲸尸体。自20 世纪 90 年代中期起，科学家在哥斯达黎加发现越冬的蓝鲸，他们就开始研究在加利福尼亚沿岸度夏的蓝鲸族群的迁徙状况。

卫星追踪

他们并非是在捕捞蓝鲸，而是科学家们在将卫星探测标签射入蓝鲸体内。这样就可以掌控族群并获取它们的活动信息。

近距离研究

调查显示，冷水的上升给浮游植物带来足够的营养，而浮游植物又能哺养浮游动物，这和蓝鲸体形的大小有重要关联。

须鲸

门：脊索动物门

纲：哺乳纲

目：鲸目

亚目：须鲸亚目

科：4

种：13

鲸鱼被喻为伟大的“游泳者”，一方面是由于它们在水中的活动能力极强，另一方面是由于它们的体形庞大。鲸鱼遍布全世界各大海、大洋，会进行长距离迁徙来寻找适合进食、繁衍、生产和哺育幼崽的环境。须鲸亚目即带须的鲸目动物，有一层材质与人类指甲类似的板，可过滤水中的食物。

Balaenoptera musculus

蓝鲸

体长：25~33 米
体重：120 吨
社会单位：群居
保护状况：濒危
分布范围：除北冰洋外全世界所有大洋

蓝鲸是全世界最大的动物，最长的个体可长达 35 米。目前我们无法确定全世界蓝鲸的数量，应在 1 万 ~2.5 万头之间，仅为 1911 年数量的 11%。

蓝鲸几乎只食用磷虾，平均每天的进食量为 3600 千克，在水面和深海（至 100 米）中均可进食。它们也可下潜至水深 500 米处。它们一般的游泳速度为 22 千米/时，如有必要，也可达到 48 千米/时。它们可潜水 10~20 分钟。

大多数蓝鲸需进行迁徙，也有一些可全年留守同一地点。它们的寿命可长达 110 年。

Eubalaena australis

南露脊鲸

体长：12~18 米
体重：36~72 吨
社会单位：群居
保护状况：无危
分布范围：南极区域

研究人员利用它们背部的胼胝来识别南露脊鲸，并研究它们的饮食、繁衍、迁徙、沟通和行为特征。

夏季，南露脊鲸迁徙至它们栖息地的南部区域，此处有它们的主食——大量浮游生物。到冬春季，它们会向北迁徙。它们的行进速度仅为 8 千米/时，因此极易被捕鲸船捕捉。它们在迁徙期间通常单独行动，或者由母亲带着幼崽；在繁衍地则会形成较大的族群。妊娠期为 11~12 个月，每 3 年可分娩 1 次，哺乳期为 1 年。

Megaptera novaeangliae

座头鲸

体长：12~15 米
体重：35 吨
社会单位：群居
保护状况：无危
分布范围：世界各地

别看其名不扬，座头鲸却是鲸目动物中最灵活的：它们可以连续 100 次全身跃出水面。

它们集体出动觅食：吐出不计其数的泡泡，把猎物围起来，这是它们的“传家法宝”。座头鲸的哺乳期为 4~5 个月，幼崽出生后随母亲生活 1 年，通常还有另一头成年座头鲸相伴。它们还会唱出不同的“歌声”，以吸引异性。座头鲸会进行长距离迁徙，从热带水域（它们在此繁衍、哺育）到温带水域或极地附近（这里有充足的食物）。

Eschrichtius robustus

灰鲸

体长：11~15 米
体重：36 吨
社会单位：独居
保护状况：无危
分布范围：太平洋北部和北冰洋沿岸水域

雌性灰鲸 5 岁后即可受孕，有时会受到虎鲸威胁，但它们十分护崽。捕鲸者称灰鲸为魔鬼鱼，因为它们极具攻击性，在捕鱼期更是不惜一切代价保护幼崽。与鲸目的其他物种相比，它们的繁衍率更高。

它们的迁徙距离几乎是哺乳动物中最长的：每年游经 1.6 万 ~2.25 万千米，速度则在 5~10 千米/时之间。它们从北冰洋出发，远涉重洋至墨西哥太平洋分娩，繁衍地位于圣伊格纳西奥的池塘、斯卡蒙潟湖、格雷罗内洛罗潟湖和马格达莱纳湾。它们以甲壳类动物为食，尤其是贻贝，在较浅的沿岸水域钻入沙滩即可觅得。

寄居机体

灰鲸是身体和头部附着寄生物数量和种类最多（重逾100 千克）的鲸类。

与众不同的特征

它们喜欢靠岸边游动并把头探出水面：所以它们是最容易辨识的鲸目动物。

Balaena mysticetus

北极露脊鲸

体长：14~18 米
体重：75~100 吨
社会单位：独居
保护状况：无危
分布范围：北冰洋和亚北极区

北极露脊鲸是脂肪层最厚的鲸鱼（厚达 70 厘米），它们因此得以全年生活在冰水中。它们也是露脊鲸科最长寿的物种：有的北极露脊鲸寿命可长达 200 年。在迁徙过程中，它们会聚成数量不超过 14 头的小群体，“V”字形前进。北极露脊鲸以浮游动物为食，在水面和深海区域均可进食。夏季北冰洋冰层融化可能会对其生活习性造成极大的影响。

Balaenoptera acutorostrata

小鳁鲸

体长：7~10 米
体重：6~9 吨
社会单位：独居或群居
保护状况：无危
分布范围：所有大洋

小鳁鲸是须鲸亚目中速度最快、动作最敏捷的物种，因此有亚种被称为“侏儒小须鲸”，这一亚种在南北半球从赤道至两极均有分布。

它们成群结队地在船只附近游动，并跳出水面。它们还能发出各种声音进行交流，每头小鳁鲸甚至还有不同的“哑音”。

小鳁鲸的妊娠期为 10 个月，幼崽初生时长 3 米。

Balaenoptera physalus

长须鲸

体长：19~27 米
体重：70 吨
社会单位：群居
保护状况：濒危
分布范围：世界各地

长须鲸为全球第二大动物，仅次于蓝鲸。它们是迁徙动物，但有些族群却留在地中海或加利福尼亚沿岸。长须鲸通常生活在靠近海岸的平静海域，但深度必须在 200 米以上。人们已了解长须鲸的求爱过程，它们是实行一夫一妻制的动物。长须鲸幼崽早熟，一出生即可游泳。它们能发出低频音且游泳速度很快（高达 47 千米/时）。

齿鲸

门：脊索动物门

纲：哺乳纲

目：鲸目

亚目：齿鲸亚目

科：6

种：71

齿鲸动物中最有名的当属海豚，然而虎鲸、抹香鲸、突吻鲸、白海豚、大西洋鼠海豚和独角鲸也都属于齿鲸，它们是唯一长齿的水生哺乳动物。齿鲸动物喜社交，是游泳“高手”，虽然各物种都有牙齿，数量却不尽相同。有些物种只有 2 颗牙齿，而有些却多达 200 颗。

Tursiops truncatus

宽吻海豚

体长：2~3.8 米
体重：260~500 千克
社会单位：群居
保护状况：无危
分布范围：除北极和南极外的所有大洋

宽吻海豚是海豚中最知名的物种。它们进食各种鱼类和甲壳类动物，单独或群体出击均有斩获。它们的平均游泳速度为 5~10 千米/时。一般 20 头左右宽吻海豚形成一个种群，但有时也会多达 100 头。它们是高智商生物，能很快学会新动作。与它们的体形相比，它们的大脑很大，且复杂程度可与人脑媲美。宽吻海豚非常团结，例如会帮助同伴浮出水面呼吸。人们捕捉宽吻海豚用于海洋馆，或用于教育、治疗和军事。

1

2

合作

宽吻海豚互相合作，共同狩猎：它们要么将一群鱼逼至浅水区域再捕捉（1），要么围成一圈将它们包围，再轮流进餐（2）。

水中的速度

宽吻海豚身体呈流线型，有助于它们在水中快速活动。

Lagenorhynchus obliquidens

太平洋短吻海豚

体长：1.5~3.1 米
体重：82~200 千克
社会单位：群居
保护状况：无危
分布范围：太平洋的温带和寒带水域

太平洋短吻海豚喜欢生活在较深的开放海域，在沿岸水域也有分布。它们的身体呈鱼雷状，在海中能轻快地游动。它们的颜色与众不同：呈深灰色或黑色，胸腔及以下有一块浅灰色或白色的“补丁”，鳍也是双色，可能是水中的伪装方式。

太平洋短吻海豚喜群居，有时会形成 1000 头的族群，它们在游泳和休息时步调一致，到觅食时就分散开去。它们季节性的迁徙行为与欧洲凤尾鱼一致。

Delphinus
真海豚

体长：1.6~2.6 米
体重：100~140 千克
社会单位：群居
保护状况：无危
分布范围：大西洋和太平洋从热带到寒带水域

真海豚是海豚中数量最多、分布最广泛的物种。它们喜欢生活在沿岸区域，但也可在深海中游泳。一般情况下，真海豚的游泳速度为 10 千米/时，但也可达到 46 千米/时。它们以鱼类和鱿鱼为食。在热带东太平洋海域，它们常与黄鳍金枪鱼（*Thunnus albacores*）共同活动。它们声音优美，但潜水时间却只有短短几秒。它们的色素沉着特征明显，背鳍下有黑色的“V”形区域，“V”形区域以下部分的形状与沙漏类似。真海豚为群居动物，且非常团结，有时一个族群会多达 10 万头。

Grampus griseus
灰海豚

体长：3.5~4.3 米
体重：300~600 千克
社会单位：群居
保护状况：无危
分布范围：所有热带和温带大洋及邻近的大海

灰海豚只有下颚前部有牙齿，但这为数不多的牙齿已足够锋利，可以在争斗中弄伤对手，所以它们的身体总是伤痕累累。灰海豚动作灵活，颜色也十分引人注目：出生时通身呈金属灰，然后逐渐变成棕色和赭色，鳍之间有一块白色。它们以头足纲动物为食（章鱼、鱿鱼、乌贼、鹦鹉螺），但它们的主要食物还是鱿鱼。

Lissodelphis borealis
北露脊海豚

体长：2~3 米
体重：90~113 千克
社会单位：群居
保护状况：无危
分布范围：北太平洋

北露脊海豚生活在温度为 24 摄氏度左右的深水水域中，只有在沿岸水域深度足够时才会接近岸边。它们身体修长，没有背鳍，游动时动作非常灵活。它们一般由 100~200 头个体汇成一群，统一行动，只是它们的总数量也不过 2000 头左右。

北露脊海豚主要以鱿鱼和各种鱼类为食，可以下潜至水深 200 米处。

Cephalorhynchus commersonii
花斑喙头海豚

体长：0.64~1.5 米
体重：40~86 千克
社会单位：群居
保护状况：数据不足
分布范围：智利、阿根廷及马尔维纳斯群岛沿岸

花斑喙头海豚身形短小，外形更像鼠海豚，而行为特征却与海豚相符。它们身体黑白相间，且每头花斑喙头海豚的色块均不相同，因此极易区分。它们集体出动，泳速极快，有时甚至能反向游泳（腹部朝上）。花斑喙头海豚喜社交，常与其他海洋哺乳动物和鸟类互动，且喜欢生活在沿岸区域。

Globicephala melas

长肢领航鲸

体长：4~8 米
体重：1.8~4 吨
社会单位：群居
保护状况：数据不足
分布范围：大西洋北部、大西洋南部（直至南极）

长肢领航鲸头部硕大，呈球形或瓜形。它们的潜水深度在 30~1800 米不等。长肢领航鲸实行一夫多妻制，雄性在交配期对其他雄性充满进攻性，甚至会“两头相撞”。它们通过口哨声相互交流，主要以鱿鱼为食。它们常在海洋中穿行，以寻找食物丰富的区域。

非常活跃
它们能潜水 10 分钟，并且高速前进

行为
长肢领航鲸喜群居，有时会大规模搁浅，搁浅原因尚不明了。

Lagenorhynchus obscurus

暗色斑纹海豚

体长：1.8~2.1 米
体重：85~100 千克
社会单位：群居
保护状况：数据不足
分布范围：南半球海洋

暗色斑纹海豚体形中等，几乎没有吻。它们性行为较为杂乱，无固定伴侣，但社交黏合度很高。它们能做出高难度动作，当一头暗色斑纹海豚开始跳跃时，其他暗色斑纹海豚也会相继模仿。它们行为活跃、喜社交，很容易被发现。它们集体觅食，主要以鳀鱼、鱿鱼和虾为食，虎鲸是它们的头号天敌。

Stenella longirostris

长吻原海豚

体长：1.3~2.1 米
体重：45~75 千克
社会单位：群居
保护状况：数据不足
分布范围：热带海洋

长吻原海豚体形娇小，常跃出海面旋转，这在鲸目动物中不多见。它们身上呈经典的三色：背部为暗色、体侧为珍珠灰、腹部为白色。长吻原海豚为群婚制：雄性和雌性交配时并未将对方作为伴侣。因为它们出色的学习能力，经常成为科学研究的对象。

Sotalia fluviatilis

亚马孙河白海豚

体长：1.4~2.1 米
体重：50~60 千克
社会单位：群居
保护状况：数据不足
分布范围：亚马孙河流域及中美洲、南美洲沿岸

最新研究表明，有两种不同的物种：一种为淡水亚马孙河白海豚，它们生活在亚马孙流域的河流和湖泊中；另一种为海洋亚马孙河白海豚，它们生活在较浅的河口和海湾中。亚马孙河白海豚的主色调为灰色，腹部可能呈白色或粉色。它们的配对方式为一妻多夫制。

Stenella coeruleoalba

条纹原海豚

体长：2.2~2.6 米
体重：140~160 千克
社会单位：群居
保护状况：无危
分布范围：热带和温带海洋

所有条纹原海豚的色块一致：背部呈蓝灰或棕色，腹部呈粉红或白色，有两道暗色条纹（因而得名），一道从嘴部延伸至身体后半部分，另一道从眼下延伸至腹鳍。它们能做出高难度动作，跃出水面 7~8 米。条纹原海豚群一般不超过 500 头，但有时也会形成 1000 头的群体。

Orcinus orca

虎鲸

体长：6~10 米
体重：4~7.7 吨
社会单位：群居
保护状况：数据不足
分布范围：全世界各地

长牙期

虎鲸的上颚和下颚中长有20~28 颗相互咬合的锥形牙齿。每颗牙的尖处均有珐琅质覆盖。

虎鲸是鲸目动物中分布最广泛的物种，可能也是除人类外分布最广泛的哺乳动物。它们能在任何地区的水域中生活，包括海湾、河口和河流。但它们最常出没于生产率高的寒冷沿岸水域。

虎鲸是海豚科体形最大的物种，也是海洋中最大的捕食者：它们进食各种鱼类和哺乳动物，甚至体形超过自己的动物也成了它们的腹中餐。因此它们盘踞海洋食物链顶端，被称为"杀人鲸"。它们身上黑白两色十分鲜明。雄性的背鳍很高，可达 1 米，这是其与雌性最显著的差别。每头虎鲸的背鳍都有独特的形状和斑点，可用于区分不同个体。它们通过精细的口哨声和呼叫系统进行沟通，并利用回声定位搜寻猎物，具体方法取决于它们窥探的对象；有时它们不动声色地行进，以免被猎物发现。

北巴塔哥尼亚虎鲸有世界上独一无二的捕食方式。为了捕食南海狮（*Otaria flavescens*）和南象海豹（*Mirounga leonina*）的幼崽，它们假装在海滩搁浅。这种方法需要长年累月地练习，并不是所有虎鲸都会。

与众不同的特征

虎鲸的皮肤呈亮黑色，腹部呈白色。眼后有一块白色斑点。

假装搁浅来捕食

1. 虎鲸埋伏在沿岸深水水域中，等待南海狮和南象海豹的幼崽。
2. 虎鲸通过回声定位或观察发现可能的猎物。
3. 快速游向岸边，几乎全身跃出海面，用嘴捉住猎物。
4. 快速活动头、身、尾，直至海浪将其冲回大海，再在海中吞下猎物。

Phocoenoides dalli
白腰鼠海豚

体长：1.8~2.3 米
体重：130~220 千克
社会单位：群居
保护状况：无危
分布范围：太平洋北部及其邻近海域

白腰鼠海豚是鲸目动物中速度最快的（游泳速度为 55 千米/时），喜欢生活在较深的寒冷水域中。大多数白腰鼠海豚腹部有一道极具特色的白色条带，与背鳍平行。白腰鼠海豚是鼠海豚中体形最大、牙齿体积最小的物种。它们在夜间形成集群，在水深 500 米处觅食，以鱼类、头足纲动物为食，有时也吃虾和蟹。

白腰鼠海豚比其他鼠海豚胆子大：它们经常在船只附近活动，在船只激起的波浪中游泳。它们通常由 2~20 头个体形成一个群体，有时也有 100 甚至 1000 头形成的大群体。

白腰鼠海豚的妊娠期为 10~12 个月，一般每胎可产 1 只幼崽。

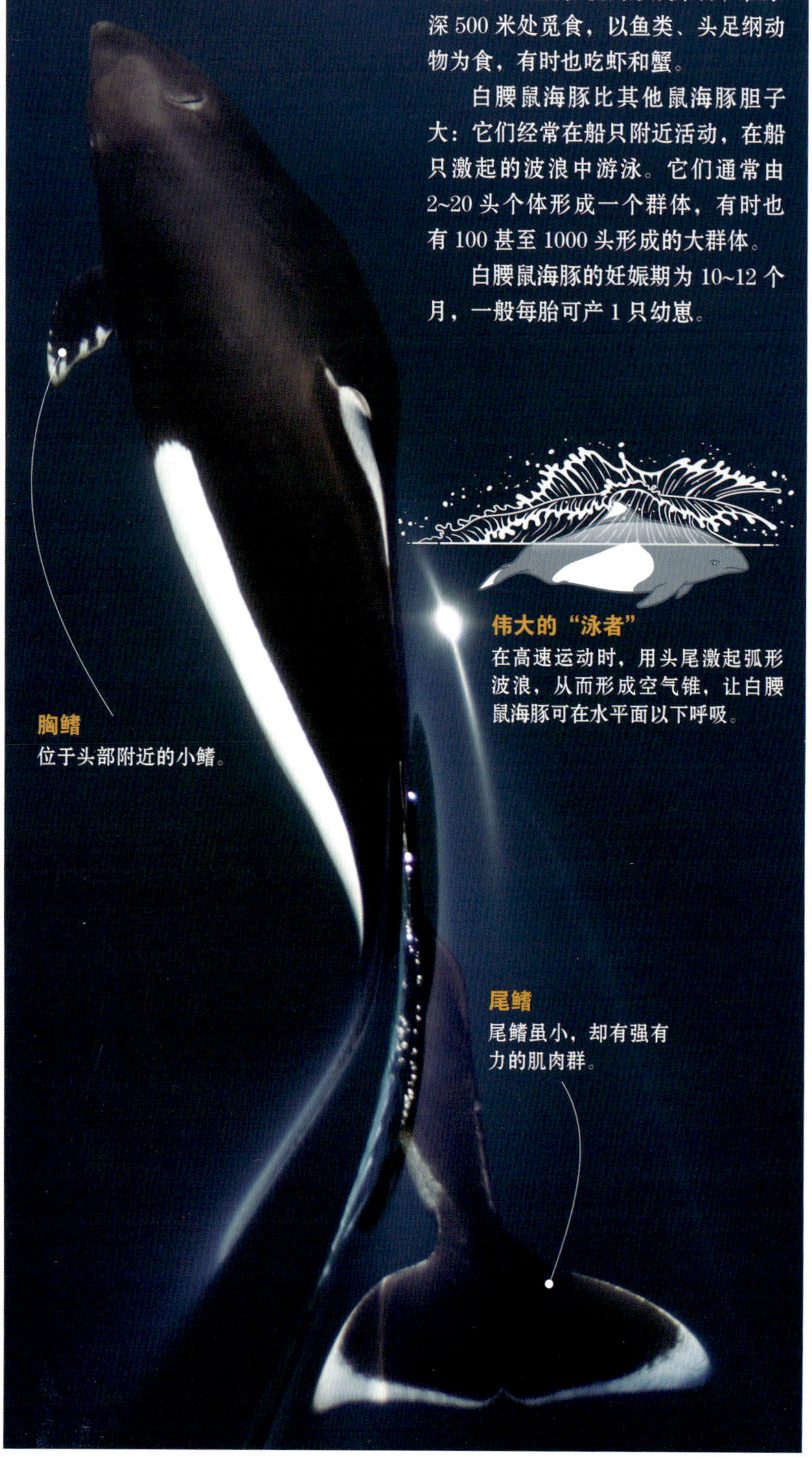

Phocoena phocoena
鼠海豚

体长：1.4~2 米
体重：45~75 千克
社会单位：群居
保护状况：无危
分布范围：北半球寒冷及靠近北极的水域

鼠海豚是北欧海洋中分布最为广泛的鲸目动物。它们喜欢生活在深水水面，在海湾、港口甚至河流上游均有分布，可潜水 4~6 分钟。它们的寿命在鲸目动物中处于平均水平，约 10 年。夏初会产下 1 只幼崽，跟随母亲生活 1 年。

Phocoena sinus
加湾鼠海豚

体长：1.2~1.5 米
体重：30~55 千克
社会单位：群居
保护状况：极危
分布范围：加利福尼亚湾（墨西哥）

加湾鼠海豚是鼠海豚中最小的物种（也是鲸目动物中最小的），不仅分布地域少，且面临最严重的灭绝危险，据称全世界该物种不超过 500 头。

加湾鼠海豚喜欢生活在混浊的水域中，这里营养丰富，它们一般在 10~50 米深处活动，且离岸不超过 25 千米。它们运动时几乎不搅动水波，可在水下停留较长时间。它们数量急剧减少的原因主要是人类在其栖息地大肆用渔网捕鱼。

加湾鼠海豚的寿命约为 20 年。

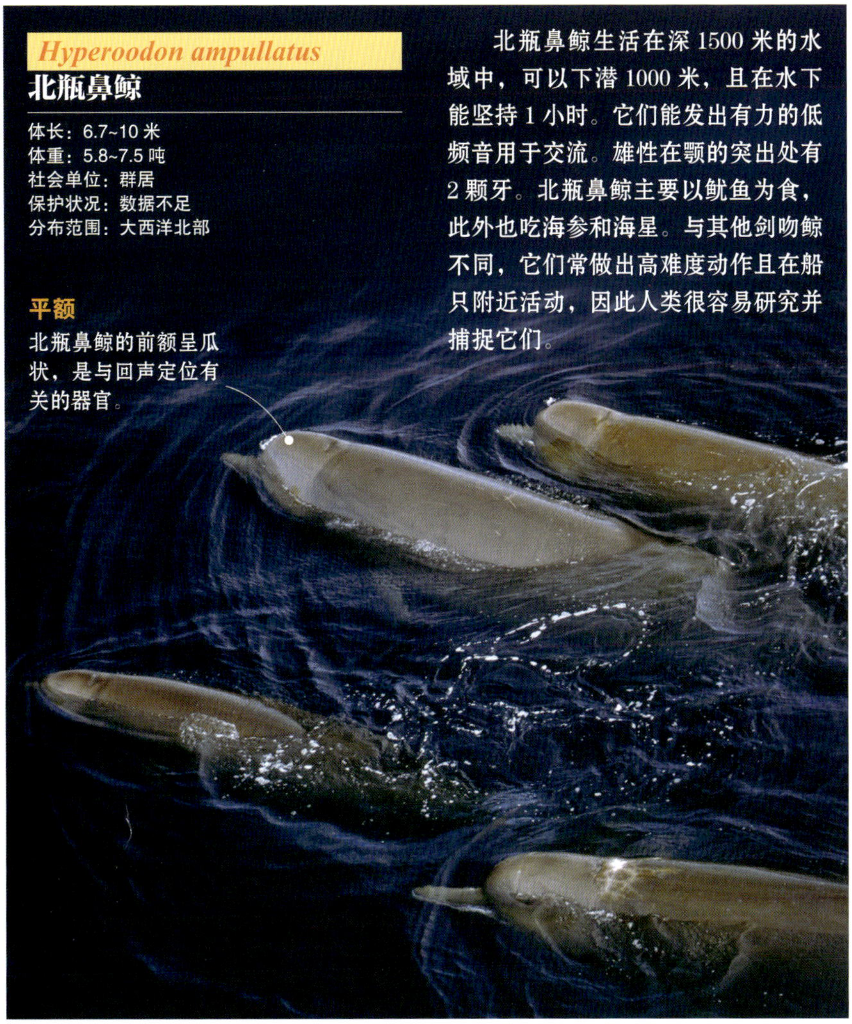

Hyperoodon ampullatus

北瓶鼻鲸

体长：6.7~10 米
体重：5.8~7.5 吨
社会单位：群居
保护状况：数据不足
分布范围：大西洋北部

北瓶鼻鲸生活在深 1500 米的水域中，可以下潜 1000 米，且在水下能坚持 1 小时。它们能发出有力的低频音用于交流。雄性在颚的突出处有 2 颗牙。北瓶鼻鲸主要以鱿鱼为食，此外也吃海参和海星。与其他剑吻鲸不同，它们常做出高难度动作且在船只附近活动，因此人类很容易研究并捕捉它们。

Ziphius cavirostris

柯氏喙鲸

体长：5~7 米
体重：2.5~3.5 吨
社会单位：群居
保护状况：无危
分布范围：除两极外的所有大洋

由于柯氏喙鲸分布广泛，人们通常认为它们是全世界数量最多、分布最广泛的剑吻鲸或吻鲸。

柯氏喙鲸呈黑偏棕色，体侧和腹部有白色的斑点和伤疤。它们可以下潜至很深的深度，最深记录为 2000 米。此外，它们还能在水中停留半小时。

雄性的下颚处可见 2 颗牙，但雌性和幼崽却没有。年龄较大的柯氏喙鲸通常独居，其他柯氏喙鲸则会形成集群活动、觅食、潜水。它们主要以鱿鱼和深海鱼类为食。柯氏喙鲸主要分布在热带地区，到夏季会向北往温带水域迁徙。

当长到 5~6 米长时，雄性和雌性都会性成熟。它们全年均可繁衍，妊娠期为 360 天左右。刚出生的幼崽长 2~3 米。

Mesoplodon densirostris

瘤齿喙鲸

体长：3~7 米
体重：0.8~1 吨
社会单位：小群体
保护状况：数据不足
分布范围：除两极外的所有大洋

雄性瘤齿喙鲸的下颚以外有 2 颗牙，其骨质的密度大于象牙。瘤齿喙鲸生活在深水水域，可在水下停留 50 分钟。当它们离开水面时，是下巴向外而吻朝上。

一头雄性会独占好几头雌性来繁衍后代。

Physeter macrocephalus

抹香鲸

体长：11~20 米
体重：35~50 吨
社会单位：独居 / 群居
保护状况：易危
分布范围：全世界各地

相互接触
抹香鲸通常几头共同行动，相互摩擦和抚摸。

抹香鲸是全世界最大的肉食动物，身体呈灰色或暗棕色，下半部分偏白。雄性的体重是雌性的 2 倍。雄性在夏季会向较冷的水域迁徙去觅食，而雌性则留在热带水域。

社会结构

雄性多喜独居，雌性则通常与幼崽或年轻的抹香鲸形成集群。到了繁衍期，几头雄性会混入这一集群，形成一夫多妻制，竞争十分激烈。

繁衍和哺育

抹香鲸的妊娠期为 14~19 个月，一般每胎只产 1 只幼崽，幼崽体长约 4 米，体重约 1 吨。幼崽快 1 岁时开始吃固体食物，但还需要母亲再照料 2 年。

起推动作用的尾巴
抹香鲸的尾巴没有骨质结构，却有极具弹性和多纤维的组织，使其既有力又灵活，尾巴在游泳过程中起到了主要推动作用。

深海潜水者

大多数齿鲸动物均在深海觅食，下潜深度可超过 1000 米。由于其生理机制可高效地利用氧气，因此抹香鲸可在水中停留近 2 小时。鲸蜡器官位于头部，在进行深海潜水时可起到良好的调节作用。

氧气利用
每次呼吸时，抹香鲸（与其他鲸目动物一样）会更换大部分肺容量，然后再存储氧气。

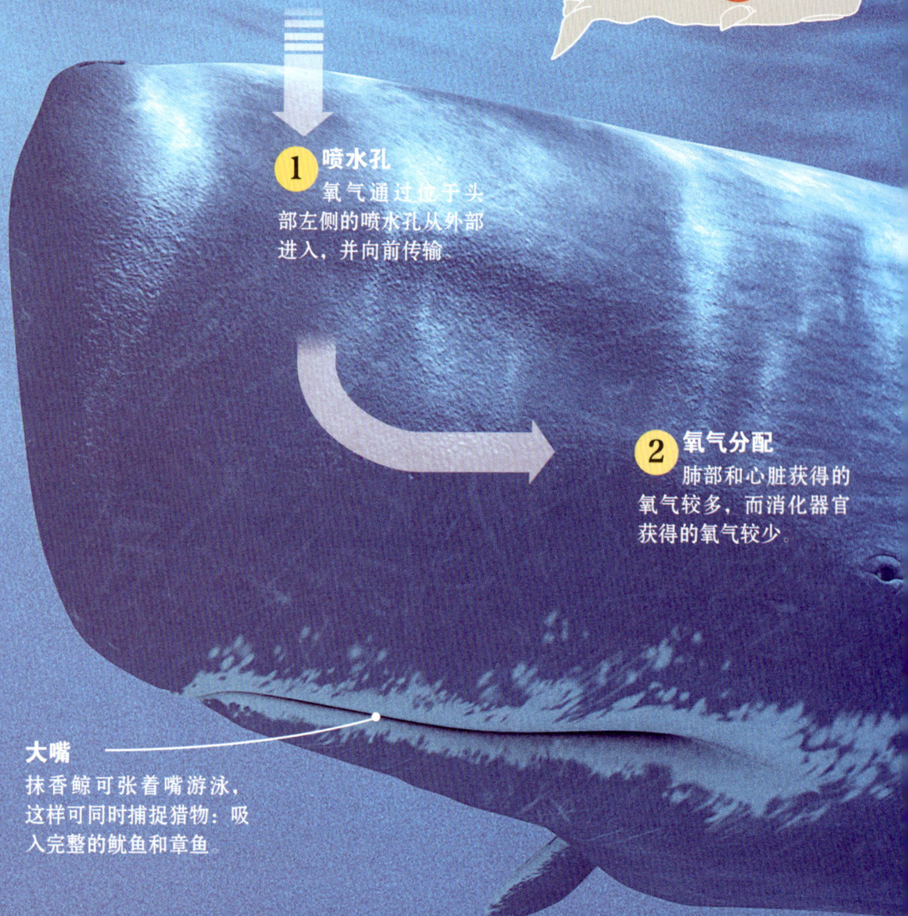

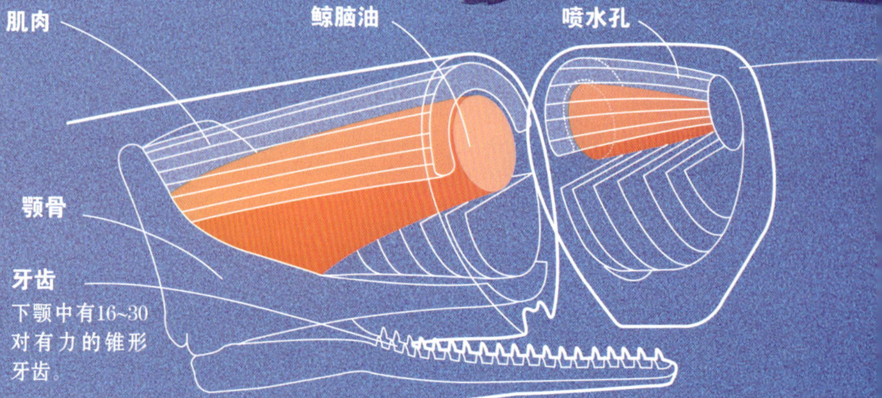

呼吸系统的适应

抹香鲸潜水时胸腔和肺部会收缩，空气从肺部进入气管，减少无用的氮气的吸入量。当潜水结束时，它们还会将氮气从血液迅速传输至肺中，减少血液向肌肉的循环。肌肉中含有肌红蛋白和蛋白质，可用于储存氧气。

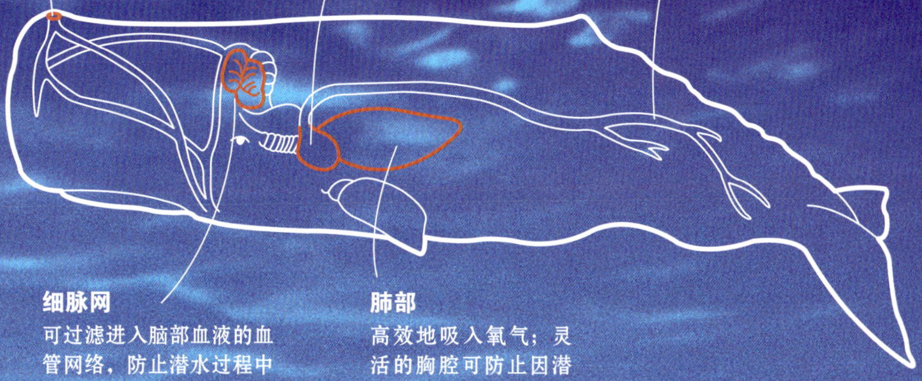

喷水孔
在喷水孔以下有两条通道，一条用于呼吸，另一条用于发声。

心脏
抹香鲸潜水时心跳速度放缓，从而限制氧气消耗。

血液
抹香鲸血流充足，血液中富含血红蛋白，可运输大量氧气。

细脉网
可过滤进入脑部血液的血管网络，防止潜水过程中形成的气泡进入大脑。

肺部
高效地吸入氧气；灵活的胸腔可防止因潜水时的压力受伤。

120 分钟
这是抹香鲸在不呼吸的情况下可在水中停留的时间。

30 千米 / 时
这是抹香鲸可达到的最大行进速度。

3 心跳过缓
当抹香鲸潜入水中时，心跳速度会放缓，以减少氧气消耗。

水下和水上

作为用肺呼吸的哺乳动物，抹香鲸需要下潜至深处寻觅鱿鱼和章鱼作为食物。它们可下潜至水深 1000 米处，通过对抹香鲸胃内的鱼类进行研究，可知它们能下潜至 3000 米以下。在 2 次潜水之间，它们会在水面休息，并喷出空气。

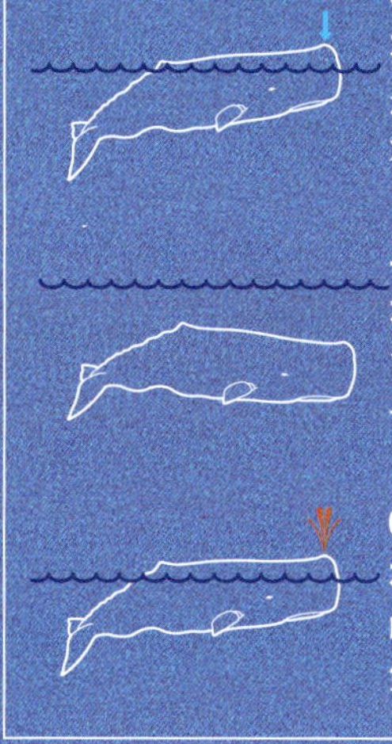

0 米
在水面
通过位于头顶的喷水孔吸入氧气。

-1000 米
在水中
可利用储存的空气长时间潜水。

0 米
在水面
喷气，释放肺中的空气。

鲸蜡器官

抹香鲸的头部有一处巨大的腔，称为鲸蜡器官，腔中有油性物质（鲸脑油），其功能仍有待商榷：一方面，人们认为鲸脑油有助于控制抹香鲸的漂浮能力，可通过提高或降低温度来增加或减少密度；另一方面，人们认为鲸脑油有助于抹香鲸的回声定位和交流，与海豚的额隆体类似。

25%
鲸蜡器官占全身总重量的百分比。

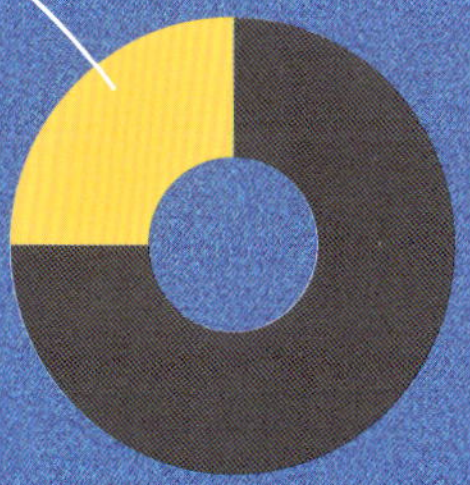

总重量
可重达500 吨

Delphinapterus leucas

白鲸

体长：3.5~5.5 米
体重：0.7~1.5 吨
社会单位：群居
保护状况：近危
分布范围：北极及亚北极区

白鲸是鲸目动物中脂肪含量最高的（高达 50%），这使它们可以更好地适应栖息地的寒冷气候。它们出生时呈灰色或蓝色，随着年龄的增长，会逐渐变成纯白色。白鲸没有背鳍。它们头部很大，呈瓜状，在发声时可能会变形（它们被称为“海洋金丝雀”），它们发声时的动作也会改变它们的面部特征。与其他鲸目动物不同，它们的颈椎并未固定，因此头部活动范围很大，视角也就更广。虽然它们的视角比不上海豚，听力却比海豚出色。白鲸会在冰块之间寻找未凝固的水域，以便浮出水面呼吸。它们喜社交，且游泳速度很慢。白鲸可下潜至 700 米的深度，但在夏季它们一般生活在较浅的水域，如沿岸水域和河口。

白鲸的天敌是虎鲸和北极熊。

雌性每 2~3 年可产 1 只幼崽，但到 20 岁时就停止生育。初生的幼崽和母亲一起游泳，需要母乳喂养 2 年。

Monodon monoceros

一角鲸

体长：4~5 米
体重：0.7~1.8 吨
社会单位：群居
保护状况：近危
分布范围：北极及大西洋北部

一角鲸以其“角”而闻名，是唯一犬齿长出上嘴唇的鲸目动物，犬齿呈螺旋状，长达 2~3 米。人们认为这是一角鲸的第二性征，用于与其他雄性争斗，或移除海底沉淀物进行觅食。它们全年都生活在较深的寒冷水域中：冬季在冰块附近活动，夏季则生活在较深的海湾和峡湾中。冰块的前后移动可显示它们迁徙时的脉冲。

Kogia breviceps

小抹香鲸

体长：2.5~3.5 米
体重：350~400 千克
社会单位：群居
保护状况：数据不足
分布范围：较深的高温海洋

与抹香鲸一样，小抹香鲸前额处有一种被称为鲸脑油的油脂（因此也被称为“蜡鲸”），可用于调整血液温度，并在上下游动时调节生理参数。它们可在深海觅得大多数食物：鱿鱼、鱼类和螃蟹。

小抹香鲸眼后有伪鳃，因此常与鲨鱼混淆，鲨鱼是小抹香鲸的天敌之一。小抹香鲸的肠子中有一个装着红色液体的囊，在受到惊吓时会破裂，这可能是一种驱赶敌人的方法。

小抹香鲸的妊娠期为 9 个月，幼崽在春季出生。

Inia geoffrensis

亚河豚

体长：1.2~2.5 米
体重：100~185 千克
社会单位：群居
保护状况：数据不足
分布范围：亚马孙流域和奥利诺科河流域

亚河豚是河豚中体形最长、最出名的物种。它们的颜色各不相同，有灰色、白色或粉红色。它们面部很胖，可能会阻碍视线，所以它们经常仰泳。亚河豚的身体结实而灵巧。

亚河豚游泳速度较慢，也不喜欢下潜至过深的水域，但遇到水流湍急处也能快速流动。到了旱季，它们只能在河流主干道和深湖中活动，等到雨季就可以到洪涝区生活，甚至可以在树木间游动。雄性通常选择开放的水域，而雌性则更青睐较浅的平静水域，方便其照看幼崽。亚河豚的妊娠期为 8~9 个月。雌性的保护欲很强，哺乳期约为 1 年。

亚河豚可食用 19 科的 43 种鱼，其中包括石首鱼、脂鲤、锯鱼等。在雨季，它们的饮食更为多样化，但到了旱季就只能吃数量较多的物种。亚河豚通常与其他物种共同生活，如南美长尾海豚和巨獭，方便定位并捕捉猎物。

独特的面庞
亚河豚的头部可向各个方向运动，它们的嘴部细长，有2 排牙齿，共计 140 颗。

精准的活动
亚河豚的头部和胸鳍非常灵活，可在繁茂的植物丛中穿行。

Platanista gangetica

恒河豚

体长：2~3.5 米
体重：50~90 千克
社会单位：独居
保护状况：濒危
分布范围：南亚次大陆

恒河豚的吻长而尖，视线较差，只能辨别是否有光。它们可在水温 8~33 摄氏度之间的水域生活，生活的水深通常在 3~9 米之间。恒河豚的鳍很长，可达身长的 20%。

虽然恒河豚属独居动物，但是它们会在猎物富集地成群出没。它们身体右倾着前行，嘴露出水面 10 度来觅食。它们可在水下屏气 3 分钟。恒河豚的食物包括各种鱼、软体动物以及乌龟和鸟类。它们在其栖息地处于食物链顶端，人类是它们唯一的天敌。

恒河豚会持续发声，因为这声音可用于回声定位。

恒河豚的妊娠期约为 10 个月，幼崽一般在 4~5 月出生。幼崽的哺乳期约为 1 年，一旦断奶就会离开母亲。

Pontoporia blainvillei

拉河豚

体长：1.3~1.8 米
体重：20~60 千克
社会单位：独居
保护状况：易危
分布范围：拉普拉塔河河口及南大西洋沿岸

拉河豚是鲸目动物中嘴最长的物种：可占身长的 15%，有 2 排牙齿，每排都有 100 多颗。它们在咸水和淡水中均有分布，但一般喜欢生活在较浅的海洋沿岸（30 米深）。它们有横向的盖。

拉河豚生性腼腆，与其他河豚相比社交性不强。它们游速很慢，也无法做出复杂的动作。

刚出生的幼崽体长约为 70 厘米，体重 7~9 千克。哺乳期约 9 个月。

拉河豚以各类海底鱼为食，虎鲸和某些鲨鱼是它们的天敌。有大量拉河豚死于人类捕捞。

大象、土豚、蹄兔和海牛

虽然大象、蹄兔和海牛看上去形态迥异，它们却是来自同一个演化族系。它们均为草食哺乳动物，人们将其归入近有蹄类。土豚仅在非洲有分布，虽非草食动物，但进化史与近有蹄动物十分类似。

大象

长鼻目下仅有一科，即象科，它们是地球上最大的陆生动物，是第三纪（3000 万年前）幸存下来的大型草食动物。当时的长鼻目下有 7 科，共计几十种。人们将象科分入长鼻目，因为它们从上唇延伸出的鼻子可以夹取物件。此外，它们的脚趾上有类似趾甲的结构。

门：脊索动物门

纲：哺乳纲

目：长鼻目

科：象科

种：3

特征

大象有一根长而有力的鼻子，被称为“长鼻”，在它们探索、觅食、喝水甚至争斗时均十分有用。大象有 2 根“牙齿”，实则为上切牙，其中非洲雄象的牙齿长逾 3 米，而亚洲雌象则没有这种牙齿。它们的臼齿已经适应了咀嚼粗糙的食物，当牙齿磨损到一定程度时，会自动换牙。大象的头骨又短又高，后方隆起处的肌肉支撑住整个头颅、牙齿和鼻子。它们的皮肤粗糙且多褶皱，但少毛。

饮食

大象为草食动物，进食各类根、茎、叶及农作物。它们的食量很大，每头大象每天需进食 250~400 千克食物。它们会剧烈晃动，让树上的枝叶和树皮纷纷掉落，再用鼻子像手一样捡起水果。此外，它们还能用鼻子打架或逃脱障碍。大象的迁徙主要是为了寻找新鲜的水源、食物和树荫。

行为

大象的社会系统十分复杂，象群由一头成年雌象带领，雄象则通常与雌象分开行动。它们的嗅觉和听觉十分灵敏，视觉稍逊一筹，寿命可达 70~80 年。

大象用不同的声音进行交流，有些是由声带发声，还有些是用脚跺地产生的声音。在某些地区，如亚洲，经济利益会凌驾于动物保护之上，人们为了获取象牙而大肆猎捕大象，导致大量象群消失。

巨人

它们可以使用简单的工具，并做出复杂的社会行为。

各式鼻子

亚洲象和非洲象的基本差异。

非洲象

取物时轻轻捏住物件。

亚洲象

裹住物件外围。

亚洲象

鼻子上有一个“指状物”。

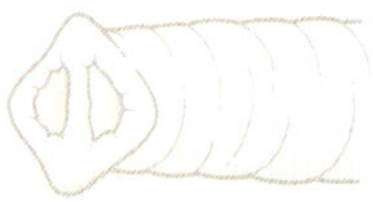

非洲象

鼻子上有两个“指状物”。

Loxodonta africana

普通非洲象

体长：6~7 米
尾长：1.5~1.7 米
体重：4.5~6.5 吨
社会单位：群居
保护状况：易危
分布范围：非洲西部与南部

非洲象是目前全球最大的陆生动物。它们一般的行走速度为 5~6 千米/时，但在特殊情况下可达 24 千米/时。一对大耳可帮它们抵御热浪、调节体温，可以方便地适应不同栖息地，如近沙漠区、大草原、热带雨林和沼泽地。非洲象在海拔以上 4500 米处亦有分布。

非洲象没有固定的繁衍季节，雌象全年均可受孕，在雌性激素大量分泌时，雌象会用低频音呼叫雄象。雄象长到 20 岁性成熟，并周期性进入"狂暴"状态，这一状态将持续 3 周，期间雄象的脸上会分泌一种特殊物质，这种特殊物质与其体内的高水平睾丸激素相关。它们通常会用尿液圈定领地用于交配。此时雄象的腺体膨胀，这是它们唯一体现出进攻性的时刻，甚至会为了交配而"大打出手"。然而矛盾的是，雌象并不总在此时择偶，而是在雄象的"狂暴"状态结束后。

非洲象的象群通常由体形最大的雌象领头，而雄象则单独行动，只有在需要繁殖时才接近雌象。非洲象的妊娠期也是陆生动物中最长的（近 2 年），脑体积也是陆生动物中最大的（5 千克）。它们全天活动，只有在气温过高时才会休息一会儿，白天或夜晚均可入睡。非洲象面临的最大威胁是人们为了获取象牙而大肆捕猎它们。

腿和足
前足有4 片趾甲，后足只有3 片。

Elephas maximus Linnaeus

亚洲象

体长：5.5~6.4 米
尾长：1.2~1.5 米
体重：3~5 吨
社会单位：群居
保护状况：濒危
分布范围：印度部分地区及东南亚

亚洲象在许多方面与非洲象不同：耳朵更小，体形也更小；全身最高处为头顶而非背部。雌象没有牙齿，且后足有 4 片趾甲，而非 3 片。它们喜欢生活在草原上，那里有充足的食物。它们行动的主要目的仅为觅食。幼崽不仅可以喝母亲的奶，也可以喝其他雌象的奶。它们的社会结构及圈定交配区域的行为均与非洲象类似。亚洲象面临的最大威胁为捕猎和栖息地的变化，因为它们的栖息地是世界上人口最密集的地区之一。

支撑
亚洲象的腿呈圆柱形，且有弹性组织支撑。

Loxodonta cyclotis

非洲森林象

体长：1~4 米
尾长：1~1.5 米
体重：2.7~6 吨
社会单位：群居
保护状况：易危
分布范围：非洲中部与西部

长久以来，人们一直认为非洲森林象只是非洲象的一个亚种，这一认识直到基因研究证明它们是不同的物种才有所改变。与非洲象相比，它们体形更小，牙齿也更细、更直，这有利于它们穿越茂密的热带雨林。非洲森林象通常聚成小群。除了各种水果、树皮和根外，它们还吃泥土来获取矿物质。

母系氏族王朝

很难想象大象属于我们这个世界。它们的外形、构造、力量、抛向空中的垃圾、面向人类（它们唯一的天敌）的消极态度等，都使它们与时代格格不入。它们仿佛应该出现在神话故事和传说中，如梦亦如幻。

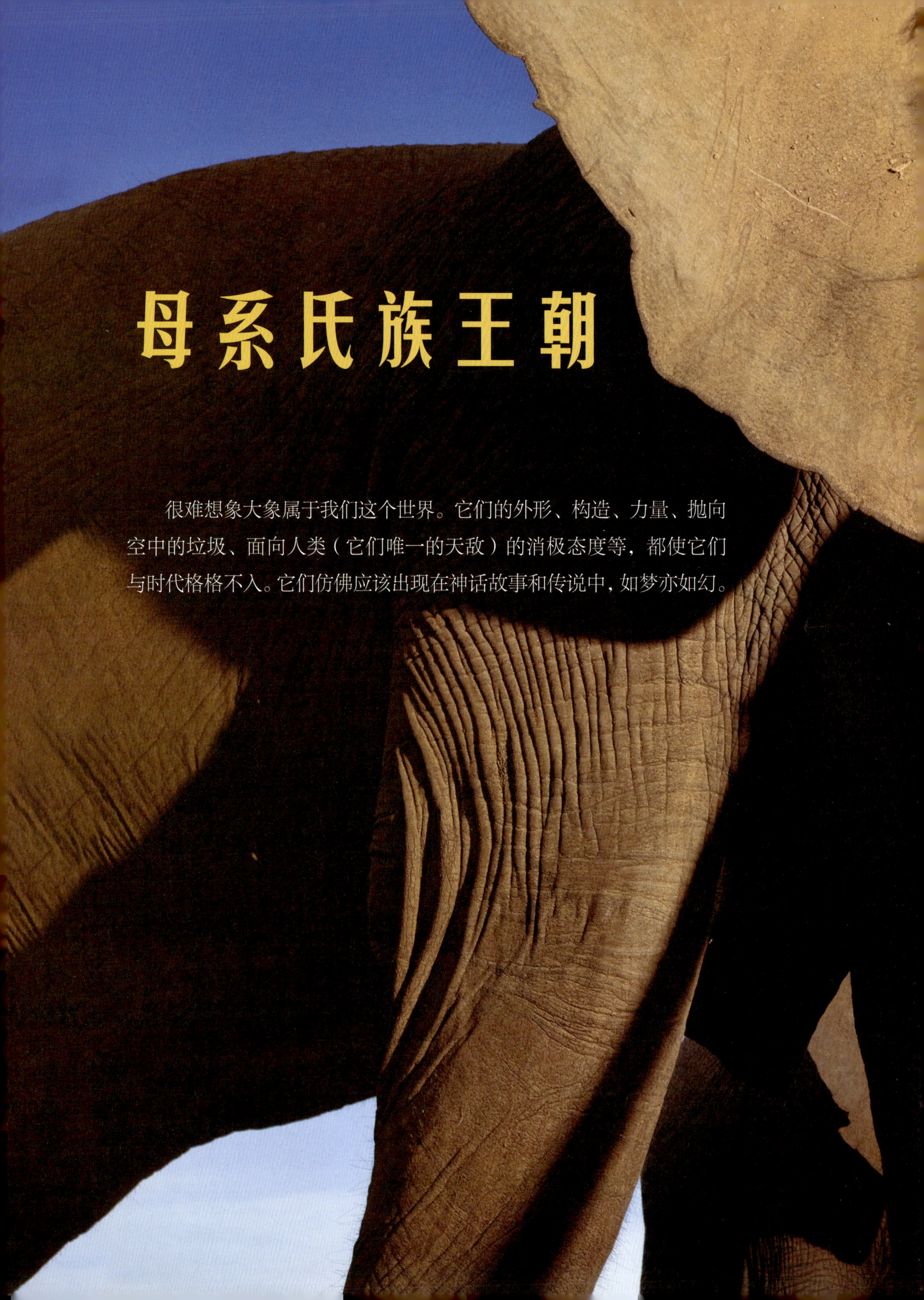

国家地理特辑

非洲象报告

无声的喊叫

大象之间的交流是高度智能化的，有精细的通信码：人们已破译出大象的25种声音，其中大多为低频音或次声波，大象可在10千米以外听到。

桑布鲁位于肯尼亚腹地，是肯尼亚的一处水库，原意为“林木稀疏的草原”。这里的一切都极具异域风情，透出荒蛮的质朴与美丽。这里有繁茂的花丛、小河潺潺，红土遍布，还有以象为王的动物群。它们相互交织，让我们领略这片“原始非洲”的图景。在这片土地上，900多头大象与长颈鹿、河马、细斑马、水牛、狮子、豹子、猎豹、蛛猴、鳄鱼、鸵鸟和其他十几种羚羊生活在一起。

大象的祖先曾经有300多个物种，如恐兽、嵌齿象、乳齿象和猛犸象等，它们曾经占据了地球。但岁月无情，在它们1600万年的演化过程中，只有3个物种得以幸存：亚洲象、非洲森林象和非洲象。其中非洲象体长5米，身高4米，重逾5吨（雌象的体形稍小），是最大的陆地动物。还不算它那长达2米、由15万块肌肉组成的鼻子和2根长牙。直到20世纪，它们的每根牙仍可长达3米、重达100千克（当时捕猎者尚未扫荡干净最好的象牙）。

非洲象的象群最多可由24头象组成，其中一头为领头雌象，其他为成年雌象（通常有亲属关系）及其幼崽。而雄象则喜独来独往，只有当雌象发出发情期信号时才会靠近象群。在长距离迁徙途中，象群会合并，形成上千头大象共同迁徙的壮观场面。象群的行动取决于头象：它将决定何时进食、何时洗澡、何时休息。头象的领导地位受年龄限制，一旦到50~60岁，头象将被抛弃，不得不独自离开，由象群中体形第二大的雌象继任。

在水塘中送走夕阳

大象用大半天时间吃下200千克树叶和树枝。为了支撑迁徙的消耗，它们还得喝下120升的水，因此它们总在日落时找到水塘。

非洲象的体形与其生活环境息息相关。普通非洲象和非洲森林象都会不断适应环境，并履行基本的职能。它们吞下的种子（在经过它们的消化道后）发芽的概率更大，且能散落各地，这相当于修复了环境。此外，其他动物也能从中获益，比如它们挖井解渴后，其他动物也能来坐享渔翁之利。在古埃及文化中，大象象征着复活，需要屎壳郎的清理才能不致脏臭。体形如此硕大的哺乳动物需要占用巨大的面积，面积的大小取决于象群中大象的头数及食物的供应情况，具体从15~1500平方千米不等。

由于象牙的珍贵，人们从未停止对大象的猎杀，从而将象牙占为己有。大规模的屠杀始于18世纪末的欧洲，当时活着的大象几乎绝迹，只剩下象牙（从地名中便可见一斑："象牙海岸"，本应为"大象海岸"才是）。白种人在最肥沃的地区定居，大大削减了大象的栖息地面积。因此20世纪初，当大象的数量开始大量减少时，保护主义者提议建立国家公园和保护区。但对大象的猎杀并未停止：偷猎者已经装配上了自动化设备。几十年过去了，大象的生存环境每况愈下，截至1979年的统计结果显示，非洲原先的1000万头大象中仅有130万头幸存。10年后，政府颁布法令规定了象牙禁猎区，当时仅剩下50万头大象 。1996年，世界自然保护联盟将非洲象列入濒危物种名录。这一情况终于引起全世界警觉，保护措施也开始产生积极影响（2004年降为"易危"级），目前全非洲约有60万头大象。大象的存活不仅归功于禁猎，也要感谢保护区的建立和管理，保护区可以促进区域交流并缓解当地的经济困难。在经济因素的推动下，非洲建成了世界上最大的大象保护区。

蹄兔

门：脊索动物门
纲：哺乳纲
目：蹄兔目
科：蹄兔科
属：3
种：4

蹄兔尾短，后蹄有 3 趾，其中两片趾甲形似有蹄动物的蹄甲。前蹄和后蹄的足底有特殊的汗腺，可保持足部湿润。柔软有弹性的足底可增加其蹬地时的摩擦力。蹄兔为杂食动物。蹄兔中的某些种生活在树上，另一些生活在岩层中。

Dendrohyrax arboreus

南非树蹄兔

体长：40~60 厘米
尾长：1~3 厘米
体重：1.5~4.5 千克
社会单位：独居
保护状况：无危
分布范围：非洲中部与东部的热带雨林地区

南非树蹄兔生活在森林中（海拔可高达 4500 米），森林中有各种树龄的树木。到了进食时间（晚上 20~23 点及凌晨 3~5 点）会发出很大的叫声，雄性的叫声尤其响亮。一天中的大多数时间都一动不动。

南非树蹄兔全年可繁殖，12 个月大的雌性即可受孕，妊娠期为 7 个月。

Heterohyrax brucei

黄斑蹄兔

体长：33~56 厘米
尾长：无
体重：1~4.5 千克
社会单位：群居
保护状况：无危
分布范围：埃及东南部至安哥拉中部及南非东北部

黄斑蹄兔生活在多岩石的山坡上，以山上的树和灌木为食。它们的栖息地海拔可高达 3800 米。黄斑蹄兔的视觉和听觉很好。它们有时进攻性很强，小心谨慎，会毫不犹豫地咬入侵者。它们用很尖的声音进行交流。黄斑蹄兔一般在日间行动，很喜欢晒太阳，经常与蹄兔生活在一起。

Hyracoidea

蹄兔

体长：47~58 厘米
尾长：1.1~2.4 厘米
体重：1.8~5.4 千克
社会单位：群居
保护状况：无危
分布范围：撒哈拉以南的非洲、阿拉伯半岛、黎巴嫩、约旦、以色列

蹄兔的栖息地分布十分广泛，但它们并不自己筑巢，而是占用其他动物的巢。

蹄兔产生的尿液和体液会留下行踪，人类用这两种液体的混合物治疗癫痫和痉挛，还可用来调节月经周期。

多达 80 个个体生活在一起，它们分成诸多小集群。

土豚

门：脊索动物门
纲：哺乳纲
目：管齿目
科：土豚科
种：1

土豚生活在非洲，是管齿目中唯一的物种。它们的吻和舌均可长达 30 厘米，用于捕食昆虫。

Orycteropus afer

土豚

体长：1.1~1.35 米
尾长：50~60 厘米
体重：40~82 千克
社会单位：独居
保护状况：无危
分布范围：撒哈拉以南的非洲

土豚专吃昆虫，是捕食白蚁的“专家”，所以它们喜欢生活在白蚁聚居地附近。它们的身体构造特别适合挖掘：皮厚可防止蚂蚁叮咬；牙齿呈管状，由牙骨质包裹，且无牙根，一旦磨损可立马长出新牙。土豚每晚会走 10 千米寻找食物。

海牛和儒艮

门：脊索动物门

纲：哺乳纲

目：海牛目

科：2

种：5

海牛和儒艮一直生活在水中，前肢已演变成鳍，后肢退化成扁平的宽尾，可推动身体在水中前行（其身体构造符合流体动力学且身上无毛）。海牛和儒艮的骨密度很低，所以可悬浮在水中。它们能形成较大的集群，且个体间互动频繁。

Dugong dugon

儒艮

体长：2.4~3 米
体重：230~400 千克
社会单位：群居
保护状况：易危
分布范围：非洲东海岸、亚洲南部、澳大利亚北部和太平洋南部群岛

鼻孔
儒艮的鼻孔位于头部最高处，在儒艮浮出水面时进行换气。

儒艮是海牛的近缘种，与海牛非常相似，但“海洋属性”更强，且尾部形状不同。儒艮是唯一一种完全草食的海洋哺乳动物，它们以深度在 1~5 米之间的水草为食，可在水下停留 4 分钟。儒艮皮糙毛少，毛都集中在嘴边，类似猪毛。它们的尖牙发育完全，但只在成年的雄性和老年雌性口中可见。儒艮的游泳速度约为 10 千米/时，并不进行迁徙，只在生活区域内进行大范围的活动。

Trichechus inunguis

南美海牛

体长：2.8 米
体重：480 千克
社会单位：群居
保护状况：易危
分布范围：亚马孙流域

季节性饮食
南美海牛在雨季进食洪水区长出的幼芽。

南美海牛是海牛目中体形最小的物种，且鳍上无甲片。它们一生中大部分时光在水中度过。南美海牛的妊娠期约为 1 年，母亲可将幼崽驮在背上。到了旱季，南美海牛可能数周不进食。

Trichechus manatus

西印度海牛

体长：3~4.5 米
体重：0.2~1.5 吨
社会单位：独居或偶尔群居
保护状况：易危
分布范围：美国的佛罗里达半岛至巴西北部

西印度海牛生活在沿岸水域中，水深最多可达 5 米，有时也会进入河流、河口和运河。西印度海牛毛少且经常换皮，以免水草在皮肤上过度堆积。此外，还会换臼齿。

一头雌性可吸引 20 多头雄性，追求期在 1 周至 1 个月之间。妊娠期可长达 14 个月，幼崽出生后需跟随母亲生活 2 年。幼崽出生时就有臼齿和前臼齿，用于咀嚼水草，同时它们也继续摄入母乳。佛罗里达海牛还以小型无脊椎动物和鱼类为食。它们的尾部扁平呈铲状。

啮齿目

啮齿目动物是世界上数量最多的哺乳动物，占哺乳动物的 40%。其中共有 2200 多个物种分布在世界各地（除南极洲外）。啮齿目动物体形、栖息地和行为各异，但它们的牙齿都让它们拥有惊人的啃食能力，这是其他脊椎动物望尘莫及的。

什么是啮齿目

在所有的哺乳动物中，40%以上为啮齿目动物，但它们的体形各不相同：如侏儒仓鼠的体重就只有5克，而水豚则可重达70千克。在啮齿目中，有些物种生活在水中，有些生活在地下，还有些则在树木之间跳来跳去。但除却上述差异外，啮齿目动物还有一些共同点：它们都有两对坚硬的切齿用于咬食。人类将啮齿目动物带到世界各地，目前除南极洲外，世界各地都有它们的踪影。

门：脊索动物门

纲：哺乳纲

目：啮齿目

科：33

种：2277

水豚

水豚是世界上体形最大的啮齿目动物，可重达70千克。它们是游泳“高手”，有的时候就生活在水中。

一般特征

啮齿目是哺乳纲中最大的一目，有超过2200个物种，占到哺乳纲的40%以上。它们之间差别很大：有松鼠、老鼠、河狸、睡鼠、旱獭、豪猪、豚鼠、兔鼠、毛丝鼠、仓鼠等许多物种。

除南极洲外，啮齿目在世界各地均有分布。其中新西兰和一些大洋岛屿上的啮齿目并非原生，而是由人类带去的。

啮齿目中的一些物种生活在地下，还有的生活在高地上，有的喜欢攀爬树木，还有一些在水中度过一天中的大半时光……至于松鼠可就更大胆了，它们张开四肢间的皮翼，可以在空中滑翔。

解剖结构

啮齿目中各物种的体形和重量各不相同：如侏儒仓鼠的体重约5克，而水豚则长逾1米，重量可达70千克。啮齿目动物都身形紧凑，四肢较短。其他外形特征则因物种和栖息地的不同而各不相同，如生活在沙漠的啮齿目动物（如更格卢鼠）的后肢和尾巴通常较长，以适应在沙地上行动。而生活环境与水相关的啮齿目动物（如水豚和河狸）的足部则呈掌状且尾短，以便游泳。

大多数啮齿目动物会挖一个深达几米的洞穴，其中有通道、房室和居室，不同的洞穴间也可相互打通。因此这些啮齿目动物的四肢必须有力而紧凑，这样才能出色地完成挖掘任务。

在咀嚼过程中，啮齿目动物使用的主要肌肉为咬肌，根据不同的使用方式，咬肌可分为若干个肌肉群。有些物种颊内有腔，称为颊囊，可用于存储和运输食物。如冈比亚鼠可将洞穴的特殊房室中储存的几十千克的食物置于颊囊中以备过冬。

分类

啮齿目

松鼠、草原犬鼠、旱獭及其近亲

亚目：松鼠形亚目　科：3　种：347

豪猪、毛丝鼠及其近亲

亚目：豪猪亚目　科：18　种：290

河狸、更格卢鼠及其近亲

亚目：河狸亚目　科：3　种：62

老鼠、跳鼠、旅鼠、仓鼠及其近亲

亚目：鼠形亚目　科：7　种：1569

鳞尾松鼠、跳兔

亚目：鳞尾松鼠亚目　科：2　种：9

行为

啮齿目中各物种的生态学也各不相同。所有啮齿目动物均为草食动物，但有些也吃昆虫和小型无脊椎动物。与人类共同生活的啮齿目动物，如黑鼠和褐鼠，可以进食任何食物，因此可以适应各种生活环境。

野生的啮齿目动物由于冬季缺乏食物，有些（如睡鼠）会进入冬眠，将新陈代谢水平降至最低。还有一些啮齿目动物生活在热带地区，它们在炎热干燥的季节会进入睡眠状态，以抵御严酷的气候条件。大多数啮齿目动物在黎明或夜晚活动。

它们繁殖速度很快，因为雌性在生产几小时后即可再度进入受孕期。

有些啮齿目动物，如仓鼠，在受孕2周后即可分娩；但一种大型仓鼠（长尾豚鼠）的妊娠期则与人类的妊娠期相仿，即9个月。

啮齿目中各物种的繁殖行为各不相同，有些实行一夫一妻制，如刺鼠，有些实行一夫多妻制或一妻多夫制。

裸鼹鼠的情况特殊：它们是唯一“完全社会性”的哺乳动物，在野生动物中拥有最高级的组织，它们会分享蜜蜂和蚂蚁。这种鼹鼠中有一只“鼠后”，身后跟着几只雄性，其他个体就只能在等级制度中屈居低位。有的雌性需负责照顾幼崽，而有的雄性则要修缮洞穴、外出觅食。

啮齿目动物中的物种如此之多，以至于各物种的社会行为也各不相同。一些物种喜独居，如豪猪，它们只有在求偶和繁殖期才会与配偶接触。另一些则聚成一大群，如水豚和兔鼠；其中兔鼠不仅和同类交往，甚至与其他物种同居。

牙齿

啮齿目中各物种虽然体形和生态特征各不相同，但都具有用于咬食的牙齿。它们只有一对上切齿和一对下切齿，然后是一颗或多颗前臼齿和臼齿间留有的空隙（牙间隙）。牙齿的特殊位置使得它们即使在闭口时也能咬东西，以免食物以外的其他物体进入颊囊。切齿无牙根，是慢慢长成的。啮齿目动物都没有犬齿。切齿的前表面和侧表面有釉质覆盖，而后表面则无。

啮齿目动物在咬食时，上切齿和下切齿的接触会消耗最柔软的牙质，让切齿的边缘变得像刀刃一样锋利。因此，啮齿目动物用它们的牙齿进食、挖掘洞穴并自卫。

并不是只有啮齿目动物才有一对主要的切齿且旁边有较长的空隙（牙间隙），其他现代哺乳动物也具备这一特征，如袋熊、蹄兔、指猴和兔形目动物。然而啮齿目动物的牙齿非常独特，与脊椎动物中的其他物种不同。

庞大的家庭

啮齿目中许多物种都以其极强大的繁殖能力著称。一只雌性啮齿目动物一年可分娩多次，妊娠期极短且每胎可产多只幼崽。幼崽需要和父母共同生活，因为它们刚出生时通常通体无毛，且无自卫能力。但它们的生长速度很快，几周或几个月后即可性成熟。

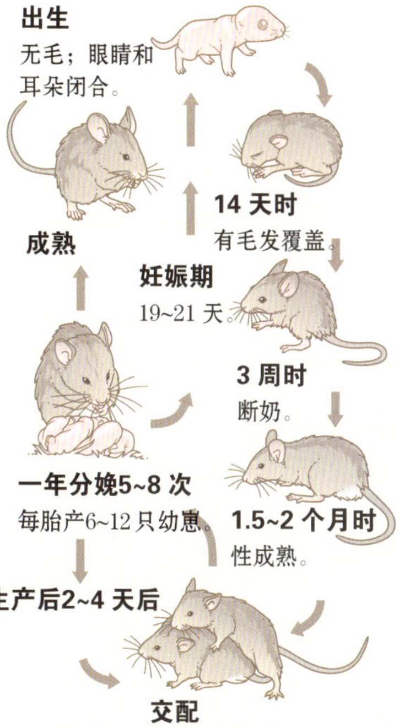

无休止地生产

小家鼠的生殖周期是高繁殖率的有力例证：2个月大时即可交配，3周后分娩。分娩72小时后又可再次交配，3周后再次分娩（平均每胎可产7只幼崽，也可多达20只）。

为了更好地咬食

所有啮齿目动物都有专门用于咬食的牙齿。上下颚中各有2颗锋利的切齿，这4颗切齿在不断地生长。切齿边有空间或间隙、前臼齿（一般为2颗）和臼齿（上颌两侧各有3颗）。

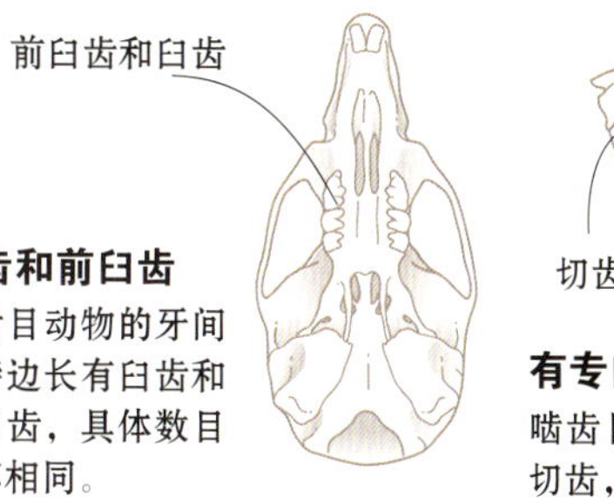

臼齿和前臼齿

啮齿目动物的牙间隙旁边长有臼齿和前臼齿，具体数目各不相同。

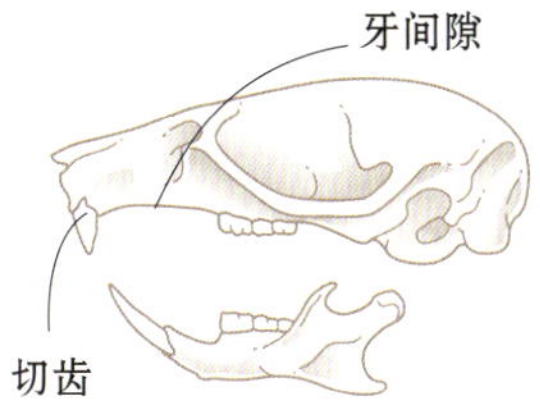

有专门用途的牙齿

啮齿目动物都有4颗锋利的切齿，上下颚各有2颗。

作用方式

啮齿目动物在咬食时可保持嘴部闭合。

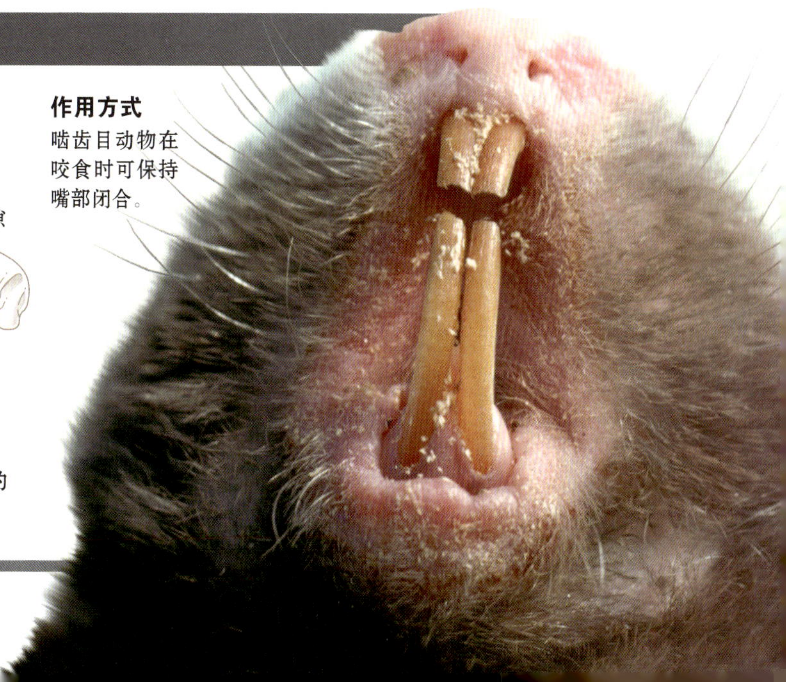

睡鼠、松鼠及其近亲

门：脊索动物门

纲：哺乳纲

目：啮齿目

亚目：松鼠形亚目

科：3

种：347

旱獭、松鼠和睡鼠构成了啮齿目下的一个亚目，它们有着类似的攀缘、跳跃、挖掘或睡觉的特征。有些物种，如松鼠，既可生活在陆地上，又可生活在树上，它们有“飞翔”的能力，因而分布极为广泛；而另外一些物种的栖息地则相对有限，如山河狸就只生活在美国的太平洋沿岸。

Sciurus carolinensis

灰松鼠

体长：38~52.5 厘米
尾长：15~25 厘米
体重：338~450 克
社会单位：群居
保护状况：无危
分布范围：美国东海岸及加拿大南部（原生）。后引入墨西哥、欧洲和南非

灰松鼠为树栖动物，生活在城市和郊区的树林中，喜欢栖居在长满核桃树、栎树和松柏的树林，也能适应城市里的公园。灰松鼠已被国际自然保护联盟列入全球 100 种最具破坏力的入侵物种名单。

灰松鼠以各类种子、果实、菌类、花朵和树木嫩枝（如美洲核桃树、栎树或欧栗树）、小型脊椎动物和昆虫为食。它们用两颊中的腔（即颊囊）搬运食物。东美松鼠的前爪有 4 趾，其中拇指可以轻易地抓取食物并剥壳。它们的爪子可以抓住树干，从而飞快地上下。它们在早晨和黄昏较为活跃，其中雄性在寒冷的时候较为清醒，而雌性则在炎热的天气中更清醒。灰松鼠会为越冬储存食物，然后穴居多日以躲避严寒。它们一般用树叶在高处的树洞中筑巢。巢穴保持干燥，宽可达 25 厘米，深可达 50 厘米，洞口直径约为 8 厘米。

灰松鼠没有固定的性伴侣。雌性的妊娠期为 44 天，一年分娩 2 次，每胎一般可产 2~4 只幼崽，最多可达 8 只。它们通过声音和尾巴的动作进行交流。

在树木间跳跃
灰松鼠用脚发力，弹跳距离可达10 米。

Aplodontia rufa

山河狸

体长：30~47 厘米
尾长：1~4 厘米
体重：0.5~1.1 千克
社会单位：群居
保护状况：无危
分布范围：美国西北部太平洋沿岸

山河狸栖居在山林的枯叶丛中，喜潮湿环境。它们生活的土壤环境适合筑巢：用短小的前爪挖出又长又复杂的通道，再以树叶掩盖，作为巢穴。山河狸不喜社交，通常在巢穴附近活动。它们的妊娠期平均为 29 天，每胎可产 2~3 只幼崽。

山河狸以草、蕨类、牧草为食，在进食时会排两种粪便：一种较硬，为废物；另一种较软，可重新利用其中的营养素。

它们通过口哨声和较深沉的声音交流，视觉和听觉较差，而嗅觉和触觉却很灵敏。

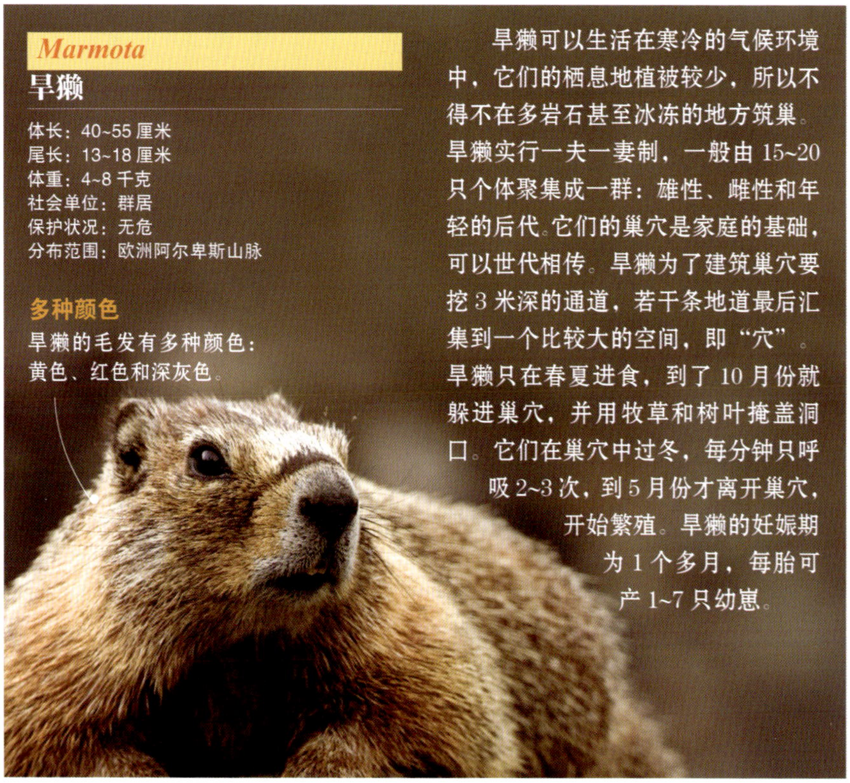

Marmota

旱獭

体长：40~55 厘米
尾长：13~18 厘米
体重：4~8 千克
社会单位：群居
保护状况：无危
分布范围：欧洲阿尔卑斯山脉

多种颜色

旱獭的毛发有多种颜色：黄色、红色和深灰色。

旱獭可以生活在寒冷的气候环境中，它们的栖息地植被较少，所以不得不在多岩石甚至冰冻的地方筑巢。旱獭实行一夫一妻制，一般由 15~20 只个体聚集成一群：雄性、雌性和年轻的后代。它们的巢穴是家庭的基础，可以世代相传。旱獭为了建筑巢穴要挖 3 米深的通道，若干条地道最后汇集到一个比较大的空间，即“穴”。旱獭只在春夏进食，到了 10 月份就躲进巢穴，并用牧草和树叶掩盖洞口。它们在巢穴中过冬，每分钟只呼吸 2~3 次，到 5 月份才离开巢穴，开始繁殖。旱獭的妊娠期为 1 个多月，每胎可产 1~7 只幼崽。

Ratufa indica

印度巨松鼠

体长：25~46 厘米
尾长：20~40 厘米
体重：1.5~3 千克
社会单位：独居
保护状况：无危
分布范围：印度半岛西南部、中部和东部地区

印度巨松鼠毛发的颜色在深红色和棕色之间变化，腹部则呈白色。它们的耳朵又短又圆。

它们生活在潮湿的热带雨林地区，在树洞里和高处的树枝上筑巢，并在巢穴中分娩、照顾幼崽。印度巨松鼠很少下树，活动时一下可跳跃 6 米。它们用尾巴保持平衡，用爪子抓住树干。印度巨松鼠为独居动物，只有在繁殖期才会成双成对地出现。

印度巨松鼠以果实、草、树皮和鸟卵、昆虫为食，又小又宽的拇指可以敏捷地抓住食物。

Xerus inauris

南非地松鼠

体长：44~48 厘米
尾长：40~44 厘米
体重：420~650 克
社会单位：群居
保护状况：无危
分布范围：非洲南部

雄性南非地松鼠的体形比雌性大。它们在巢穴中生活，并于日间出来活动。它们一出巢穴就会寻找阳光，以便随后在大草原中寻找食物。到了下午温度高的时候，它们会竖起尾巴，像遮阳伞一样遮蔽直晒的阳光，到了晚上再回巢穴中去。南非地松鼠用叽叽声和嘟囔声进行交流。它们全年均可繁殖，其中繁殖高峰期在冬季。妊娠期约为 40 天，每胎一般可产 1~3 只幼崽，幼崽 150 天后即可长到成年松鼠的体形。

Sciurus vulgaris

欧亚红松鼠

体长：20~23 厘米
尾长：16~20 厘米
体重：280~400 克
社会单位：独居
保护状况：无危
分布范围：欧洲和亚洲

欧亚红松鼠生活在落叶林和松柏林中，它们栖居在年长的大树上，既能藏身，又能觅食。欧亚红松鼠在中欧极为常见，在大不列颠却被灰松鼠驱逐出境。欧亚红松鼠是古北界毛发颜色最多变的哺乳动物：头部和背部呈亮红色至黑色，腹部呈奶白色。它们的天敌众多，因此死亡率也很高，只有 25% 的幼崽能活过生命中的第一年。

Marmota flaviventris

黄腹旱獭

体长：47~70 厘米
尾长：13~22 厘米
体重：2~5 千克
社会单位：群居
保护状况：无危
分布范围：加拿大西南部和美国西部

黄腹旱獭生活在海拔 2000 米的大草原和大牧场上，周围森林环绕，甚至在海拔高达 4000 米的多岩石山上也有出没。它们在开放的山坡上筑巢，并以牧草或草覆盖洞口。巢穴中有几个小室，洞口一般会由群体中的某个成员监视。雄性的体形和体重均超过雌性。它们一般为草食动物，但也吃卵和昆虫。经过冬眠后，一入春，黄腹旱獭就开始繁殖了。

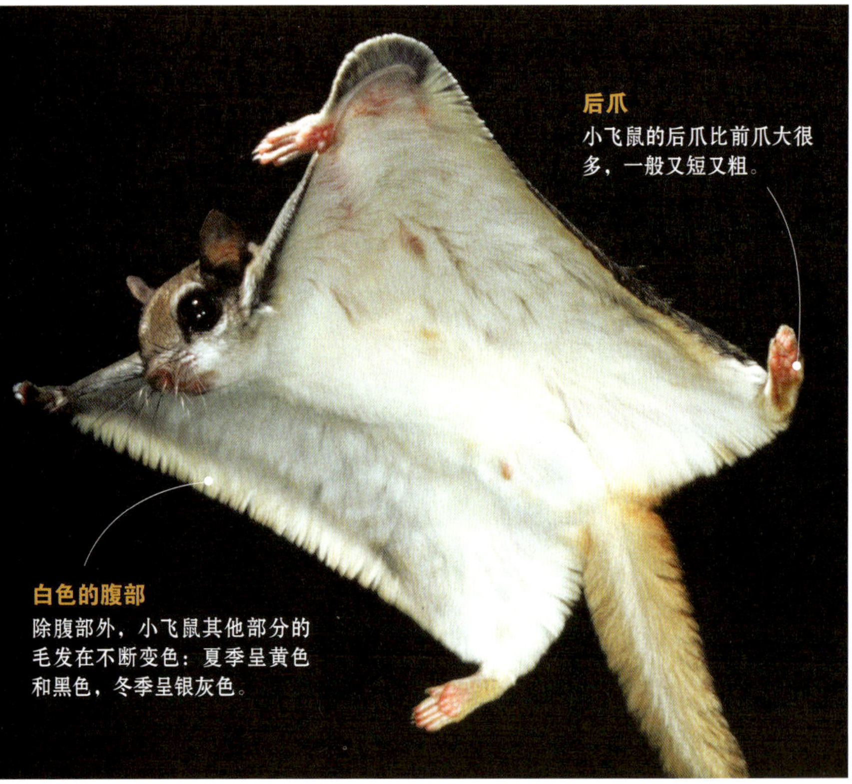

Pteromys volans

小飞鼠

体长：10~20 厘米
尾长：几乎与体长一致
体重：130 克
社会单位：群居
保护状况：无危
分布范围：斯堪的纳维亚、俄罗斯、亚洲北部、中国北部的太平洋沿岸

小飞鼠身体的周围由长满毛发的皮翼构成，被称为翅膜，连接前爪和后爪，让小飞鼠可飞行 35 米。小飞鼠喜欢栖居在年代久远的大树上，利用树洞筑巢。它们在杨树林、白桦林、冷杉林、雪松林和松树林中均有分布。它们习惯在夜间活动，到了夏季，从傍晚到夜幕降临一直很活跃；到了冬季，小飞鼠的生活节奏放缓，食量也变小了。它们主要以草为食。

Callosciurus prevostii

丽松鼠

体长：12.7~28 厘米
尾长：7.6~25.4 厘米
体重：250 克
社会单位：独居或聚成小群
保护状况：无危
分布范围：东南亚地区

丽松鼠栖居在树上，喜日间活动，只有在觅食时才下树。它们以种子、果实、核桃、花朵和部分昆虫为食。丽松鼠是棕榈油和椰子林的心腹大患，但它们不会像其他松鼠那样囤积食物。丽松鼠的颜色很特别，背部呈亮黑色和栗红色，前半身还有一道白色的条纹。它们在树洞或用树枝和树叶筑巢，水平高超。丽松鼠经过 40 天的妊娠期后，一次可产 1~4 只幼崽。

Petaurista leucogenys

白颊鼯鼠

体长：30~58 厘米
尾长：34.5~63.5 厘米
体重：1~1.3 千克
社会单位：群居
保护状况：无危
分布范围：日本

白颊鼯鼠栖居在树上，喜夜间活动，日间则在树洞中休息。白颊鼯鼠的四肢之间有翅膜纵向覆盖，因此在夜间可在树木间飞跃。这样的飞行能力使白颊鼯鼠可在相距甚远的树枝间随意活动，且有助于觅食，它们通常以种子、树叶、松柏、果实、花朵、嫩枝和树皮为食。白颊鼯鼠实行一夫一妻制，平均一年可产 4 只幼崽，幼崽出生后会得到父母的悉心照料。白颊鼯鼠通过类似鸟鸣的声音进行交流。

Spermophilus columbianus

哥伦比亚黄鼠

体长：32.5~41 厘米
尾长：8~11.6 厘米
体重：340~812 克
社会单位：群居
保护状况：无危
分布范围：美国西部

哥伦比亚黄鼠生活在落基山上和山脚的草原上，一般 60 个个体组成一个群体。它们生活在地面上，但也会爬树觅食。哥伦比亚黄鼠的饮食与家畜类似，以牧草和谷物为主，因此被视作农牧业的威胁，经常会被牧人毒死，以此减少其数量。人们对哥伦比亚黄鼠忌惮三分，因为它们还是淋巴腺鼠疫和黑麻疹的宿主，甚至可能引发圣路易脑炎。哥伦比亚黄鼠生命中 70% 的时光都在冬眠中度过。

Tamias striatus

东部花栗鼠

体长：21.5~28.5 厘米
尾长：20~25 厘米
体重：80~150 克
社会单位：独居
保护状况：无危
分布范围：美国东部、加拿大东南部

东部花栗鼠的颜色非常特别，脸上有 3 道黑条纹和两道白条纹，背部有 5 道棕边黑条纹，而尾部的颜色比身体的颜色更深。东部花栗鼠生活在草木丛及树木和岩石较多的山坡上，以种子、坚果、水果、菌类和昆虫为食。它们在杂草间觅食，并把食物储存在颊囊中（两颊内的一个腔）。与其他松鼠不同的是，东部花栗鼠并没有固定的冬眠时间，只会在白天昏睡一段时间，期间活动率、体温和新陈代谢率都会降低。因此在冬季来临前，东部花栗鼠不会摄入过多的食物，只会把食物储备运送至巢穴中，再定期到固定地点觅食。

除求偶期外，东部花栗鼠一般独居。虽然它们也会爬树，但一般还是生活在地下，它们也很擅长修建地下的巢穴，为此要挖多条 6 米多深的地下通道。由于东部花栗鼠的天敌众多（蛇、游隼、狐狸和猫），它们必须要隐藏好洞穴的入口，因此东部花栗鼠会把挖掘产生的废料存储在颊囊中，以尽量减少留下的痕迹。它们的巢穴通常有多个入口，被它们用树叶、石块和任何其他有助于隐藏的材料覆盖。

与其他物种不同的是，东部花栗鼠一年有 2 次繁殖期：一次从 2 月开始，另一次从 6 月开始。它们的妊娠期为 31 天，每胎可产 4~5 只幼崽，幼崽 6 周后方可离开洞穴。

相互尖叫

东部花栗鼠通过发出类似鸟鸣的尖叫声进行交流，它们的听觉十分发达。

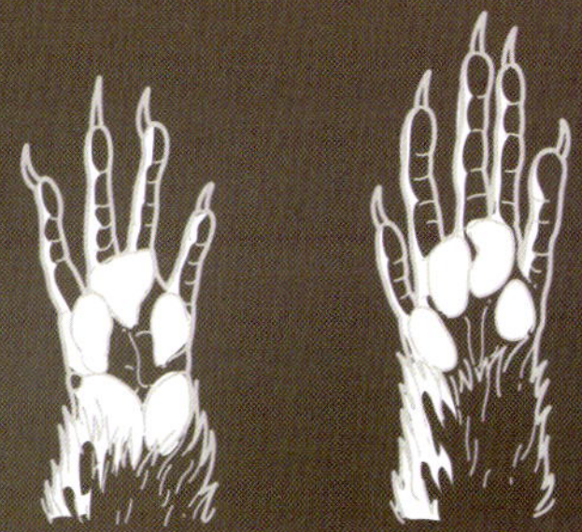

不一样的四肢

与其他松鼠不同，东部花栗鼠的前爪有 4 趾，而后爪有5 趾。

身形大小

东部花栗鼠是所有条纹松鼠中体形最大的。

Cynomys ludovicianus

黑尾土拨鼠

体长：35.2~41.5 厘米
尾长：7~10 厘米
体重：0.705~1.65 千克
社会单位：群居
保护状况：无危
分布范围：北美大平原

黑尾土拨鼠生活在大草原、峡谷和地势较低的河口平原处。它们的尾巴很有特色，上面有黑色条纹，因此得名黑尾土拨鼠。雄性的体形和体重均大于雌性，与多只雌性交配，而雌性一年中仅有一天可受孕。如果在这一天未能受孕，则会进入长达 13 天的月经期。黑尾土拨鼠是松鼠科中最喜社交的一种，它们会用 12 种声音进行交流，通常上百只组成一群。最大的黑尾土拨鼠群在得克萨斯，那里 6.5 万平方千米的土地上聚集了 4 亿只黑尾土拨鼠。

Tamias minimus

花栗鼠

体长：18.5~22.2 厘米
尾长：18~23 厘米
体重：45~53 克
社会单位：独居
保护状况：无危
分布范围：北美洲，北美大平原除外

花栗鼠是花鼠属中体形最小的，常在北方的松柏林和大草原及其他开放区域中出没，擅长攀缘。花栗鼠夏季会在树洞中筑巢，冬季则生活在地下的巢穴中。花栗鼠喜独居，只有在繁殖期会寻找伴侣共同生活。它们发出各种声音进行交流。花栗鼠通常在日间活动，以种子、果实、花朵、菌类、昆虫以及一些小鸟和哺乳动物为食。花栗鼠从不冬眠。它们一年分娩 1 次（每胎可产 5~6 只幼崽）。和其他松鼠一样，它们在运送或进食种子时可帮助种子传播。

Eliomys quercinus
园睡鼠

体长：19~31 厘米
尾长：9~13 厘米
体重：45~140 克
社会单位：群居
保护状况：濒危
分布范围：欧洲、亚洲和非洲北部

园睡鼠可生活在松柏林、落叶林和混合林中，有时也在菜园和花园中出没。与其他睡鼠相比，它们较少在树上生活，反而偏爱藏身于多岩石的地域、墙缝和人类的居所。园睡鼠喜夜间活动，冬眠时间长达 6 个月。它们在春夏进食，在开始冬眠期前体形会增加数倍。它们在白天也可进入睡眠状态。园睡鼠通过声音和各种接触来进行交流。

Dryomys nitedula
林睡鼠

体长：8~13 厘米
尾长：6~11 厘米
体重：18~34 克
社会单位：群居
保护状况：无危
分布范围：欧洲、安纳托利亚和中亚地区

林睡鼠生活在茂密的落叶林或混合林中，在海拔高达 3500 米的草木丛和山丘上也有分布。它们通常在高度 1~7 米之间的树枝上筑巢。幼崽生活的巢穴非常牢固，而成年林睡鼠栖居的巢穴则相对脆弱。林睡鼠一年可分娩 2~3 次。它们非常擅长攀缘和跳跃。林睡鼠的外表与松鼠类似。它们通常在夜间活动，每年冬眠的时间长达数月，白天也会陷入睡眠。

Glis glis
睡鼠

体长：14~20 厘米
尾长：11~19 厘米
体重：70~250 克
社会单位：群居
保护状况：无危
分布范围：法国至西班牙北部、伏尔加河至伊朗北部

睡鼠在地势低的地方和山地均有分布。它们具有卓越的攀缘和跳跃能力，从而可在高处灵活行动，白天就躲在树洞中。睡鼠一般以草为食，但也吃昆虫和雏鸟。它们眼圈周围的毛发为暗色。在夏末，睡鼠会在地下几米处挖掘藏身之处准备过冬，有时栖息地就安置在其他物种的栖息地旁边。一旦受到干扰，它们会立即做出反应。

Muscardinus avellanarius
榛睡鼠

体长：11~16 厘米
尾长：可达 13 厘米
体重：15~30 克
社会单位：群居
保护状况：无危
分布范围：欧洲和安纳托利亚地区

榛睡鼠是欧洲睡鼠中体形最小的。它们在夜间活动，不停地攀爬树木以寻觅食物。榛睡鼠主要以草为食，它们吃树叶（尤其是栎树叶）、树皮、核桃、栗子和橡子。榛睡鼠用黏性唾液粘住树枝、树叶、羽毛、草和毛发，并用这些材料建筑一个球形的巢穴，或是直接霸占一个鸟巢，然后在巢中蜗居数月。当气温降至 16 摄氏度以下时，榛睡鼠就开始冬眠，冬眠时间长达 6 个月。它们在冬眠前积累足够的脂肪，在冬眠期会被消耗掉 50%。

体温
榛睡鼠的体温一般在 34~36 摄氏度之间变化；而在冬眠期体温会降至1 摄氏度。

河狸及其近亲

门：脊索动物门
纲：哺乳纲
目：啮齿目
亚目：河狸亚目
科：3
种：62

这类啮齿目中包括3科，彼此之间特征迥异：河狸科、囊鼠科和更格卢鼠科，其中河狸和囊鼠为水生生物，体形巨大且生活在北美、欧洲和亚洲。囊鼠擅长挖洞，外形与鼹鼠相似；而更格卢鼠的后足巨大，利于弹跳。

Geomys bursarius

平原囊鼠

体长：18~36 厘米
尾长：5~10 厘米
体重：300~450 克
社会单位：独居
保护状况：无危
分布范围：美国西部和墨西哥北部

平原囊鼠喜欢在多沙和裂缝的地下较深处活动。其中雄性的数量较少，而雌性数量相对较多，在交配期不得不相互竞争。平原囊鼠一年可分娩多次，幼崽3个月后性成熟。平原囊鼠以新鲜的植物根部、果实和块茎为食，很少饮水：它们可从食物中获取所需水分。它们在日间和夜间都很活跃。

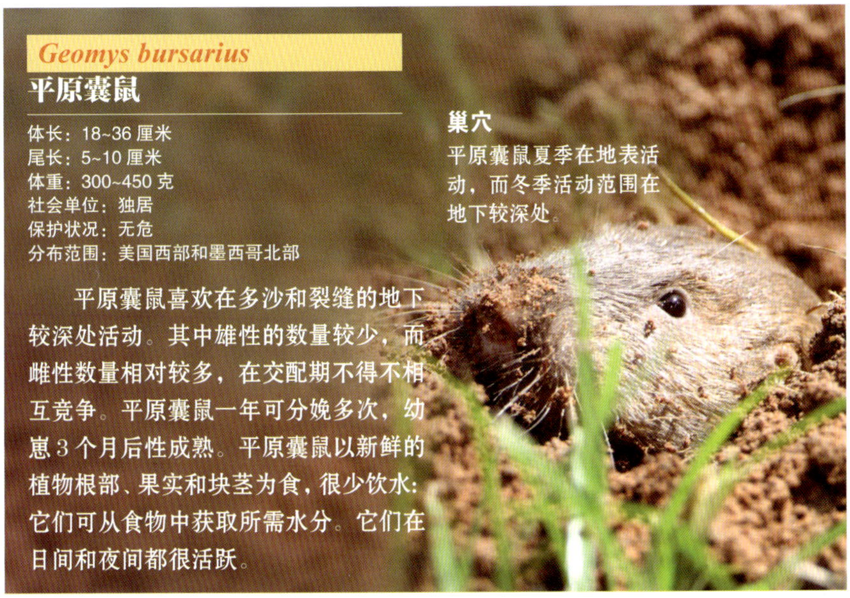

巢穴
平原囊鼠夏季在地表活动，而冬季活动范围在地下较深处。

Zygogeomys trichopus

裸尾囊鼠

体长：32~34 厘米
尾长：10~12 厘米
体重：280~530 克
社会单位：群居
保护状况：濒危
分布范围：墨西哥中部

裸尾囊鼠是裸尾囊鼠属唯一的物种。它们的毛色很深，眼睛很小，尾部裸露，爪子的上半部分有毛发覆盖。

裸尾囊鼠在地下2米深处构建巢穴，在地表处无入口。在构建巢穴时，它们会在洞口附近留下一座2米高的土丘。它们喜欢生活在树林、农田和山地，栖息地的最高海拔可达2200米。

Castor fiber

欧亚河狸

体长：73~135 厘米
尾长：25~37 厘米
体重：13~35 千克
社会单位：群居
保护状况：无危
分布范围：欧洲和亚洲

欧亚河狸是欧洲最大的啮齿目动物。它们适应了两栖生活，栖居在水流平缓的流域的岸边，那里有茂密的低矮植被覆盖。欧亚河狸擅长游泳和潜水，它们的毛发防水，后足很宽且趾间有蹼。

欧亚河狸以树叶和树皮为食，同样也用树叶和树皮构建巢穴，其出入口均在水下。欧亚河狸能像人类用手一样灵活地使用前爪，并用尖利的爪子扯断树枝，再用树枝构建堤坝。欧亚河狸在夜间活动，冬季虽然储存食物，却不像其他啮齿目动物那样会冬眠。

欧亚河狸实行一夫一妻制，一年分娩1次，平均每胎可产3只幼崽。它们用不同姿势和尾部动作交流，到了繁殖期则用标记给配偶留下信息。

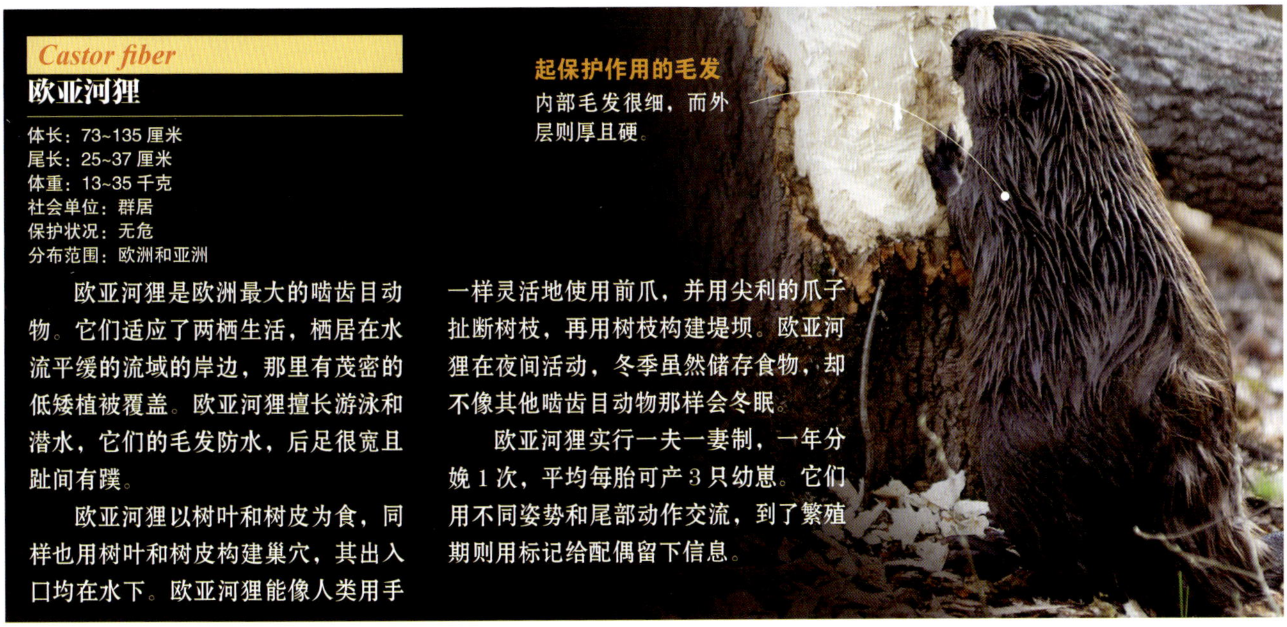

起保护作用的毛发
内部毛发很细，而外层则厚且硬。

Castor canadensis

美洲河狸

体长：60~80 厘米
尾长：25~45 厘米
体重：12~25 千克
社会单位：群居
保护状况：无危
分布范围：北美洲

灵活的手

前肢可握住待咬食的树干或树枝。

美洲河狸的毛发很长，一般为红棕色，但有时也会呈黄色或黑色。它们的毛发有助于保持体温，在冰水中也能抵御严寒。美洲河狸游泳时耳鼻中会形成膜，嘴唇会在切齿后闭拢，不妨碍切齿咬食。而眼睛中透明的第三眼睑使其可在潜水时视物。

饮食

美洲河狸以树叶、小树枝和树皮为食。它们也会咬食树干直至咬断，然后再食取其中的嫩枝。

行为和繁殖

美洲河狸实行一夫一妻制，但如一方死亡，另一方会重新寻找配偶。在繁殖的春季到来前，一对河狸伴侣会离开原来的团体独自生活。美洲河狸的妊娠期为 107 天，每胎可产 3~4 只幼崽。

适应游泳

小美洲河狸出生24 小时后即会用肢体拍水游泳，此后大部分时间均在水中度过。

建筑专家

美洲河狸会竖起一块堤坝来确定水位，然后圈出一片水塘，深度要足够建筑巢穴。它们的巢穴有两个入口、水下隧道和一个泥木结构，巢穴能为美洲河狸提供热量和保护。这一习性对环境可谓一把双刃剑：一方面为多种物种提供了丰富的水中栖息地；另一方面，会阻碍疏浚，从而引发洪水。

2.4 米

美洲河狸的巢穴的平均宽度，其高度一般为1 米。

尾部和腺性分泌

美洲河狸的大尾巴有两个功能：用于交流（如出现危险，可在水中晃动尾巴来提醒配偶）；作为脂肪储存器官。此外，尾巴的基部还有腺体，其分泌物可用释放出的特殊气味来圈定领地。

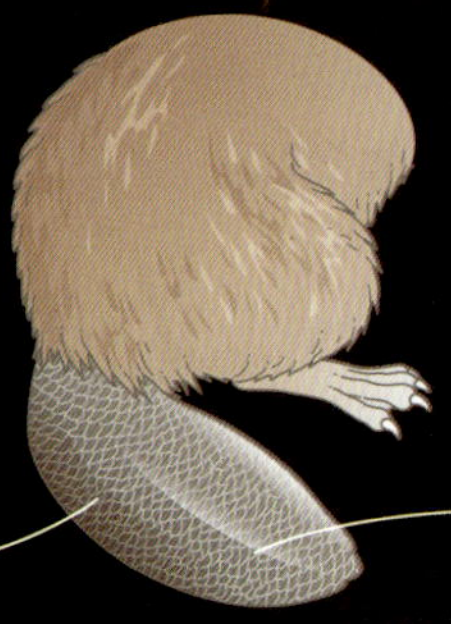

精细的藏身之处

结构复杂的巢穴可保护美洲河狸不受天敌（狼、猞猁和熊）和寒冷天气的侵袭。它们可在堤坝后的岛屿上、池塘岸边或湖泊及河流的岸边建筑巢穴。美洲河狸也会不断修缮和优化它们的住所。

水流控制

美洲河狸用泥土、岩石和树枝修建堤坝，从而控制巢穴周围的水量。在平缓的水流中呈竖直状，而在湍急的水流中则呈弯曲状，这样的调整是为了增强稳固性。

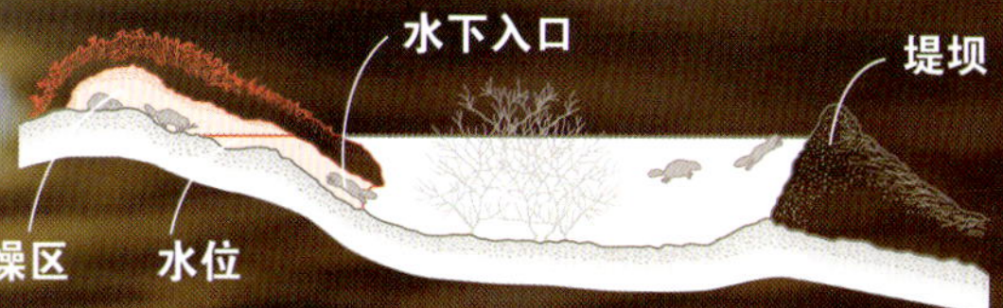

功能性的牙齿

美洲河狸的牙齿与其身形相比十分巨大，在咬食过程中虽会磨损，但终其一生都在不断生长。它们的头骨大且坚硬，便于切入并咬断硬木，可啃食枫树和栎树。美洲河狸牙齿的进化为其生存做出了杰出贡献。

650米

据载，至目前为止美洲河狸建造的最长堤坝的长度

Thomomys bottae

波氏囊鼠

体长：11~30 厘米
尾长：4~9.5 厘米
体重：115 克
社会单位：独居
保护状况：无危
分布范围：美国西部和墨西哥北部

波氏囊鼠的分布十分广泛，从沙漠荆棘至松柏林再到农田均可见其踪迹，但在农田中被视作灾害。雄性的体积比雌性大，它们的身体结实且浑圆，四肢有力。它们一生中大部分时间都在挖洞，洞穴位于地下 1~3 米处，80% 的时间都是在洞穴中度过的。波氏囊鼠的巢穴通常有多条通道，都通向中央区域，这里是它们储存食物和筑巢的地方。波氏囊鼠并不冬眠，下午比夜间更活跃。它们以树枝、鳞茎、块茎和树叶为食。

Dipodomys deserti

沙漠更格卢鼠

体长：33~34 厘米
尾长：19~20 厘米
体重：83~148 克
社会单位：独居
保护状况：无危
分布范围：北美洲西南部的旱地

沙漠更格卢鼠是草食动物，栖居在海拔在 60~1700 米之间的移动沙丘上。肉眼即可通过体形大小区分雄性和雌性：雄性更长、更重。由于栖息地没有较大的地理屏障，沙漠更格卢鼠的外形大同小异。它们是独居动物，喜夜间行动。除雌性会和幼崽共同生活外，一般一个巢穴中只有一只沙漠更格卢鼠居住。它们的进攻性极强，即使是配偶接近领地都可能被驱逐出去。沙漠更格卢鼠会用沙子洗澡，以确保皮毛清洁无油脂。

Dipodomys californicus

加州更格卢鼠

体长：26~34 厘米
尾长：15~21 厘米
体重：80 克
社会单位：独居
保护状况：无危
分布范围：美国西南部

加州更格卢鼠得名于可用后足站立的能力。它们的后足极长，位置与两足动物类似，可通过近距离跳跃进行移动；前足则相对较短。雄性的体形大于雌性。加州更格卢鼠脸宽，毛深，尾巴末端有白色毛饰。它们喜欢生活在牧草丰盛的开放区域和草木丛中，但也能适应沙漠生活。沙漠地区降水少、排水快，正好利于加州更格卢鼠构建巢穴。加州更格卢鼠用粉尘洗澡，可去除皮肤上的脏物和油脂。它们喜欢在夜间活动，可躲开白天的灼灼烈日，享受夜间的湿润。加州更格卢鼠以种子、茎、花朵和昆虫为食，可长时间不饮水，仅依赖食物中的水分存活。为了繁殖，它们可以暂时接近其他同类。它们的交流系统十分复杂，主要是用肢体拍击地面，以吸引同伴的注意。

加州更格卢鼠一年可产 3 只幼崽，幼崽在能自主觅食前都生活在巢穴中。它们为独居动物，领地意识很强。

门：脊索动物门
纲：哺乳纲
目：啮齿目
亚目：鳞尾松鼠亚目
科：2
种：9

鳞尾松鼠

鳞尾松鼠生活在撒哈拉以南的非洲地区，已经适应了干燥多沙的环境。鳞尾松鼠不会飞，但弹跳力很强。

Pedetes capensis

跳兔

体长：35~45 厘米
尾长：37~48 厘米
体重：3~4 千克
社会单位：独居
保护状况：无危
分布范围：刚果南部、肯尼亚和南非

跳兔喜欢在干燥多沙的土地上生活。它们的外形酷似袋鼠，后足长而前足小。虽然名为跳兔，却与兔子无亲缘关系。跳兔的脖子虽细，肌肉却很发达，足以支撑它们短小的头颅。头上长着一对大眼睛，尾部很长，末端呈黑色。

跳兔一年四季均可受孕，一般每胎可产 1 只幼崽。它们的藏身之处有多个入口，可从内部封闭。跳兔为草食动物。

老鼠及其近亲

门：脊索动物门

纲：哺乳纲

目：啮齿目

亚目：鼠形亚目

科：7

种：1569

鼠形亚目是啮齿目中物种最丰富的亚目，目下各物种体形和习性各异。比如旅鼠属生活在极地冻原，而冈比亚巨鼠生活在非洲的沙漠平原。沙鼠跳跃着前进，而有些则是游泳“高手”。此外，平原鼠和黑鼠也属于鼠形亚目，它们是最擅长与人类共存的物种。

Jaculus jaculus

非洲跳鼠

体长：9.5~11 厘米
尾长：12.8~25 厘米
体重：43~73 克
社会单位：独居
保护状况：无危
分布范围：非洲北部和阿拉伯地区

非洲跳鼠喜欢生活在沙漠和半沙漠地区，有时也在多岩石的山谷和大草原上出没。它们的姿势和运动方式均酷似小袋鼠。静止不动时，它们的尾巴弯曲着支撑身体。非洲跳鼠的趾上有毛，利于在沙地上行走，长长的尾巴可保持平衡。它们的眼睛和耳朵都很大。非洲跳鼠在夜间活动和觅食，不喜社交，以树根、嫩芽、种子和树叶为食，觅食范围可达 10 千米，从食物中即可摄取所需水分。

雌性比雄性稍大，一年至少分娩 2 次，平均每胎可产 3 只幼崽。一只雄性可与多只雌性交配，而雌性的性伴侣却是唯一的。雌性会在巢穴里悉心照料自己的幼崽，直至 8 周后它们发育成熟。非洲跳鼠在沙地里挖洞作为藏身之处，洞深 1 米有余，呈逆时针螺旋形。它们也会挖洞用来洗澡。

纤长的四肢
非洲跳鼠的后足可长达 5~7.5 厘米。

Sicista betulina

北部蹶鼠

体长：5~7 厘米
尾长：6.7~11 厘米
体重：30 克
社会单位：群居
保护状况：无危
分布范围：欧洲北部和亚洲中部

北部蹶鼠的分布广泛，从北方树林到山地，从大草原到极地冻原都可见到它们的身影。因其背部有黑色条纹，又名“北方条纹鼠”。北部蹶鼠在夜间活动，爬树时尾巴可助其保持平衡。在夏季，它们喜欢生活在植被丰富、气候湿润的地方；而冬季它们则会重回丛林，每年在丛林的地下巢穴中至少冬眠 6 个月。春夏之交，雌性会产下 3~10 只幼崽。

Notomys mitchellii

米氏弹鼠

体长：9~16 厘米
尾长：15 厘米
体重：40~60 克
社会单位：群居
保护状况：无危
分布范围：澳大利亚

与非洲跳鼠一样，米氏弹鼠的后足很大。它们日间藏身于纵向的巢穴中，巢穴很深，有几条隧道彼此相连，可容纳 10 只米氏弹鼠。尽管它们的生理功能已能适应干旱地域的生活，肾也能集中尿液，从而减少水分流失，但是它们还是比生活在沙漠上的同属的其他物种更依赖水分的摄入。

Mystromys albicaudatus
马岛白尾鼠

体长：20~24 厘米
尾长：5~8 厘米
体重：75~96 克
社会单位：独居
保护状况：濒危
分布范围：南非和莱索托

马岛白尾鼠生活在大草原、牧草丰盛的地域或半沙漠地区，藏身于巢穴（有时会占用狐獴的巢穴）和地面裂缝中。它们的尾部和腹部均呈白色，外形与仓鼠类似。马岛白尾鼠通常在夜间活动，下雨天尤其活跃。它们以植物和昆虫为食，主要的天敌为猫头鹰。

马岛白尾鼠不喜社交，实行一夫一妻制，雌性和雄性会共同承担照看幼崽的任务。由于雌性只有 4 条乳腺，所以如果每胎多于 4 只幼崽，将会把其中一只轮流赶出窝，以确保所有幼崽都能平均分得乳汁。

由于马岛白尾鼠 80% 的栖息地已被改变，如不采取紧急保护措施，仅存的栖息地也将在 10 年内消失一半，因此马岛白尾鼠正面临着灭绝的危险。

Cricetomys gambianus
非洲巨鼠

体长：25~45 厘米
尾长：35~45 厘米
体重：1~1.47 千克
社会单位：雄性喜独居，雌性喜群居
保护状况：无危
分布范围：非洲中部，从冈比亚至肯尼亚和莫桑比克

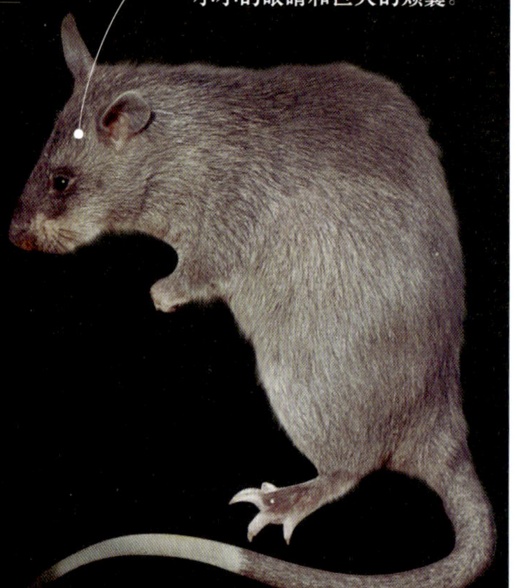

狭窄的头部
非洲巨鼠的外形特征在于其小小的眼睛和巨大的颊囊。

非洲巨鼠生活在热带雨林、树林、耕地、农场和农村地区。它们一般生活在陆地上，但也是爬树和游泳“高手”。雌性并无规律的经期，主要取决于月经的次数以及是否有雄性相伴。

非洲巨鼠每年产 9 只幼崽，雌性为了保护幼崽会变得极具攻击性。非洲巨鼠虽然生活在热带地区，却受不了高温，因此它们日间躲在巢穴中，晚上才出来觅食（果实、块茎、树根、白蚁和蛇）。由于器官中难以积聚脂肪，它们同样也忍受不了严寒。非洲巨鼠通过独特的声音进行交流。

Arvicola terrestris
水田鼠

体长：16~22 厘米
尾长：10~15 厘米
体重：150~300 克
社会单位：群居
保护状况：易危
分布范围：法国、西班牙和葡萄牙

水田鼠生活在地下，它们会挖掘较浅的椭圆形纵向通道，与幼崽的巢相连。在缺少食物的季节，它们会收集重达 10 千克的食物。水田鼠的妊娠期为 3 周，每年可分娩 2~3 次，每次可产 3~6 只幼崽。如条件允许，分布密度可达每 100 平方米 5 只，通常以家庭为单位聚居。水田鼠不进行冬眠，能很好地适应水中生活，甚至能在水中进食。

Arvicola scherman
山区水田鼠

体长：12~22 厘米
尾长：6.5~12.5 厘米
体重：70~200 克
社会单位：群居
保护状况：无危
分布范围：欧洲南部和中部的山地地区

山区水田鼠可在海拔 2400 米的法国阿尔卑斯山脉生活。有些族群生活在坎塔布连山脉（西班牙）和比利牛斯山脉（法国）。

山区水田鼠毛发柔软，向前突出的切齿十分锋利，以满足其爱咬食的生活习惯。山区水田鼠为陆生动物，会在地下钻出深 1 米、设计复杂的通道。它们为草食动物，在夏季吃草，冬季吃树根、鳞茎和块茎。

Microtus arvalis
普通田鼠

体长：6~11 厘米
尾长：2~5 厘米
体重：60 克
社会单位：群居
保护状况：无危
分布范围：欧洲和亚洲

普通田鼠为严格的草食动物，尤其喜食双子叶植物。它们的繁殖速度极快，只是幼崽的死亡率也很高。普通田鼠会用草木为材料构建直径为 20 厘米、深度为 20~30 厘米的球形洞穴，一般有 3~4 个通道并与其他巢穴连通。普通田鼠在白天活动，每次出洞都遵循一样的路线，并在周围的植被上留下可见的足迹。它们对某些农业区域造成了巨大灾害。

Dicrostonyx torquatus
鄂毕环颈旅鼠

体长：7~15 厘米
尾长：1~2 厘米
体重：14~112 克
社会单位：群居
保护状况：无危
分布范围：俄罗斯

鄂毕环颈旅鼠成群生活，它们会在觅食的道路上修建简单的巢穴，并共同使用这些巢穴储存嫩枝和果实等食物。鄂毕环颈旅鼠全天都很活跃。它们每年分娩 2~3 次，每胎可产 5~6 只幼崽。与其他同属的物种一样，鄂毕环颈旅鼠的皮毛在冬季会变为白色，以便在大雪中隐藏自己。鄂毕环颈旅鼠还是游泳“高手”，它们的皮毛可防水。

Lemmus lemmus
欧旅鼠

体长：11~15.5 厘米
尾长：1~2 厘米
体重：50~130 克
社会单位：独居
保护状况：无危
分布范围：荷兰、挪威、俄罗斯和瑞典

欧旅鼠在白天和夜间均有活动。它们夏季筑巢，寒冷的季节则在雪下的通道中过活。在雌性怀孕过程中，如有陌生雄性接近，雌性将会自动流产。欧旅鼠易怒且领地意识很强，用一系列叫声进行交流，也可依赖嗅觉接收信号。欧旅鼠虽为独居动物，但为了节约能量也会在冬季共用巢穴。它们为草食动物：以果实、树叶、牧草、树皮、地衣和树根为食。

Ondatra zibethicus
麝鼠

体长：41~62 厘米
尾长：20~25 厘米
体重：0.68~1.8 千克
社会单位：群居
保护状况：无危
分布范围：北美洲

麝鼠生活在潮湿的区域，以此处的植物为食，并用它们建造巢穴。麝鼠的身躯硕大而浑圆，棕色的皮毛有防水功效。它们扁平的尾部在游泳时发挥了极大的作用。麝鼠还可潜水 12~17 分钟，一潜入水中就会闭合耳朵和嘴唇，只有切齿还露在外面继续咬食。麝鼠定居后会组建大家庭，如果数量过多，雌性就不得不驱逐幼崽了。麝鼠会发出声音并分泌出名为“麝香”的腺性分泌物。

Dicrostonyx groenlandicus
环颈旅鼠

体长：10~15.7 厘米
尾长：1~2 厘米
体重：30~112 克
社会单位：群居
保护状况：无危
分布范围：美国阿拉斯加州、加拿大北极群岛、格陵兰岛、西伯利亚几处岛屿

环颈旅鼠体形小而扁圆。它们的巢穴长可达 6 米，宽可达 20 厘米，通常在炎热的季节会用牧草搭建小巢。环颈旅鼠以草、树根和果实为食。它们实行一夫一妻制，每年可分娩 2~3 次，每胎可产 1~11 只幼崽。由于天敌众多（狐狸、狼、游隼、猫头鹰等），环颈旅鼠很难存活一年以上。

每隔一段时间，环颈旅鼠族群的数量会大量增长，直到达到一个危险的临界点。此时它们会纷纷跳海，这在我们看来就是“集体自杀”，实际是环颈旅鼠的自我调节机制，但这一假设还没有科学依据。

Peromyscus maniculatus

鹿鼠

体长：12~22.2 厘米
尾长：5~11 厘米
体重：10~24 克
社会单位：群居
保护状况：无危
分布范围：墨西哥、美国和加拿大

鹿鼠是啮齿目在北美分布最为广泛的物种。它们一般夜间在陆地上活动，但也会爬树。鹿鼠下有57个亚种，呈现出两种生态型。它们的毛发又密又短且柔软，背部为棕色，腹部为白色。四足很短，尾部有两色。鹿鼠的嘴尖，耳、眼很大，耳朵上有短毛覆盖。鹿鼠为杂食动物，有时会食粪（吃自己的排泄物）。鹿鼠全年均可分娩，一般每胎可产 4~6 只幼崽。鹿鼠不冬眠，但在寒冷的日子里会陷入睡眠状态，以减少能量消耗。

保护欲极强的雌性鹿鼠

雌性鹿鼠到了繁殖期对领地的保护欲很强，甚至展现出比雄性鹿鼠更强的进攻性。

Akodon azarae

南美原鼠

体长：12~24 厘米
尾长：5~10 厘米
体重：10~45 克
社会单位：独居
保护状况：无危
分布范围：阿根廷东北部和中部偏东地区、玻利维亚、巴拉圭、乌拉圭和巴西最南端

南美原鼠的毛发柔软，背部呈橄榄偏绿色，腹部为黄色，肩和嘴呈红色。它们的肢体较短，身体浑圆。南美原鼠的体重随季节变换而变化：一般春季体重减轻，而冬季体重增加。它们喜欢生活在茂密高大的植物丛中，这样可以保护它们不受天敌的追捕。南美原鼠为陆生动物，且无冬眠期。它们以种子、果实和昆虫为食。春至秋季都是它们的繁殖期，一般一年 2 胎，每胎可产 3~4 只幼崽。由于食物储备丰富，南美原鼠最适宜在冬季怀孕。新生的幼崽重约 2.2 克，哺乳期约为 2 周。雌性负责平衡两性数量，必要时甚至会杀死自己的幼崽。

南美原鼠生活在农业生态系统中，是汉坦病毒的携带者。

Oligoryzomys longicaudatus

长尾小啸鼠

体长：6~8 厘米
尾长：11~15 厘米
体重：17~35 克
社会单位：群居 / 独居
保护状况：无危
分布范围：阿根廷南部和智利

长尾小啸鼠生活在海拔 2000 米以下的安第斯丘陵地带、农村地区和水流附近，主要在夜间跳跃着活动。它们以果实、菌类和小型节肢动物为食。长尾小啸鼠会利用草木丛爬树，在繁殖期爬到最低的树冠，并在那里筑巢或占据一个废弃的鸟巢。雌性几个月大时即可分娩，一年可分娩 3 次。

Mesocricetus auratus

叙利亚仓鼠

体长：13~14 厘米
尾长：1~1.5 厘米
体重：100~125 克
社会单位：独居
保护状况：易危
分布范围 ：土耳其和叙利亚边境

野生的叙利亚仓鼠会在田边建造巢穴。它们的颊囊巨大，从两颊一直延伸到肩部，可将食物运送到藏身之处。叙利亚仓鼠的眼睛色深，耳朵呈圆形，短短的毛发颜色鲜艳，趾灵活且趾甲坚硬。它们经常用舌头清洁自己的身体。叙利亚仓鼠是妊娠期最短的胎盘哺乳动物，妊娠期只有 16 天。平均每胎可产 10 只幼崽（一年多胎）。

Mastacomys fuscus

宽齿鼠

体长：12~22 厘米
尾长：6.5~12.5 厘米
体重：70~200 克
社会单位：群居
保护状况：近危
分布范围：仅存在于澳大利亚

宽齿鼠肌肉发达，“胖脸蛋”，脸和耳朵都又宽又小，细细的毛发又长又密。它们的背部呈棕色，反射出红色的光。尾巴稍短，尾尖处打着圈，毛很稀疏。宽齿鼠长且充满纤维的绿色粪便十分特别。它们喜欢生活在雨水充沛、气候凉爽的地方。宽齿鼠为草食动物，在夏秋两季一般夜间出去觅食，而冬季的觅食时间则提早至下午。它们在夏季用植物构建起复杂的通道系统用于居住，冬季再用雪加以掩盖。巢穴温度较高，可以让宽齿鼠在寒冷的天气中相互取暖，继续活动。宽齿鼠在夏季还会在树干下用牧草筑巢，并在那里产崽。雌性最多有 4 个乳头。

Mus musculus

小家鼠

体长：6~10 厘米
尾长：6~11 厘米
体重：12~40 克
社会单位：群居
保护状况：无危
分布范围：全世界

姿势

小家鼠活动时需使用4足，但进食或攻击时只用2足。

原先小家鼠只在地中海至中国的地域有分布，但人类的活动却把它们带到了全世界。它们主要以植物为食，有时也吃肉。小家鼠擅长跳跃和攀爬，需要时也会游泳。它们奔跑时尾部水平，以保持平衡。小家鼠在黄昏和夜晚时最为活跃。

小家鼠在陆地生活，族群由一只雄性带领，配以多只雌性和幼崽。它们的视觉和听觉都很灵敏。小家鼠实行一夫多妻制，雄性在求偶期会发出超声波。它们一年四季均可受孕，每胎最多可产 14 只幼崽。小家鼠会携带多种病菌，对人类造成不利影响；小家鼠也是实验室中使用最多的动物；由于基因变化，小家鼠呈现出非常多样的特征。

Acomys cahirinus

开罗刺鼠

体长：9~13 厘米
尾长：9~12 厘米
体重：40~90 克
社会单位：群居
保护状况：无危
分布范围：非洲北部沙漠地区

开罗刺鼠的毛又短又尖，可用来防御天敌。嘴尖，耳圆且上竖，眼睛外突而明亮，尾巴扁平且有鳞。开罗刺鼠生活在多石的草原或沙漠地区，在受到人类活动影响形成的环境中也有分布，如建筑物的裂缝中。开罗刺鼠喜欢在黄昏或夜间活动，只需摄入极少的水分即可存活（可减少排尿量来存储水分）。它们主要以昆虫、蜗牛和种子为食。开罗刺鼠的族群中等级森严，通常由等级最高的雌性带领整个族群。族群中的所有成员一同休憩并互相清洁。雌性会喂养非亲生的幼崽，如藏身之处不再安全，成年鼠会帮助所有幼崽转移。幼崽初生时，灰色的毛发十分柔软，断奶后才会长出棕色的刺尖毛发，与同属的其他物种区分开来。

Microtus subterraneus

欧洲松田鼠

体长：6~15 厘米
尾长：7~14 厘米
体重：20~35 克
社会单位：群居
保护状况：无危
分布范围：除芬兰外的整个欧洲、斯堪的纳维亚半岛北部、波罗的海和俄罗斯

欧洲松田鼠主要在夜间活动，头形硕大，眼睛突出，耳朵发育完好，尾长。呈棕偏红色（亦称彩色鼠）；胸部和腹部的颜色偏浅，近乎白色。欧洲松田鼠在海平面至海拔 3300 米之间生活。若干只欧洲松田鼠会共同建造巢穴和地道并共同生活。欧洲松田鼠的嗅觉灵敏，也是爬树和游泳“高手”。它们以果实、种子、嫩枝和茎干为食。

Micromys minutus

巢鼠

体长：5~8 厘米
尾长：5~7.5 厘米
体重：4~6 克
社会单位：独居
保护状况：无危
分布范围：古北界和东洋界

巢鼠生活在高山草原、海拔较高的牧场、沼泽、甘蔗园及潮湿的热带雨林空隙中，是鼠科中体形最小的物种。它们的眼睛和耳朵都很大，四足利于爬树，长长的尾巴也可钩住树干。背部呈栗红色，腹部呈白色。巢鼠为草食动物，但也吃昆虫和幼虫。它们虽不冬眠，但也会建造巢穴来抵御严寒。巢鼠在白天和黑夜都很活跃，每 3 小时就要进食 30 分钟，其余时间用来睡觉。

Meriones unguiculatus

长爪沙鼠

体长：10~12 厘米
尾长：9~12 厘米
体重：52~133 克
社会单位：群居
保护状况：无危
分布范围：蒙古东南部及俄罗斯和中国周边区域

长爪沙鼠生活在大草原、沙漠和半沙漠地区，在山区并无分布。它们白天、黑夜均很活跃，而冬季则主要在日间活动。

长爪沙鼠以家庭为单位聚居，共同保卫巢穴。雌性的领地意识比雄性强。在食物短缺的季节中，整个族群会共同搜集并储存大量食物：它们会在巢穴中储存 20 千克的食物。它们的巢穴一般长 5~6 米，夏季巢的深度为 45 厘米，而冬季则可达到 150 厘米。长爪沙鼠主要以种子和草为食，但也能消化沙漠植物的果实。为了寻觅食物，长爪沙鼠可进行长达 50 千米的迁徙。

Ctenomys talarum

蓝栉鼠

体长：21~25 厘米
尾长：6~7 厘米
体重：90~190 克
社会单位：独居
保护状况：无危
分布范围：阿根廷中部

蓝栉鼠在地下修建巢穴，且一生中大部分时光均在巢穴中度过，除繁殖期外均保持独居状态。由于蓝栉鼠会连续发出有规律的“*tuc~tuc*”声，因而得名“*tuco tuco*”。由于蓝栉鼠的领地意识很强，它们可以用这样的交流方式告知对方自己的存在，这样每只蓝栉鼠均可待在各自的地道系统中，互不干扰。此外，这种发声方式也许还能让同一族群内的各只蓝栉鼠进行空间定位。另外，雌性也可用这种发声方式告知雄性自己已做好受孕准备。幼崽大多在 10~12 月间出生，每胎可产 4~5 只幼崽。初生的幼崽在远离母亲时会发出特殊的声音，母亲闻声便可找到幼崽。为了减少水分消耗，蓝栉鼠可憋住尿液。它们的寿命为 20~22 个月。

Heterocephalus glaber

裸鼹鼠

体长：12~22 厘米
尾长：6~13 厘米
体重：30~70 克
社会单位：群居
保护状况：无危
分布范围：索马里、埃塞俄比亚中部、肯尼亚北部和东部

裸鼹鼠喜欢生活在干旱地区、细沙地或石膏地的地下。它们是唯一具有真社会性的哺乳动物，其社会组织类似蜜蜂和蚂蚁。雄性和雌性共同照顾幼崽。在其社会等级中有一级不能生育。最多 3 只雄性与 1 只雌性交配，这只雌性裸鼹鼠被认定为“鼠后”，是鼠群中体形最大的。鼠群中其他成员则负责照顾幼崽。在地下生活的裸鼹鼠约 80 个个体组成一个鼠群，鼠群中再以家庭为单位划分，两代裸鼹鼠可共同生活。

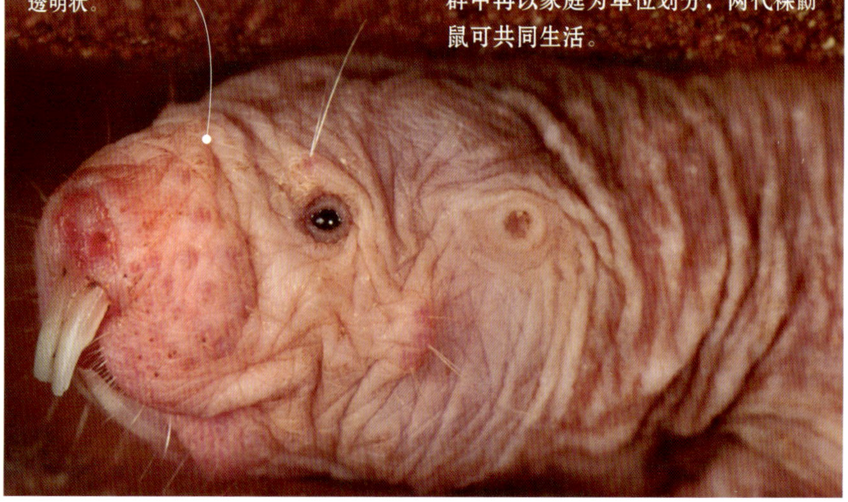

Rattus rattus
黑鼠

体长：16~22 厘米
尾长：20~24 厘米
体重：70~300 克
社会单位：群居
保护状况：无危
分布范围：原生于南亚，后被引入其他大陆

人类的跨国旅行把黑鼠引入原生地以外的地方，因而又名船鼠。它们可在一切满足其杂食需求的地方居住。褐鼠会将黑鼠从气候温和的城市及农场驱逐出来。黑鼠的生活领地很小，不超过 100 平方米，它们一般在行走时留下油质印记，以圈定领地。黑鼠实行一夫多妻制，一个鼠群由雄鼠领导，但雌性在妊娠期和生产期也会变得进攻性很强。黑鼠擅长爬树，一般生活在高处，如农村的树上或城区的建筑物中。黑鼠一般呈黑色，腹部颜色稍浅。它们是中世纪首先传播腺鼠疫的物种。

Rattus norvegicus
褐鼠

体长：22~27 厘米
尾长：17~22 厘米
体重：350~550 克
社会单位：群居
保护状况：无危
分布范围：原生于中国，后被引入其他大陆

褐鼠被认为是除人类外世界上最成功的哺乳动物。只要有人居住的地方就有它们的身影，在城市分布尤其广泛。只要对褐鼠进行选择性培育，即可用于实验室研究。

褐鼠的听觉和嗅觉十分灵敏，对超声波很敏感，但是视觉很差。它们通常在夜间活动，擅长游泳但不会爬树。褐鼠会挖掘很宽的地道。雌性一年可分娩 5 次，妊娠期只有 21 天，每胎最多可产 14 只幼崽，平均为 7 只。雌性会照顾幼崽，其中更偏爱年龄小的幼崽。褐鼠身上携带大量病菌：腺鼠疫、勾端螺旋体病、出血热和汉坦病毒。

豪猪、毛丝鼠及其近亲

门：脊索动物门

纲：哺乳纲

目：啮齿目

亚目：豪猪亚目

科：18

种：290

豪猪亚目动物是世界上最大的啮齿目动物，其中水豚可重达70千克，即使最小的田鼠也有100克。豪猪的刺很引人注目，用于防御天敌，而毛丝鼠是世界上毛发最密的物种，河狸鼠生活在水中，而阿根廷长耳豚鼠则生活在干旱的地域。

Sphiggurus mexicanus

墨西哥毛倭豪猪

体长：35~46 厘米
尾长：20~36 厘米
体重：1.5~2.5 千克
社会单位：独居
保护状况：无危
分布范围：墨西哥中部至巴拿马地峡

墨西哥毛倭豪猪可以栖居在各种热带雨林中，从平原地区至海拔3200米处均有分布。尾巴可以钩住树枝以适应树上的生活，尾尖无毛。墨西哥毛倭豪猪的背部和体侧均有刺，以抵御天敌。它们与其他豪猪相比体形更小、速度更慢，也更安静，只有在繁殖期才会发出声音。墨西哥毛倭豪猪一年可产1~2只幼崽。它们在夜间活动，白天则在树洞里或长有树叶的树枝上休息，以树根和果实为食。

Erethizon dorsatum

北美豪猪

体长：60~90 厘米
尾长：17~29 厘米
体重：5~12 千克
社会单位：独居
保护状况：无危
分布范围：加拿大、美国和墨西哥北部

北美豪猪的栖息地十分广泛，从极地冻原到落叶林再到松柏林，从沙漠到栎树丛地带，它们的身影无处不在。北美豪猪的爪子和后足很长，便于攀缘。它们的毛发呈刺状，共有3万根硬毛和背棘。北美豪猪在夜间活动，白天则在树上休息。它们一般独居，只有在夏秋两季觅食时会成群结队地行动，然后冬季居住在同一个巢穴中。

Coendou prehensilis

玻利维亚卷尾豪猪

体长：30~60 厘米
尾长：33~48.5 厘米
体重：1~5 千克
社会单位：独居
保护状况：无危
分布范围：委内瑞拉至阿根廷

玻利维亚卷尾豪猪是10种新大陆豪猪中的一种，它们生活在热带草原中，为树栖动物。夜间活动，白天则在树枝上休息。它们用声音交流，要想移动必须先从一棵树上下来再上另一棵树。

玻利维亚卷尾豪猪的妊娠期为203天，一年只产1只幼崽，雌性生产后即可立刻怀孕。玻利维亚卷尾豪猪为草食动物，可在农田中觅食。

Hystrix cristata

非洲冕豪猪

体长：60~93 厘米
尾长：8~17 厘米
体重：10~30 千克
社会单位：独居
保护状况：无危
分布范围：意大利中部和西西里、非洲北部和撒哈拉以南的非洲

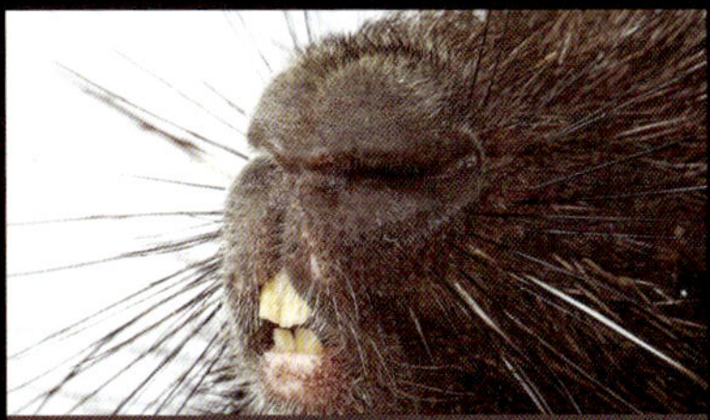

坚硬的牙齿

非洲冕豪猪一共有20颗牙齿，在咬食时，切齿和前臼齿之间的空间（即牙间隙）可“放置”嘴唇。

非洲冕豪猪又称欧洲豪猪、非洲豪猪或北非豪猪。它们生活在热带雨林、山地、耕地和沙漠地带。

非洲冕豪猪浑身长满了鬃毛和刺，其中头部、颈部和背部的刺最硬，刺和趾甲上都覆盖着角蛋白油脂层。

为了自我保护，非洲冕豪猪会用足部踹敌人：先用最粗的刺“刺”敌人，如有必要再用细刺进攻，可以成功防御狮子、豹子、鬣狗和人类的进攻。

非洲冕豪猪通常独居或以小家庭为单位聚居，它们生活在有杂草的干燥土地上，尤其喜欢生活在山脚下，在人类居所附近也常有分布。非洲冕豪猪的嗅觉十分灵敏，听觉和视觉则相对较弱。

非洲冕豪猪建筑的巢穴通常代代相传，有时也会直接占用土豚或其他动物的巢穴。为了觅食，它们可以跋涉几千米，但到了寒冷季节就基本不再出巢了。非洲冕豪猪实行一夫一妻制，妊娠期为112天，每胎可产1~2只幼崽，生产后会悉心照料自己的幼崽。幼崽长到1周后毛刺变硬，即可离开巢穴；长到2~3周后即可消化硬食。非洲冕豪猪是完全的夜间动物（似乎连月亮的反射光线都要躲开）。它们不会爬树，但必要时却可以游泳。雌性对伴侣没有攻击性，对陌生动物却会火力全开。非洲冕豪猪以植物的绿色部分、树根、鳞茎、各种农作物为食，有时也吃肉。

防御策略

当非洲冕豪猪受到干扰时，会把刺棘展开呈扇形并不断晃动，让对方以为自己体形很大。

外部保护

尖利的黑色和白色刺可长达35厘米，保护着非洲冕豪猪的背部和身体两侧。

Dinomys branickii

长尾豚鼠

体长：30~79 厘米
尾长：19~21 厘米
体重：10~15 千克
社会单位：独居或与伴侣同居
保护状况：易危
分布范围：委内瑞拉、哥伦比亚、厄瓜多尔、秘鲁、巴西、玻利维亚

长尾豚鼠生活在海拔 300~3400 米之间的地域。它们的头形硕大，眼睛小、耳朵圆，视觉不佳，主要依赖灵敏的嗅觉、触觉和味觉。长尾豚鼠为草食动物，在夜间活动。它们常坐在后足上，用前足取食。它们的毛发呈棕色，背部有两条清晰的平行白线，从颈部一直延伸至足部（足和尾巴一样短）。长尾豚鼠白天躲在岩石缝中。它们的爪子强壮有力，可以轻易爬上山丘和树。长尾豚鼠通过在公共区域留下尿液和粪便进行交流。雄性在求爱期只用 2 足活动，会发出长达两分多钟的叫声。长尾豚鼠的妊娠期为 223~283 天，每胎可产 1~2 只幼崽。

Lagidium viscacia

山绒鼠

体长：29~46.4 厘米
尾长：21~38 厘米
体重：1.5~2 千克
社会单位：群居
保护状况：无危
分布范围：秘鲁南部、玻利维亚西部和中部、智利北部和中部以及阿根廷西部

山绒鼠的外观很像兔子，生活在植被较为稀少的斜坡和山地中。它们的毛发又短又软，只有尾巴比较硬，在休息时卷起，运动时再展开。山绒鼠的后足和前足各有 4 趾。它们成群结队地生活，一个鼠群里有上百只山绒鼠，且在黎明和黄昏最为活跃。在进行社交时，它们会使用许多不同的声音。山绒鼠动作灵敏，却不擅长挖洞，因此它们很少自己在地下挖巢穴，更多栖居在岩缝中。山绒鼠不冬眠，白天找个安全的位置，一边晒着太阳，一边梳理自己的毛发或养精蓄锐。它们以草、苔藓和地衣为食，很少喝水。山绒鼠的妊娠期为 120~140 天，一般每胎产 1 只幼崽，幼崽出生时就已发育完全。

Lagostomus maximus

平原兔鼠

体长：46~66 厘米
尾长：15~20 厘米
体重：2~8 千克
社会单位：群居
保护状况：无危
分布范围：巴拉圭西南部、玻利维亚北部和阿根廷中部

平原兔鼠呈现显著的性别二态性：雄性的体形为雌性的 4 倍大，且有发育完整的“髭”。它们修建的巢穴面积可达 600 平方米，入口可达 30 个。平原兔鼠采用母系氏族制，但雌性与雄性分开生活：每只雄性占据一个构造简单的洞，而 15~20 只雌性共享一个构造复杂的洞。雄性要经过竞争才能接近雌性。雌性每个生殖周期可排 200 颗卵子。

Chinchilla brevicaudata

短尾毛丝鼠

体长：30~32 厘米
尾长：10~12 厘米
体重：500~800 克
社会单位：群居
保护状况：极危
分布范围：安第斯山脉、秘鲁南部、玻利维亚、阿根廷西北部、智利北部

短尾毛丝鼠生活在海拔较高的区域、山地灌木丛和海拔在 3000~5000 米之间的大草原。它们在岩缝中筑巢。短尾毛丝鼠只在夜间成群结队地活动，以植物为食。它们每胎可产 3 只幼崽，与其他啮齿目动物不同的是，幼崽一出生即有牙齿和毛发；幼崽吸食母乳，但也可自己进食。短尾毛丝鼠脸部的两侧有胡须，长度可达 11 厘米，以便于在黑暗中活动。它们的感官非常灵敏。由于短尾毛丝鼠生活在温度差异极大的地区，它们毛发的密度和柔软度十分特殊，每个毛囊中会长至少 60 根细毛，因而它们的毛发密度是陆地动物中最大的，每平方厘米有 2 万根毛。当它们被追逐或感到恐惧时会发出臭味。

防御性的毛发

短尾毛丝鼠每个毛孔上虽长了许多毛，但是它们都长得不牢。天敌捕捉短尾毛丝鼠时通常只能抓到一爪毛，而短尾毛丝鼠却早已逃之夭夭。

Hydrochoerus hydrochaeris

水豚

体长：1.06~1.34 米
尾长：无
体重：35~70 千克
社会单位：群居
保护状况：无危
分布范围：南美洲

水豚是体形最大的啮齿目动物。它们栖水而居，如河流边的大草原或沼泽地中。水豚四肢短小，前足有 4 趾，后足有 3 趾，趾间有蹼。

雌性的体形比雄性略大。水豚实行一夫多妻制，一个群体通常由 10 只雄雌混居的水豚组成。它们在水中交配，可与同一只或多只性伴侣连续 20 多次交配。水豚每胎可产 1~7 只幼崽，一般一年只分娩 1 次。它们以陆生和水生植物为食，且食粪，早上会重新消化前一天摄入的食物。如果水豚的栖息地未受干扰，它们通常在日间活动，否则只得夜间活动。一旦遇到危险，水豚会立刻用声音通知伴侣，然后迅速潜入水中，可潜水 5 分钟，它们是杰出的“游泳者”。

人们常为了水豚的肉和皮而猎杀它们，这些都是制药业和制革业的重要原料。

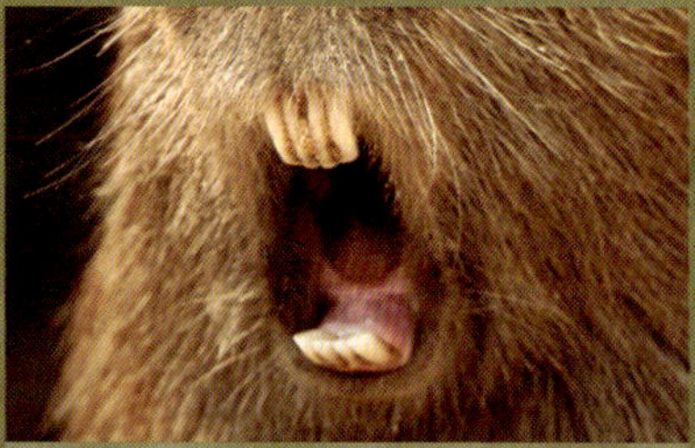

不断地生长

水豚有20颗牙齿。和其他啮齿目动物一样，由于食草会导致牙齿遭到持续磨损，它们的切齿和臼齿能不断地生长。

硕大的头部和嘴部

水豚的眼睛、耳朵和嘴巴均位于头骨上部，可在游泳时进行呼吸、视物和嗅闻。

Dolichotis patagonum

阿根廷长耳豚鼠

体长：69~75 厘米
尾长：4~5 厘米
体重：9~16 千克
社会单位：与伴侣共同生活
保护状况：近危
分布范围：阿根廷中南部

阿根廷长耳豚鼠生活在长有刺灌木的沙漠和半干旱的大草原上；近几十年来，由于栖息地的不断消失，阿根廷长耳豚鼠的数量锐减至原来的 30%。

阿根廷长耳豚鼠和巴塔哥尼亚兔或欧洲兔很像（只是它们不属于兔科），在 1000 米的范围内行走、小跑，跑动的速度可达 45 千米/时。阿根廷长耳豚鼠终生遵循一夫一妻制，这在啮齿目动物中并不多见。一般雄性追随着其伴侣行动；到了气候温和的夏季，70 只左右的阿根廷长耳豚鼠也会形成鼠群，闲逛着共同觅食。阿根廷长耳豚鼠是草食动物，吃各种植物，即使长时间不饮水也能存活。它们通常在日间活动，生活在地下的巢穴中。阿根廷长耳豚鼠一年可分娩 3~4 次，妊娠期为 77 天，一般每胎可产 2 只幼崽。幼崽也生活在共同的巢穴中，出生后第二天即可开始吃草，但要 4 个月后才能离开巢穴。

Cavia aperea

巴西豚鼠

体长：19~32 厘米
尾长：无
体重：520~795 克
社会单位：群居
保护状况：无危
分布范围：哥伦比亚、巴西、委内瑞拉、玻利维亚、阿根廷、乌拉圭、巴拉圭和圭亚那

巴西豚鼠生活在大草原和其他开放地域中。它们用隧道连通各个巢穴，常在植物丛中窜来窜去。巴西豚鼠通常在日间和黄昏活动。巴西豚鼠实行一夫一妻制，其中雄性对其伴侣的进攻性很强。巴西豚鼠一年可分娩 4 次，妊娠期为 62 天，平均每胎可产 2 只幼崽。幼崽出生 3 天后即可摄入固体食物，28 天后即可繁殖。巴西豚鼠以家庭为单位群居，族群中包括几只雌性、一只雄性和几只幼崽。它们用声音进行交流，并用肛门腺和油脂腺的分泌物圈定领地。巴西豚鼠为草食动物，天敌众多。

Microcavia australis

南方小豚鼠

体长：22 厘米
尾长：无
体重：25~30 克
社会单位：独居
保护状况：无危
分布范围：阿根廷和智利

南方小豚鼠身体健壮、头部硕大，大眼睛周围有一圈白毛。后足有 3 趾，前足有 4 趾。南方小豚鼠身上有刺，会合作挖掘较浅的洞，基本在日间活动。南方小豚鼠实行一夫多妻制，到繁殖期攻击性会变强。妊娠期一般为 50~70 天，平均每胎可产 3 只幼崽，幼崽从刚出生起即可摄入固体食物。雌性在生产后又可立即再度受孕。雌性只允许幼崽在巢穴中生活 1 个月，随后便会将它们驱逐出去。南方小豚鼠以树叶、新芽、果实和花朵为食。为了觅食它们也可以爬树，但最高不超过 4 米。

Cuniculus paca

无尾刺豚鼠

体长：60~79 厘米
尾长：2~3 厘米
体重：4~12 千克
社会单位：独居
保护状况：无危
分布范围：墨西哥中部至乌拉圭

无尾刺豚鼠生活在潮湿的热带雨林和水域附近的树林中。它们一般会在地下挖深 2 米的巢穴或直接占用其他动物的巢穴，白天在巢穴里休息，晚上才出来活动。无尾刺豚鼠是游泳“高手”，经常选择水路逃避危险。

无尾刺豚鼠的颧弓（头骨中颧骨的一部分）从身体两侧一直延伸至背部，形成一个回音腔，是哺乳动物中独一无二的。后足有4趾，前足有5趾。无尾刺豚鼠的头和两颊体积均很大，耳朵很短。无尾刺豚鼠的胡须很长，两只大眼睛的间距也很大。它们是草食动物，在觅食过程中也可传播大量的种子。无尾刺豚鼠喜欢吃鳄梨和杧果，它们的觅食简直是农场的灾难。妊娠期为 110 天，一年分娩 2 次，每胎可产 1 只幼崽。无尾刺豚鼠的肉质与猪肉类似，因此遭到人类的捕捉。

Octodon degus

灌丛八齿鼠

体长：12~21 厘米
尾长：8~14 厘米
体重：170~260 克
社会单位：群居
保护状况：无危
分布范围：智利中东部

灌丛八齿鼠生活在大草原、草木丛和山区地带。它们的后足比前足长，且耳朵很大。它们的毛发长且柔软，背部呈灰棕偏橙色，腹部呈淡黄偏白色。它们的视觉、嗅觉和听觉均很好，一般在日间活动。灌丛八齿鼠一般会共同挖掘出一个地下巢穴系统，供整个小群体居住。它们一般在 9~12 月之间繁殖。在 87~90 天的妊娠期后，雌性会产 3~8 只幼崽。当雌性出去觅食时，群体中的其他雌性会帮忙照看幼崽。灌丛八齿鼠主要以草等绿色植物、树皮、种子和果实为食。灌丛八齿鼠一般在地上觅食，但也可爬到灌木和低矮的树木上。

Myoprocta pratti

长尾刺豚鼠

体长：38~47 厘米
尾长：4~6 厘米
体重：1~4 千克
社会单位：独居或成双成对
保护状况：无危
分布范围：厄瓜多尔东部、委内瑞拉南部、哥伦比亚和亚马孙流域

长尾刺豚鼠生活在长满多年生植物的热带雨林中。相比于雌性，雄性更喜欢开阔的地域。它们一般在树洞中休息，有时也会直接利用其他动物挖出的巢穴。长尾刺豚鼠在日间活动，以草和果实为食，会在食物匮乏的季节存储食物。

长尾刺豚鼠的平均妊娠期为 99 天，每胎可产 1~3 只幼崽。它们由于肉味鲜美而常被人类捕捉。

突出特征

因柔顺有光泽的皮毛及褐绿色的色泽而得名，双耳裸露。

Dasyprocta punctata

中美毛臀刺鼠

体长：41~62 厘米
尾长：1~3.5 厘米
体重：1~4 千克
社会单位：成对
保护状况：无危
分布范围：中美洲和南美洲

中美毛臀刺鼠为草食动物，通常在夜间行动，它们会储存各种谷物和核桃。无意间也帮助传播核桃的种子，它们是啮齿目动物中唯一会开核桃的。中美毛臀刺鼠生活在水域附近，在树洞里或树根边筑巢。中美毛臀刺鼠实行一夫一妻制，妊娠期在 104~120 天之间，一般每胎可产 2 只发育完好的幼崽，幼崽几乎一出生即可奔跑。

它们的肛门腺会分泌出气味极重的物质，可用于圈定领地和互相交流。

Capromys pilorides

古巴硬毛鼠

体长：46~60 厘米
尾长：15~30 厘米
体重：8.5 千克
社会单位：与伴侣共同生活
保护状况：无危
分布范围：古巴及其他群岛

古巴硬毛鼠腿短而脚大，走起路来像鸭子一样摇摇晃晃。它们的毛发又厚又密，上部的颜色各不相同，而腹部的毛发较软，颜色也较淡。此外，还有一层细绒。

古巴硬毛鼠通常成双成对地生活，也有独居或群居的情况。它们在日间活动，且不筑巢，以树叶、果实和树皮为食，也可吃昆虫和其他小型动物。它们一般栖居在岩石和树木中。

古巴硬毛鼠全年均可繁殖，妊娠期为 120~126 天，一般每胎可产 2~3 只幼崽，幼崽出生时就有毛发，且眼睛是睁开的。

Spalacopus cyanus

鼢足鼠

体长：14~16 厘米
尾长：4~5 厘米
体重：80~120 克
社会单位：群居
保护状况：无危
分布范围：智利中部

鼢足鼠在沿岸地区和安第斯山脉均有分布，生活的最高海拔可达 3400 米。它们为陆生动物，在夜间十分活跃。鼢足鼠为群居动物，会建筑复杂的地下通道，白天就在那儿休憩，只有在出太阳时才会探出头来。鼢足鼠在挖洞时会用到有力的四肢和硕大的切齿，在入口处堆起的小土堆十分显眼。鼢足鼠用声音交流，它们的声音会在隧道中不断回响。它们的性交时间只有短短 15 秒，结束时雌性会发出独特的声音。鼢足鼠一般一年分娩 2 次（每次可产 2~5 只幼崽）。如果栖息地的植物消失了，鼢足鼠会在夜间迁徙，以寻找新的领地。

Octomys mimax

阿根廷胶鼠

体长：11~18 厘米
尾长：12~16 厘米
体重：85~121 克
社会单位：独居
保护状况：无危
分布范围：阿根廷中西部

阿根廷胶鼠生活在山丘和安第斯山脉的山坡上。阿根廷胶鼠的耳朵比例出奇大，显而易见听力也极发达。切齿后的腭上长有许多毛，可用于移除所吃植物（如仙人球）上的表皮层（盐分极高）。

阿根廷胶鼠在夜间活动，平时栖居在岩缝中。

Mysateles prehensilis

巧尾硬毛鼠

体长：55~75 厘米
尾长：40~55 厘米
体重：1.4~1.9 千克
社会单位：群居
保护状况：近危
分布范围：古巴西部

巧尾硬毛鼠生活在树林、森林和沼泽地。它们毛发很多，背部呈黑偏灰色，腹部呈白偏棕色。巧尾硬毛鼠的尾巴可以钩住树枝，从而适应攀树生活。

巧尾硬毛鼠是完全的树栖动物，在夜间十分活跃。它们以草和树叶为食。它们也是周围人类的家犬的腹中餐，人们也曾在鳄鱼腹中发现过巧尾硬毛鼠的尸体。

Myocastor coypus

河狸鼠

体长：47~58 厘米
尾长：34~40 厘米
体重：5~10 千克
社会单位：群居
保护状况：无危
分布范围：玻利维亚中部至火地岛

由于形似水獭，河狸鼠起初常被误认。它们一般生活在距河流、沼泽或湖泊 100 米以内植被丰富的地域，是游泳“健将”。河狸鼠的乳房长在背部两侧，以便在水中也能给幼崽喂奶。雌性 1 岁时性成熟。河狸鼠的妊娠期为 19 周，每胎能产 5~6 只幼崽，幼崽初生时长满毛发，且切齿已发育完全；出生后第二天即可开始游泳，哺乳期长达 8 周。

半水生生活

河狸鼠可潜水十几分钟，它们掌状的后足有助于游泳。

两种毛发

一种是内侧又软又密的毛，另一种是又长又硬的毛。

野兔、穴兔和鼠兔

除大洋洲和北极外，各大洲均有原生的野兔、穴兔和鼠兔，后它们又被人类带至世界各地（但常与人类活动冲突），它们的栖息地也多种多样。兔形目在许多方面均与啮齿目类似，主要差别在于牙齿，虽然兔形目动物也会咬食。

什么是兔形目

虽然外形与某些啮齿目动物类似，但是由野兔、穴兔和鼠兔构成的兔形目无论物种还是个体都比啮齿目少许多。兔形目动物也会咬食，它们上颚有两对切齿，内外两侧均有釉质覆盖，且在不断生长。兔形目一般无尾或尾巴很短。野兔和穴兔动作灵敏、行动迅速，奔跑速度可达 45 千米 / 时。兔形目也会食粪：为了最大限度地利用食物中的营养，它们会重新消化自己的排泄物。

门：脊索动物门

纲：哺乳纲

目：兔形目

科：3

属：13

种：93

穴兔

穴兔已被人类驯化，有80 多个变种，每个变种的颜色和外观都各不相同。

一般特征

除北极、澳大利亚和大多数岛屿外，几乎所有大陆均有原生的兔形目物种，再通过人类活动传播至世界各地。兔形目动物体形中等，在很多方面都与大型啮齿目动物相似，不同的是兔形目动物的尾巴很短或发育不全，甚至压根没有尾巴。此外，牙齿的数量和分布也与啮齿目动物不同：上颚每侧各有一对切齿，其中大的一颗与啮齿目的切齿类似，另有一颗较小的切齿（形似钉子）紧贴于大切齿后。兔形目的切齿终生都在不断地生长，与啮齿目不同的是它们的切齿后侧有釉质覆盖。下颚每侧也有一颗切齿。兔形目也没有犬齿，在切齿和第一颗臼齿之间有牙间隙，臼齿无齿根。

兔形目脸部有若干层皮肤褶皱挡在切齿前，因此即使嘴唇紧闭也能啃咬和进食。它们鼻孔上也有皮肤覆盖。和啮齿目动物一样，兔形目的咬肌是非常发达的。

和有袋目动物一样，兔形目的睾丸也位于阴茎和腹部之间。

分布范围

所有兔形目动物均为陆生动物。它们的栖息地非常丰富，从热带森林到北极冻原均有分布。

兔形目会就地取材建造巢穴和隧道，并栖居于此。

行为

所有兔形目动物均为草食动物，以牧草和草料为食。和某些啮齿目动物一样，它们能排出两种粪便：一种又软又湿的可以被重新吸收，以便最大限度地利用所有营养；另一种较干的则无法被重复利用。

牙齿

兔形目动物共有 6 颗切齿：上颚 4 颗，下颚 2 颗。上颚的大切齿后有 2 颗呈销子状的小切齿。

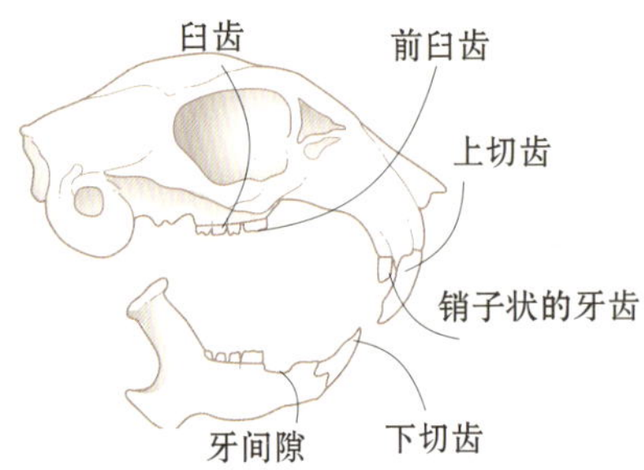

鼠兔

门：脊索动物门
纲：哺乳纲
目：兔形目
科：鼠兔科
种：30

鼠兔科动物的体形小而扁，只有一属，共计 30 种。它们生活在北美西部及亚洲中部和北部的山区。由于叫声尖厉而被称为“鸣声兔”。鼠兔 21 天即性成熟，且繁殖力很强。它们一般不进行社交。

Ochotona princeps
北美鼠兔

体长：16~21 厘米
尾长：不可见
体重：121~176 克
社会单位：独居
保护状况：无危
分布范围：加拿大西南部和美国西部

北美鼠兔生活在植被线或植被线以上的多岩石区域，在海拔 2500 米以下的地域鲜见其踪迹。与其他鼠兔相比，北美鼠兔的体形中等。北美鼠兔实行一妻多夫制，雌性可挑选多只雄性。雌性在生产后即可立即排卵；每个繁殖季可分娩 2 次，平均每胎可产 3 只。北美鼠兔在日间活动，30% 的时间在巢穴外度过。到了冬季，它们会在雪下挖洞以躲避严寒。

会变色的皮毛
北美鼠兔的皮毛在夏季呈灰色偏桂皮色；到了冬季，背脊处的毛发愈发偏灰，且比夏季时更长。

Ochotona collaris
斑颈鼠兔

体长：17~20 厘米
尾长：不可见
体重：130~200 克
社会单位：独居
保护状况：无危
分布范围：美国阿拉斯加中部和东南部、加拿大育空地区和不列颠哥伦比亚西北部

斑颈鼠兔生活在多石的山区，实行一夫一妻制。斑颈鼠兔并不筑巢，而是直接利用大自然的掩护（如生活在碎岩石下），也不冬眠。斑颈鼠兔为草食动物，通常在日间活动。夏季会收集大量植物，储存在岩石下，以备越冬。七八月份时，斑颈鼠兔会跑很长的距离来收集食物作为储备。

斑颈鼠兔的腹部呈淡黄偏白色，背部呈灰色。与生殖周期有关的面部腺体上有毛覆盖，介于淡黄色和浅咖啡色之间，与北美鼠兔的棕色不同。

斑颈鼠兔没有性别二态性。一年分娩 2 次，每胎可产 2~6 只幼崽。

与众不同的面容
斑颈鼠兔的颈部和肩部有一处“斑”，因此得名斑颈鼠兔。

野兔和穴兔

门：脊索动物门
纲：哺乳纲
目：兔形目
科：兔科
种：62

兔科动物在全世界均有分布。体形中等或偏小，鼻部狭长，耳郭发达。它们的上唇一般会纵向劈开（兔唇），切齿很长，且在不断生长。兔科的颚只能侧向移动，且肘关节无法旋转。它们是纯粹的草食动物。

Lepus americanus

白靴兔

体长：41~52 厘米
尾长：4~5 厘米
体重：1.4~1.6 千克
社会单位：独居
保护状况：无危
分布范围：加拿大、美国北部

季节变化

皮毛随季节变化：下雪时变成白色来隐蔽自己；夏季再恢复棕色、红色或灰色。

强大的听力

白靴兔的耳朵长6~7 厘米，听力系统十分发达。

白靴兔生活在北美的落叶林和混交林中。它们喜欢开放的地区、靠近河流和沼泽的草木丛及地势较低的松柏林中。白靴兔擅长游泳，经常洗沙浴来清除皮肤上的寄生物。雄性的体形较雌性稍小，这也是兔科的普遍特征。

白靴兔的交配制度很复杂：雄性和雌性均可有多个伴侣。雄性经常成群地向一群雌性求爱。白靴兔的繁殖期从 3 月中旬起，至 8 月才结束，妊娠期为 36 天。雌性要躲到安全的地方才能分娩，一般每胎可产 8 只幼崽，它们到一年后性成熟。在野生环境下的幼崽由于天敌环伺（丛林狼、狼和猞猁），寿命很难达到一年。

虽然白靴兔为独居动物，但由于密度的增加，它们的领地也会出现重合。

Lepus europaeus

欧洲野兔

体长：60~75 厘米
尾长：10 厘米
体重：3.5~5 千克
社会单位：独居
保护状况：无危
分布范围：大不列颠、西欧、中东地区和中亚。后被引入美洲

欧洲野兔又称野兔，以禾本科植物、其他草本植物甚至农作物为食。某些地方欧洲野兔泛滥成灾，它们会啃食树木幼苗并导致农作物减产。

欧洲野兔嘴宽、耳长，眼睛近似圆形，嘴附近有几根灰白色的胡须。欧洲野兔的毛发颜色随季节、年龄和地域而改变，一般为棕偏黄色，背部颜色会更深。它们无时无刻不在关注着周围的动静，一有声响便立即飞速逃跑（速度可达 60 千米/时）。它们大幅跳跃着前进，在被追捕时会不停地变向，呈"之"字形。欧洲野兔一入夜就开始活动，一直到黎明才休息。虽然它们偏爱平原，但在山区也多有分布。由于毛发浓密，欧洲野兔能抵御严寒，在寒冬都能露天睡觉。妊娠期为 30~40 天，一年可分娩 4 次。

Lepus capensis
草兔

体长：40~68 厘米
尾长：7~15 厘米
体重：1~3.5 千克
社会单位：独居
保护状况：无危
分布范围：非洲。后被引入欧洲、中东地区、亚洲、美洲和澳大利亚

草兔生活在大草原、牧场、沼泽地、农田、草木丛和树林中，也能适应沙漠环境。它们是草食动物，只在夜间活动。草兔很少喝水，对咸味的接受度也高于其他野兔。草兔的体形和外表各异。在繁殖期，雄性会为了觅得伴侣而争斗。草兔的生育过程非常轻松（一年可分娩8次），幼崽出生时已发育完全。草兔不喜挖洞，凭借伪装和迅雷不及掩耳的行动即可逃脱天敌的追捕。

Lepus arcticus
北极兔

体长：48~60 厘米
尾长：4~7 厘米
体重：3~5 千克
社会单位：独居
保护状况：无危
分布范围：北极冻原、格陵兰岛、加拿大、美国阿拉斯加州

北极兔对低温环境（近零下30摄氏度）的适应能力极强，且能在积雪厚达40厘米时存活，分布在海拔900米以下的多岩石地区。北极兔的足部又大又重。它们以小型植物、嫩枝、浆果和树叶为食。北极兔嗅觉灵敏，能闻到雪下的植物。一次生殖周期结束后，北极兔就会更换伴侣。雄性用挠和舔雌性的方式来吸引它们。北极兔一年可分娩2次。它们在夜间活动，是游泳和跑步“健将”。栖身于地下的巢穴中。

Sylvilagus floridanus
东部棉尾兔

体长：35~48 厘米
尾长：4~6.5 厘米
体重：0.8~1.53 千克
社会单位：独居
保护状况：无危
分布范围：美国、加拿大南部、中美洲和南美洲北部

东部棉尾兔生活在沙漠、泥塘、大草原、树林和耕地中。它们能轻易地占据领地，因肉质鲜美常被追捕。东部棉尾兔为陆生草食动物，一年换2次毛。伴侣在晚上交配前要举行一个小仪式：雄性不停地追捕雌性，直至雌性回眸并用前蹄拍打雄性，双方各自退开并互相注视，直到其中一只突然跳起来。东部棉尾兔一年可分娩7次，每胎可产1~12只幼崽。除繁殖期外，东部棉尾兔均独居。

Nesolagus netscheri
苏门答腊兔

体长：35~40 厘米
尾长：1.5 厘米
体重：1.2~1.7 千克
社会单位：独居
保护状况：易危
分布范围：仅在苏门答腊岛分布

苏门答腊兔仅在苏门答腊岛西南部巴里桑山脉的树林中有分布。它们的毛又软又密，棕中带红，背部有深色线条，腹部呈白色。苏门答腊兔的耳朵比其他兔形目动物要短。它们通常在夜间活动，白天则在其他动物修筑的巢穴中休息，以各种树叶和茎干为食。人们对其繁殖周期知之甚少。世界自然保护联盟认为苏门答腊兔是兔形目动物中最奇怪的物种：在1880—1916年间，有十几种样本被收入博物馆，1972年后只剩下一种。人们认为森林滥伐和栖息地的消失是导致苏门答腊兔的数量急剧下降的主要原因。

Brachylagus idahoensis
侏兔

体长：23.5~29.5 厘米
尾长：1.5~2.4 厘米
体重：400~460 克
社会单位：独居
保护状况：无危
分布范围：美国（加利福尼亚州、爱达荷州、内华达州、俄勒冈州、犹他州和华盛顿）

侏兔是美洲体形最小的家兔，一手可握，雌性的体形稍大于雄性。人们对侏兔的繁殖习性知之甚少，只了解其发情期不长，为2~3个月。为了方便取食，侏兔一般在三齿蒿边筑巢，巢穴很深，有多个互通的室和多个入口；有时也会直接使用其他动物的巢穴。侏兔有一套通道体系（夏季是在草面上，冬季则是在积雪层下），可将食物运送至巢穴。由于侏兔体形娇小，所以天敌众多，从而存活率很低。如遇危险，侏兔会发出警诫声，这在兔科动物中是很罕见的。侏兔的领地意识不强，会在靠近食物、土壤易于挖掘的地方定居。

Oryctolagus cuniculus

穴兔

体长：35~45 厘米
体重：1.32~2.25 千克
社会单位：群居
保护状况：近危
分布范围：伊比利亚半岛、法国和非洲北部

长耳朵
2 只倾斜的耳朵非常灵活，长近7 厘米。

穴兔原生于欧洲西南部，后被引入世界各地，且被驯化为宠物。在农耕地区，由于它们数量过多且擅挖地道，已成为严重的灾害。然而近几十年来，由于各类疾病、栖息地的消失及人类的扫除行动，它们的数量已大大减少。

饮食

穴兔主要以牧草、青草、树枝和树皮为食。初生的幼崽前 4 周靠母乳存活。

繁殖

穴兔的妊娠期约为 30 天；雌性每年可分娩多次，每胎可产 5~6 只幼崽。穴兔的繁殖率在该物种中鹤立鸡群，但是流产率和新生幼崽死亡率也极高。

不同的毛发颜色
穴兔的毛发一般为棕色或灰色，但也有的为黄色和白色，甚至为全黑色。

隧道网

兔穴由一个庞大而复杂的房室和隧道系统构成。雌性是挖洞的主力军，它们的主要任务就是抵御天敌入侵。穴兔在夜间活动，所以只有晚上才会离开巢穴出去觅食，清晨便回。穴兔的巢穴中还有次级隧道，用于养育幼崽。

等级制度
一个兔群一般由6~10 只成年兔构成，并具有复杂的等级结构。这一等级制度是双重的：领导者既有雄性又有雌性。

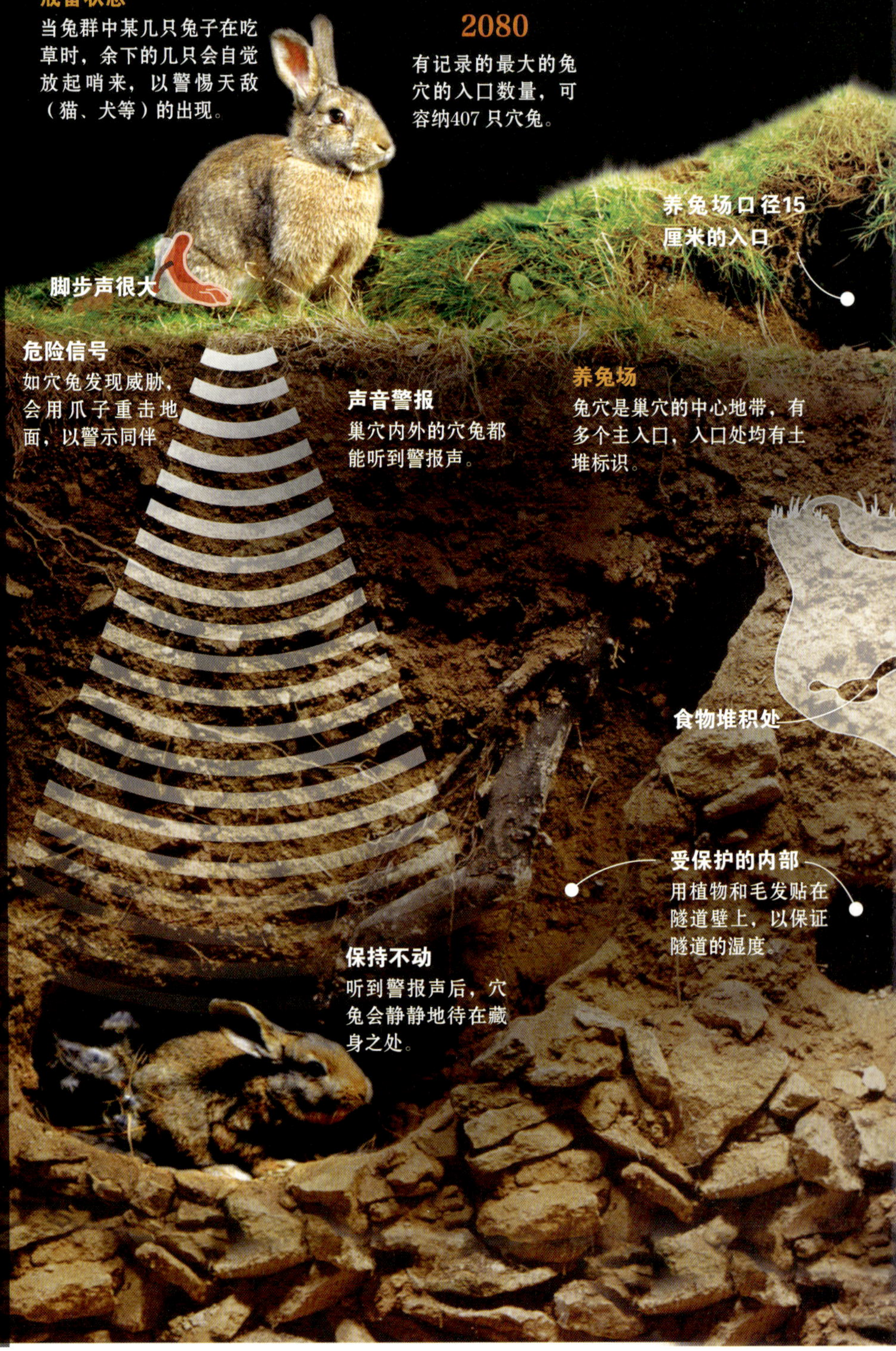

1 前爪
穴兔下落时2只前足率先同时着地。
2 后足
后足随之着地，落于前足之前。
3 再次跃起
再用后足发力，重新开始跳跃周期。
走路和跳跃前进的穴兔留下的足迹是不同的，但它们通常不会离开巢穴太远。
前足
后足
走路前进的穴兔
跳跃前进的穴兔
兔窟入口
适合做兔穴的土壤
穴兔生活在土壤较松且有草木丛或石块覆盖的地域，尤其喜欢耕地或沙丘地带；但不喜欢松柏林、树林或非常潮湿的地区。
兔窟
年轻的雌性将自己的幼崽安放在小室中，且只有一个入口，这是兔穴中的次级区域。
隐蔽的入口
雌性离开时会将洞口封好
土堆
12~20 厘米
食物洞
1~3 米
生活洞
巢
孤独的幼崽
雌性每天只探望幼崽几分钟，给它们喂奶。
45 米
兔穴的平均长度为45米，深度则可达3米。
安全的兔窟
幼崽出生时无法视物且无防御能力，所以不会离开兔窟。

著作权合同登记号：图字：02-2017-245

图书在版编目（CIP）数据

国家地理动物大百科 . 哺乳动物 . Ⅱ / 西班牙 Sol 90 出版公司编著；李彤欣，任艳丽，董舒琪译 . — 天津：天津科技翻译出版有限公司，2018.3

ISBN 978-7-5433-3759-6

Ⅰ . ①国… Ⅱ . ①西… ②李… ③任… ④董… Ⅲ . ①哺乳动物纲—普及读物 Ⅳ . ① Q95-49

中国版本图书馆 CIP 数据核字 (2017) 第 270372 号

授权单位：Editorial Sol 90
出　　版：天津科技翻译出版有限公司
出 版 人：刘 庆
地　　址：天津市南开区白堤路 244 号
邮政编码：300192
电　　话：（022）87894896
传　　真：（022）87895650
网　　址：www.tsttpc.com
印　　刷：北京市雅迪彩色印刷有限公司
发　　行：全国新华书店
版本记录：889×1194　16 开本　14.875 印张　650 千字
2018 年 3 月第 1 版　2018 年 3 月第 1 次印刷
定价：128.00 元